U0157464

基于文化地理学的赣闽粤地区客家传统村落及其
民居演变理论研究（51778232）

国家出版基金项目
NATIONAL PUBLICATION FOUNDATION

· 中国传统村落及其民居保护与文化地理研究文库 ·

肖大威　主编

赣州客家传统村落及民居类型文化地理研究

梁步青　肖大威　著

中国建筑工业出版社
中国城市出版社

审图号：赣S（2021）087号

图书在版编目（CIP）数据

赣州客家传统村落及民居类型文化地理研究 / 梁步青，肖大威著. —北京：中国城市出版社，2019.12
（中国传统村落及其民居保护与文化地理研究文库 / 肖大威主编）

ISBN 978-7-5074-3249-7

Ⅰ.①赣… Ⅱ.①梁…②肖… Ⅲ.①村落—乡村规划—研究—赣州 Ⅳ.①TU982.295.63

中国版本图书馆CIP数据核字（2019）第281068号

责任编辑：杜　洁　李玲洁　王　磊
责任校对：姜小莲

中国传统村落及其民居保护与文化地理研究文库

肖大威　主编

赣州客家传统村落及民居类型文化地理研究

梁步青　肖大威　著

*

中国建筑工业出版社、中国城市出版社出版、发行（北京海淀三里河路9号）
各地新华书店、建筑书店经销
北京锋尚制版有限公司制版
北京富诚彩色印刷有限公司印刷

*

开本：787毫米×1092毫米　1/16　印张：15½　字数：326千字
2021年10月第一版　2021年10月第一次印刷
定价：158.00元
ISBN 978 - 7 - 5074 - 3249 - 7
　　　（904231）

总序

1. 缘起

用文化地理的理论和方法研究民居（并拓展到村庄）是我在20世纪80年代攻读博士学位时萌生的研究建筑历史的想法。中华文化博大精深、源远流长，尤其是五千年农耕文化沉淀了适应农耕生产和各地气候环境的人居聚落形态和民居类型，体现了巧妙的营建智慧，值得研究和总结。我读大学和研究生时经常看到，当某地发现了一种很有特色的民居时就发表一篇阐述这个特殊民居的文章，我想这些"发现"落在地图上，会告诉我们怎样的信息？什么理论方法能够承担探讨民居文化根源这一重任，可以全面地、多层次地研究分布如此广泛、由多元文化和环境所产生的各种村落与民居形态？

通过多年的思考和探索，我们选择了文化地理学这种可供借用的理论与方法。文化地理的方法将文化类型建构于地理空间上，可以帮助我们"一目了然"地了解各类村落和民居的位置，进而更深层次地了解到各类民居产生的自然气候环境和文化条件，理解各类民居之间的空间位置关系，也就是各种形式的民居产生在什么地方，他们的相对位置可能会形成某种文化圈层系统。具体而言，文化地理的方法可以告诉我们的信息包括：民居和村落类型的源流和差异的信息，交流的信息，核心区与边缘区的信息，技术的信息，材料的信息，生态环境影响的信息，经济形态的信息，制度影响的信息以及演进分异的信息等，进而可以对中华农耕文化的聚居形态进行较深层的理解或解释，这是建筑学方法所难企及的，却又是建筑学需要探究的本质因素。

2. 为什么要用文化地理学研究方法？

（1）保护传统村落文化遗产的现实紧迫性

中国自古是农业主导的社会，血缘和地缘关系将人们以家族为单位固化在其长年耕作的土地上。农民一代复一代在相同的土地上以相近的方式生产生活，他们赖以生存的聚落，赖以居住的房屋，其营建方式也通过自古积累的经验不断传承演化，沉淀了风土人情，反映着当时当地农民生活中的习俗礼仪，展现出一种鲜活而朴素的乡土风貌。

然而，中国当代的社会经济变迁扰动了这种乡村历史的沉淀。近30多年来中国开始了史诗般的城镇化进程，伴随着城市的迅猛拓展的是村落与民居的迅速消亡，在这一城乡景观巨大变迁的历史进程中，传统的聚落与民居形式被逐渐消解，传统的生活方式迅速消失，祖国大地上星罗棋布的传统村落与民居如今已变得十分稀寥。

所幸的是，近年来许多有识之士对传统村落与民居的价值及其保护提出了卓越的见解。中国传统村落是农耕文明的精髓和中华民族的根基，蕴藏着丰富的历史文化信息与自然生态景观资源，是我国乡村历史、文化、自然遗产的"活化石"和"博物馆"，是中华传统文化的重要载体和中华民族的精神家园[1]，这一对传统村落价值的高度概括已在全国引起共鸣，各级政府及各类研究机构都认识到保护传统村落的重要性。2012年，由住房和城乡建设部、文化部、国家文物局、财政部联合发布了《关于开展传统村落调查的通知》（建村〔2012〕58号），启动了中国传统村落的调查与审评工作，标志着传统村落保护工作在全国的全方位展开。截至2018年，全国共颁布了五批6799个传统村落。

然而，由于传统村落与民居的分布量大面广，且许多村落区位偏远，导致调研成本高、历时长、难度大，而且调研工作需要大量专业人员参与。因此，全国性传统村落与民居基础数据普查进展缓慢，地方性调查也未成系统；同时，针对传统村落的保护与发展措施还不完善，空心化或过度开发导致了传统村落的凋敝或损毁，传统文化随着载体被迅速肢解或消亡。

从务实地解决保护矛盾的态度出发，首先需要开展基础性研究。只有充分了解传统村落与民居，才有可能回答如何保护的问题。在没有进行充分的基础性研究的情况下提出保护措施是有风险的，也可能成为建设性破坏的重要原因。采用文化地理学的方法进行传统村落及其民居的研究，可以直观有效地理解文化景观现象，有利于探索其文化内涵和影响因素，深刻理解我国传统居住文化的源流；同时，可以通过调查收集大量的传统村落及其民居的各类信息，从而支撑和推进传统村落及其民居文化的研究、保护和传承。

（2）传统村落和民居研究理论体系突破的必要性

正当传统村落保护被日益重视之时，相应的传统村落和民居基础研究却彷徨在如何创新和突破的十字路口，成果在量的积累和丰富之外尚缺乏质的创新，视角与方法未有大的突破，尚未做好新时期的转型准备以迎合时代的需求，体现时代之精神。

从全国近1.2万篇关于民居研究的论文分析，其研究对象和方法存在异地同质现象，主要表现在：1）这些研究以核心地区的典型案例为主，地区间的联系及对比研究较少，导致对传统村落在地域上的共性和差异性认识有所局限；2）由于研究对象集中在文化核心区，对边缘圈层研究较少，因此对核心区与边缘区的文化交织传播认识不够；3）对传统村落的演变过程探讨较少，对传统村落及其民居的原型、迁移扩散、发展演变和空间边界等因素的考察较为薄弱。此外，通过梳理近年传统村落与民居的研究现状，不难发现，学者们普遍意识到以往建筑学科静态描述性的研究忽视了对空间形态形成和演变规律性问题的探讨，研究成果尚欠解释力，因此，一种以学科交叉为基础的传统村落及其民居的研究范式逐渐形成，但从已有的研究成果来看，仍是建立在少数的案例研究基础之上，彼此之间关联较少，

1 《住房城乡建设部　文化部　财政部关于加强传统村落保护发展工作的指导意见》，2012年12月12日。

尚未具备普遍性与基础性理论的构建。如果我们不能找到一条整合的途径，那么现在已有的以及将来形成的众多研究成果，只能是量的积累，而非质的提升。

对于传统村落与民居来说，强调基础理论研究的系统性，是因为快速城市化发展使传统村落与民居在全国范围内不断灭失，而已有的研究却在国土空间上呈现出显著的不平衡状态，部分地区的传统村落与民居在尚未开展研究的情况下就面临灭失的风险，而这些传统村落与民居同样是中华文明体系中的精华与代表，其消失将带来我们传统文化框架中无法弥补的结构性缺憾。因此，我们的研究应当在以往对代表性对象进行集中研究的基础上，更多地关注以文化整体为对象的结构性与系统性研究。只有在确保系统结构完善与稳定的基础上，才有可能进行更为深入的研究。

同时，我们目前开展的许多传统村落与民居的相关研究是以案例分析为基础的，研究关注的重点在于个体。而传统村落及其民居的研究在很大程度上需要以更大范围的空间和时间为参照，通过对比研究得出的差异性来进行规律性问题的揭示和理论归纳。由于理论体系的缺失，相关的研究缺少了一个共同的参照平台，从而难以实现纵向与横向的比较研究，这样已有的研究就较难整合起来，形成创新性的成果，局限了学科的发展。

因此，我们需要重视理论框架的构建，为传统村落与民居建筑研究提供一个可以定位自身的平台，以明确相关研究之间的联系与区别，并在这一过程中逐渐探索一些深层次的规律性问题，从而开创传统村落与民居建筑研究的新局面。

以上论述表明，开展传统村落与民居研究的基础性理论体系的构建已经是一个无法回避的课题。本丛书的写作基于这一核心问题的思考，尝试对传统村落与民居进行文化地理学与建筑学的交叉研究，通过理论层面对本质性特征的分析与实践层面的论证，建立起一套较为系统的理论框架，为传统村落与民居研究提供可以定位与比较的平台，并形成一套相应的研究方法，以实现理论层面的归纳。

（3）空间分析技术的快速发展为传统村落与民居文化地理研究提供了技术可行性

中国有许多具有较高历史文化价值的村落及民居，而得到充分关注、记录、保护和研究的尚属少数。采用以往针对核心地区典型案例的调查研究手法难以适应当下对大量传统村落及其民居研究与保护的普遍性要求。

信息与网络时代的到来为学术研究中的技术创新带来了极大的可能性。许多以往无法完成的研究在新时期的技术条件下已具备可行性，例如对海量数据的处理、空间计算、空间信息在地图上的落图显示和分析等。此外，我国国土测绘的高清地图、日新月异的实验仪器如田野调查的测拍无人机、三维自动扫描仪等，都可为大面积普查工作的开展提供支撑。

3. 如何运用传统村落与民居文化地理学研究方法

"聚居研究"是传统民居文化地理研究中的重要内容。"聚"即集聚，指传统民居集聚区域，如城市中的历史街区和传统村落。"居"即居住，指传统民居建筑。集聚对应空间布局，居住对应单体建筑。利用文化地理学的理论进行传统聚居研究，一方面要在统计意义上研究村落与民居文化的空间分布结构，另一方面则在历史演进的视角下探讨村落与民居文化的传播与整合，从而系统地揭示出物质形式与地域文化形态之间的关联机制。具体研究包括聚居文化与地理要素之间的关系、空间分布规律、演化扩散机制、体系划分及分类原则、关联性等几个方面。

从方法上而言，传统村落与民居文化地理研究的基础是数据库的建立：通过将大数据、遥感技术与地理信息系统结合，构建时空一体的数据采集与分析框架，在此基础上对大量传统村落与民居进行地图上的精确定位并在线下开展普查，建立传统村落与民居文化地理时空数据库。

（1）在省（或大文化区）一级的规模区域层面进行断代及地图定位研究

这是文化地理研究的重要环节。民居类型的分类在以往的研究中一般是在省级行政区划层面的分类，如广东省的民居，主要分为广府（文化圈）民居、客家（文化圈）民居、福佬潮汕（文化圈）民居。而这些文化圈内部的异同，只有在地理层面交叉其他学科调研分析才能明了。对比是文化地理研究的核心内容之一。这是因为在地理区位上，较易定义不同或相邻文化的同异，也较易作区位间的对比，在对比中揭示地理区位民居文化的差异，探讨差异产生的影响因素。

（2）在调研、评价及定位基础上，进行更具体的分类划区、归类统计与对比研究

借助便利的现代交通和信息技术，在地图上准确地定位各个传统村落及有价值的民居，绘制传统村落及民居地图。同时对实例中的各种信息进行科学收集，形成传统村落及民居信息库。通过调研分析不同区域、区位的传统村落及民居所具有不同的内部结构技术和空间特征，可以立体化的揭示传统村落及民居文化的细节和内涵，为后期在文化地理层面阐述传统村落与民居的类型及其分布规律提供更翔实的调查实证基础。

（3）在分类（归类）对比的基础上，研究文化交流与传播的方向和途径

民居的发展演变是缓慢的，在农耕社会营建材料基本不变的条件下，文化之间的交流碰撞是推动民居演变发展的主要原因。民居文化地理在文化传播与交流研究方面的优势显而易见。因为通过地理区位的准确定位，能够把民居变化的方向和路线揭示出来，也就是能够把民居文化传播的阶段痕迹找出来。民居在营造技术和审美情趣上常常是相互模仿的，一般是在尊重祖传习俗的基础之上，学习和接受先进文化，也就是说，文化交流和传播是一种梯度式传播（准确地说，是双向传播）。在研究中可以结合生产力的发展，营造技术的进步，建筑材料的异同等方面来揭示民居发展的演变规律。

（4）阐述总结不同文化圈的技术、材料等物质文化因素

民居是中国传统建筑的主体，是城乡建设的基本形式。因古代建筑技术与材料所限，传统民居在物质文化方面的表现在一定程度上代表了当时普及性的建筑水平，如材料和结构技术。木结构一直沿用至今，而不同地区的木结构营造方式却变化丰富。对材料的利用、

营建技术法则和规定、工匠的手法都存在地区差异，并体现在民居的空间布局、装饰构件、图案等方面，这和当地的物产、气候及环境都有很大关联性。按不同的地理区域描绘出不同的民居物质文化图则，将系统地揭示民居建筑科学的技术奥妙，以及许多生态节能的地方技术。

（5）分析和解释不同文化圈在营建中所体现的制度、民俗等意识文化因素

民居中的意识文化是一种根深蒂固的文化传统，是民居文化的核心，存在于物质文化的具体空间与构件之中。这些广义上的意识文化包括制度、价值观和审美观等。

首先，传统礼制对古代建筑的形制规模都有较为具体的规定，到了民居层面，礼制的规定会结合等级伦理道德，体现在除形制和规模以外的功能布局和空间尺度上，且在各个地域和各种民居类型中的表现不尽一致。而民间的"制度"就是乡规民约，这些约定是群众的监督，是一只无形的手，影响着村落的组织结构、空间序列和色彩等，协调了民居之间的营建矛盾。这些制度文化是传统村落和民居演进的重要因素，也是民居文化地理所需的研究内容。

其次，业主的价值观和审美观形成了对所建民居样式的倾向。各地域文化圈会在教育、社会风尚、宗教、道德等方面影响和教化业主，从众心理与标新立异的思想也会影响观念。从民居文化地理的研究角度，重点是研究哲学、美学、绘画、诗文意境类的依附于物质文化的精神意识，以此揭示地域文化中的价值观和审美观。

最后，价值观、审美观、风水观念等意识文化又与经济条件、与民居建筑所处的气候、环境、地貌等自然因素密切相关，这些都是文化地理所要研究的重要内容。

4．传统村落与民居文化地理学可以解决什么问题？

采用文化地理学的方式研究传统村落及其民居，其优势主要体现在两个方面：

（1）传统村落及其民居是人类社会最大规模的历史文化载体之一，反映人地关系，具有鲜明的区域人文特色。文化地理学研究文化与地理的关系，注重描述和解释文化的空间差异及分布规律，适合农耕型文化在地理版图上相对固化的特征。因此，将村落和民居这种物质文化与地理空间直接联系起来，可以从地理空间上直观地认识传统村落与民居文化现象，如一种民居形式在一定范围内的分布疏密可以定量可视，便于识别。文化作为这一视野的着眼点，其本身就为民居研究提供了一个更为广阔的平台；而地理要素作为一种先决条件的存在，则为我们认识文化问题提供了空间的支撑，我们由此可以判定"这种文化"与"那种文化"之间的差异，其实也是"这里"与"那里"的差异，由此把建筑文化与地理在本质上融合起来。

（2）文化地理学的动态性研究与建筑学的静态性研究具有交叉性与互补性。通过时间上的传播演变序列在空间上的投射，可以构建一个时空结合的研究框架，把描述性和解释性的民居研究与分析和关联性的文化研究结合起来，令各类型的民居之间产生清晰关联，

成为一个整体系统，从而了解一种建设文化的传播情况，找到某些传统村落形态和民居形态的"源头"，弄清来龙去脉，把形态的时空秩序统一于其内在的演变规律和机制中。

通过这两方面优势，结合大数据的调查和数据库建立，就可以构建起一个可归纳拓展的研究体系，对于理解传统村落与民居形态背后的文化内涵，探索村落与民居文化的交流规律，认识不同地域中传统村落与民居类型的同源性与差异性，发掘地域性建筑文化的特质和营建技术等具有重要意义。

结合以上优势，传统村落与民居的文化地理学存在着许多有意义的值得讨论的议题，例如：文化核心在文化区的形成、成熟和固化中所起到的集聚和辐射作用；文化边缘区中的文化交融现象以及边缘区与和核心区之间的梯度关系等。

此外，从实践应用上来看，对传统村落文化与地理的探讨，能让我们对全国传统村落与民居文化形成更为系统的认知，进而为传统村落保护工作的全面深入发展提供依据。当前我国传统村落评选采用的是地方上报后集中评审的操作方法，虽然对于单个村落能否列入传统村落名录已有较完善的评价体系，但上报哪些村落却有很大一部分因素取决于地方对申报工作的积极性和对当地传统村落文化价值的认识。由于地方在申报选点的操作中缺乏专业的参考和引导，很难掌握一个地区文化类型分布的整体规律，导致选出的传统村落分布存在一定的盲区，并带来一系列问题：1）某个地区的村落选点可能因文化同质而无法体现当地文化类型的多样性；2）一些具有特质文化代表性的村落未能被及时发现和上报，将在默默无闻中快速消亡；3）基于名录所做的相关研究因对象不全面，难以得出科学的研究结论并进行有效保护。

要解决传统村落选点的科学性和全面性问题，采用以往对核心地区典型案例的调研手法难以实现。通过文化地理学掌握大区域范围内的传统村落及民居文化类型的分布，可以直观有效地从空间全局上理解多样的文化景观现象，为在广袤的中国乡村大地上科学甄别筛选具有历史文化代表性的传统村落的选点提供精准指导，实现传统村落目录对文化类型的全覆盖，使传统村落保护体系能充分反映中国传统村落文化的多样性和完整性。

传统村落与民居研究虽已取得了较为丰富的成果，但是，在日新月异的社会经济变化中，我们仍然需要思考如何在新的时期做出创新的研究成果。已有的研究是前辈们在当时特定的理念、方法、技术等背景下形成的，这些成果一方面可以作为我们今天研究的基础加以学习与利用，另一方面也为我们提出了问题和挑战：我们今天的时代背景为研究传统村落与民居提供了什么样的条件，社会发展带来的新技术应当如何更好地服务于我们的研究，我们应当如何在已有研究成果的基础上作出具有时代特征的研究成果等。

本套丛书希望通过传统村落与民居文化地理学这一体系的构建，在传统村落与民居研究领域中贡献一点理念上的创新、研究技术上的创新和理论上的归纳，从而推动传统村落与民居基础研究和保护实践往前迈进。

本套丛书主要是由亚热带建筑科学国家重点实验室立项支持，民居与建筑历史研究团队以及拓展到全国范围内的多位资深教授的博士研究生的博士论文改写而成。由于是在有限目标下的有限时间内完成，有些地方的研究深度还不够，需要进一步补充资料，但也发现了一系列值得进一步深入研究的科学问题和领域。希望这套丛书的出版能够抛砖引玉，在未来有更多的同行学者参与到其中来，使中华农耕聚居文化及其博大的科学智慧能够得到全面的揭示和光大，使浓浓的"乡愁"凝聚成国人更强的文化自信，迈向中华民族的伟大复兴。

2020年元旦于广州南秀村

前言

　　客家是汉民系中一支重要而独特的民系，是历史上中原汉民渐次南下并与土著不断融合、发展而形成。赣闽粤三省毗邻区是客家民系成形区，也是客家人核心聚居地，俗称"客家摇篮"。而位于赣闽粤交界处的赣州是接纳北方汉民南迁的第一站，是客家民系发祥地和当今客家人最大聚居地。赣州客家人在这里繁衍生息、生存发展，创造了灿烂的客家村落与民居文化。赣州客家村落与民居历史悠久、分布广泛、数量众多且类型多样，是江西省乃至我国弥足珍贵的文化遗产，具有重要的研究价值。

　　本书运用文化地理学、城乡规划学与建筑学相结合的研究方法，采用大数据的研究范式，借助ArcGIS平台，构建"赣州客家传统村落及民居文化地理数据库"。以数据库为基础，系统认识赣州客家传统村落及民居类型的文化特征，全面揭示赣州客家传统村落及民居类型空间分布与分异规律，准确划分赣州客家传统村落及民居文化区划，深入探索赣州客家传统村落及各民居类型形成与发展的内在机制与影响因素，对比分析与闽、粤客家传统村落及民居文化景观的异同。通过上述研究，主要取得以下四个方面的研究成果：

　　（1）首次建立了以1093个客家传统村落为研究样本的文化地理信息数据库。对赣州客家传统村落及民居开展全面普查与登录，利用文献资料收集以及高分辨率卫星影像图分析等方式，结合大规模的实地调查，收集村落及民居文化基础信息，对全域村落进行全面而细致地识别与筛选，最终选定1093个客家传统村落作为研究样本。引入"文化因子"概念，从影响赣州客家传统村落及民居文化特征的关键文化因子入手，提取最具代表性的3大类，10小类文化因子；借助"类型学"方法对文化因子进行科学、合理分类，建立文化因子类型系统。数据库较完整、系统地涵盖了研究对象的基本属性、地理环境属性、物质形态属性、历史人文属性共四大项子系统数据。

　　（2）揭示赣州客家传统村落及民居类型文化地理特征与规律，并挖掘其背后的文化内涵与动力机制。在地理分布上，赣州客家传统村落呈现集聚分布状态，"核心—边缘"结构明显；村落往往依山而建，顺应山体呈线性延展，相对水体而言，其与山体依附关系更强；民居表现为"大共性、小分异"的总体分布特征。在历史演进上，村落在宋、元、明、清四个历史时期均表现出显著的集聚分布状态，聚集区域随着历史变迁而不断演变。通过对赣州客家传统村落及民居类型文化地理特征的影响因素进行深入剖析，认为中原汉人的数次大规模迁徙和中原文化是客家村落及民居文化的根源；赣州特殊的自然环境以及当时的农耕生产条件是基本所在；文化的传播以及文化的创新因素导致区域差异性的出现；宗族文化是村落及民居形态特征形成的内在因素。

（3）科学划定赣州客家传统村落及民居文化区划，甄别出各个文化区的中心区和边缘区，梳理各文化区的文化景观特征，揭示各文化区的形成机制。本书制定系统的文化区划原则与方法，提取数据库中体现赣州客家传统村落及民居文化地理特征的关键信息，将村落布局、民居类型这两个因子作为主导因子，根据村落模式对文化区进行初步划分；叠加村落规模、巷道形式等其他因子，根据文化的相似性、差异性对文化区进一步细分，结合自然物候、行政区等边界，划分出六个客家传统村落及民居文化区。六大文化区是并列关系，文化区内中心区、边缘区呈主次关系。地区开发、地形地貌、移民文化、古道交通、文化传播、文化扩散等是各文化区差异形成的关键因素。

（4）与闽、粤客家传统村落及民居文化景观进行对比分析，以同一民系、跨省域的视角，深入剖析赣闽粤客家三地文化景观之间的异同，通过对比研究，从共性中寻找特性。三地自然环境类似，同属客家文化圈层，在村落选址、社会形态等方面颇为相似；但三地有高山大岭相隔，是三个互不统属的区域，在客家民系形成的过程中，形成了各自独特的客居格局和各具特色的客家典型民居。赣南的围屋、闽西的土楼、粤东北的围龙屋即为三地典型民居，其在防御性、秩序性、文化性等方面差异性显著。

综上所述，本书通过系统开展赣州客家村落与民居文化的文化地理学研究工作，建立了一套传统村落及民居的创新研究方法，并丰富传统村落及民居的研究理论体系。研究成果不但可以有效促进赣州客家传统村落及民居的保护与发展，同时也能够为江西省乃至全国客家传统村落及民居的保护与发展提供良好的参考与借鉴。

目录

0

绪论

- 研究背景
- 相关研究现状概述
- 研究范围的说明
- 研究内容、方法及意义

0.1 研究背景

传统村落及民居是地域文化的载体，是文化演化的产物，是珍贵的文化遗产。客家传统村落及民居是中国传统村落及民居的重要组成部分，承载着客家族群深厚的历史文化，展现出鲜明独特的地域文化特征。客家是汉民族的一个支系，由历史上中原汉民渐次南下与南方土著不断融合而形成。它既传承了中原汉民族的文化，又吸收了当地文化，结合当地自然环境和社会环境，创造了适宜自身生存和繁衍的村落及民居文化。赣闽粤三省毗邻区是客家民系的成形区，是客家人核心聚居地。而位于赣闽粤交界处的赣州是接纳北方汉民南迁的第一站，是孕育客家民系的摇篮地，是客家文化特色的聚居区，对赣州客家传统村落及民居开展研究具有重要的学术价值。然而，当下城镇化高速发展，传统村落及民居数量骤减，消亡速度惊人，对不可再生的传统文化的传承造成巨大冲击和重要影响。为了更好地保护传统村落及民居，亟需对其展开全面、系统、深入的研究。

1. 全国层面

传统村落及民居兼有物质和非物质文化遗产，是地域文化的重要载体，承载着丰富的历史信息，蕴藏着丰厚的文化内涵，体现着农耕文明的精髓与空间记忆，是活的、宝贵的文化遗产。传统村落及民居真实地反映出传统社会人们生产、生活的智慧。独特的村落格局和乡土建筑是承载人们生产和生活的物质空间场所，丰富深厚的民俗文化支撑着人们内在的精神世界，厚重鲜活的地方特色和原汁原味的文化精髓由此创造和产生。传统村落及民居体现出当地历史发展的脉络和痕迹，凸显当地历史文化特色，是中华民族的根基。

然而，随着城市的扩张，工业化、城镇化的突飞猛进，村落外部经济环境发生了根本性改变，村落本土特色渐渐丧失，传统民居空置，传统村落"空心化"趋势日益严重，不少传统村落及民居都面临着自然或者人为原因的损坏甚至毁灭，传统村落及民居数量锐减，不断消失。冯骥才先生指出："在21世纪初的2000年，我国自然村总数为363万个，到了2010年锐减为271万个，仅仅10年内减少90万个，对于我们这个传统的农耕国家可是个'惊天'数字。它显示村落消亡的势头迅猛和不可阻挡[1]。"传统村落及民居濒临瓦解，使得其所承载的物质、非物质文化遗产也随之消失，保护传统村落及民居刻不容缓。

近年来，传统村落及民居越来越受到社会各界的重视，相关的保护政策、一系列保护措施陆续出台。为了在保护的过程当中，突出传统村落及民居文化特色，加强历史文化的传承与发展，更好地保护传统村落及民居，由单纯的实体形态的保护，转向地域历史文化的研究是十分必要的。同时，要充分挖掘传统村落及民居文化特色，对传统村落及民居的形成、发展、演变及其内在影响机制进行全面、系统、深入的探讨与剖析。

1　冯骥才. 传统村落的困境与出路——兼谈传统村落是另一类文化遗产[J]. 民间文化论坛，2013（01）：7–12。

2. 区域层面

客家是汉民系里一支重要而独特的民系，是中原汉人在南迁过程中与当地土著不断融合、发展的产物。在赣、闽、粤三省连结地带形成了客家民系的主要聚居区，被称为客家大本营。而赣州是客家大本营地区接受北方汉民族南迁的第一站，是客家民系的发祥地和当今客家人最大的聚居地，被誉为客家民系的第一块热土、客家文化的摇篮。赣州客家人在这里繁衍生息、生存发展，创造了灿烂的客家村落及民居文化。

赣州客家传统村落及民居文化资源丰富，客家村落及民居形态各异、纷繁精致，其分布广泛，数量众多，类型多样，历史悠久，特色鲜明，是非常珍贵的文化遗产。按村落名称分，有以姓氏命名的古村、以地形和所处环境方位命名的古村、以传说故事命名的古村；按姓氏宗族分，有单姓宗族村落、多姓杂居村落；按村落形成历史成因分，有因交通要道形成的古村、因商业贸易形成的古村、因军事驻守形成的古村；按村落防卫特点和聚落形态分，有围屋式古村、自然式古村；按文化内涵分，有古建文化名村、科举文化名村、商贸文化名村、民俗文化名村等[1]。在《赣州市第三次全国文物普查新发现精粹》一书中的普查数据显示，赣州共调查登记不可移动文物6262处，其中古建筑数量众多，达4677处[2]。在赣州客家民居里有一类民居非常独特，即围屋。黄浩先生对其描述为："围屋是非常独特的一种居住模式，其与闽西土楼、五凤楼，粤东围龙屋等，一起被誉为'在世界上具有特异形态'的建筑类型，无疑是'客家人'对世界建筑学的一种创造性贡献[3]。"2007年，赣州龙南荣获"上海大世界吉尼斯之最——拥有客家围屋最多的县"荣誉称号；2012年，赣州围屋被国家文物局列入《中国世界文化遗产预备名单》；2013年，龙南被中国民间文艺家协会授予"中国围屋之乡"称号[4]。

赣州客家传统村落及民居蕴含深厚的历史文化，承载独特的地域文化，是十分珍贵的文化遗产。对赣州客家传统村落及民居开展研究，具有十分重要的学术价值。

3. 理论层面

传统村落及民居的研究中，关于保护方面的较多，针对基础性研究的较少。中国在工业化、城镇化进程中，传统村落及民居迅速衰落、消失。保护传统村落及民居迫在眉睫。研究者从制度、措施、经济、技术、文化等方面对传统村落及民居进行保护研究，取得了较多的成果。但是，在保护的同时，需要调查、收集、摸清传统村落及民居的数量、历史价值、文化价值等各类基础信息，做好充分的基础性研究工作，才能够对传统村落及民居有更全面、充分的认识，才能够深刻理解传统村落及民居的文化源流，才能够准确把握传

1　周建新. 江西客家[M]. 桂林：广西师范大学出版社，2007。
2　赣州市第三次全国文物普查领导小组办公室《赣州市第三次全国文物普查新发现精粹》。
3　黄浩. 江西民居[M]. 北京：中国建筑工业出版社，2008。
4　龙南荣获"中国围屋之乡"称号[EB/OL]. http://jxgz.jxnews.com.cn/system/2013/09/13/012644650.shtml，2013.9.13。

统村落及民居的保护、利用、传承与发展的关系。

此外，关于传统村落及民居的研究，典型案例研究较多，通过对典型案例的观察、描述的基础上推导得出结论，大多出自于经验的认识，多是一种推论。从推论到普遍性规律的验证，需要大量的可重复的试验数据进行支撑和验证。缺乏基础大数据，较难形成创新性的成果。《大数据时代：生活、工作和思维的大变革》一书中指出："大数据时代来临使人类第一次有机会和条件，在非常多的领域和非常深入的层次获得和使用全面数据、完整数据和系统数据，深入探索现实世界的规律，获取过去不可能获取的知识[1]。"引入大数据思维，对全域范围内的全部数据进行分析，有望得出更为深刻、全面的结论，打开传统村落及民居研究的新思维。

与此同时，以往传统村落及民居的研究，多建立在零散案例分析、定性描述基础上，较少从区域层面做全面、完整、细致的研究，没有形成系统性、整体性的研究框架，缺少理论体系的构建。需要一个系统框架，将相关传统村落及民居研究进行整合，全面揭示出更深层次的规律，深入探索现象背后的本质问题，以深化传统村落及民居研究。

0.2　相关研究现状概述

1. 传统村落及民居相关研究

（1）国内研究概况

中国传统民居的研究，始于20世纪30年代。1934年，龙庆忠教授发表了《穴居杂考》一文[2]。1935年，林徽因、梁思成教授在《晋汾古建筑预查纪略》一文中对山西民居进行介绍，专门提到"民居"一词[3]。此后，刘敦桢教授的《西南古建筑调查概况》（1941年）[4]，刘致平教授的《云南一颗印》（1944年）等陆续发表，表明民居研究已得到了一定的关注[5]。刘敦桢教授在十多年考察调查的基础上，出版著作《中国住宅概说》（1957年）[6]，系统论述了明清住宅类型，将其分为九类，这本书的出版奠定了民居在建筑学中的地位，使民居研究得到了建筑界的广泛关注与重视。1988年，"中国文物学会传统民居学术委员会"和"中国建筑学会民居专业学术委员会"相继成立，组织召开了各种学术会议，并出版了会议论文集，取得了众多的学术成果。

在传统民居研究形成一定基础上，于20世纪80年代开始，民居单体的研究逐步扩展到

1　（英）维克托·迈尔-舍恩伯格（Viktor Mayer-Schönberger），肯尼思·库克耶（Kenneth Cukier）（著）；盛杨燕，周涛（译）. 大数据时代 生活、工作与思维的大变革[M]. 杭州：浙江人民出版社，2013。

2　龙非了. 穴居杂考[J]. 中国营造学社汇刊，1934，5（01）：55-76。

3　林徽因，梁思成. 晋汾古建筑预查纪略[J]. 中国营造学社汇刊，1935，5（03）：12-67。

4　刘敦桢. 西南古建筑调查概况[A]. 刘叙杰. 刘敦桢建筑史论著选集——1927-1997[C]. 北京：中国建筑工业出版社，1997：111-130。

5　刘致平. 云南一颗印[J]. 中国营造学社汇刊，1944，7（01）：63-94。

6　刘敦桢. 中国住宅概说[M]. 北京：建筑工程出版社，1957。

村落层面的研究。学者们开始关注村落的整体性，注重研究村落的整体形态、空间构成，将物质空间形态与社会环境、自然环境、历史文化等因素相结合，从更广的层面进行综合研究，相关研究成果诸多。如，彭一刚教授在1992年出版的《传统村镇聚落的景观分析》，对村镇聚落形态进行分类，分析了村镇聚落的组成要素，并从自然、社会因素对村镇聚落形态的影响进行解析[1]；陈志华、楼庆西、李秋香教授等通过对不同地域村落的调查与研究，出版了《楠溪江中游古村落》(1999年)、《新叶村》(1999年)、《诸葛村》(1999年)等一系列丛书[2-4]，从单体建筑拓展到村落整体的研究，注重分析村落背后蕴含的历史文化内涵。

进入21世纪以后，伴随着工业化、城镇化的快速发展，传统村落不断消失，导致不可逆转的损失，引起了社会各界的广泛关注，2008年国家颁布了《历史文化名城名镇名村保护条例》，2012年以来，国家陆续颁布了一系列保护传统村落的相关文件，学者对传统村落的关注度持续上升，研究成果较为丰硕。

梳理国内传统村落及民居的最新研究工作，可以发现以下几个趋势：

1) 注重传统村落及民居深层内涵的研究：以往对传统村落及民居形态的研究已趋于成熟，大多从村落的整体结构、街巷空间、公共空间，民居的形式、结构、装饰等方面来进行分析。而传统村落及民居所表现出来的形式是与当地的自然环境、社会环境等密切相关的，深入挖掘村落及民居形态形成背后的内在机制与文化内涵，有利于更好地解释村落及民居外在的物质形态特征。相关的研究，有从单个因素的视角进行讨论的，如从宗法制度因素来探讨其对村落肌理构成的影响[5]；从农业因素来探析其对村落规模、布局产生的影响[6]；从水资源因素来分析其对聚落空间分布的影响机制[7]。也有从多个因素的视角进行综合分析的，如从自然环境、社会文化和经济技术三个方面分析其对民居室内空间的影响[8]。

2) 从静态研究拓展到动态研究：注重从时间上探索传统村落及民居的历史发展脉络和演化进程。以村落及民居在历史发展过程中的重要时间节点为脉络，研究不同时间断面上的村落及民居文化特征，揭示村落及民居历史演变进程，分析各个时期村落及民居形成的内在动力机制，全面、准确把握村落及民居发展特征与规律。如，郑丽在其硕士论文中对浦东新区聚落分布情况进行复原，探讨了聚落的时空演变特征，并揭示演变背后的驱动因素[9]。赵玉蕙博士分析了明代以来丰州滩地区乡村聚落的时空分布序列，并深入探讨影响其

1　彭一刚. 传统村镇聚落景观分析[M]. 北京：中国建筑工业出版社，1992。
2　陈志华. 楠溪江中游古村落[M]. 北京：生活·读书·新知三联书店，1999。
3　陈志华，楼庆西，李秋香. 新叶村[M]. 重庆：重庆出版社，1999。
4　陈志华，楼庆西，李秋香. 诸葛村[M]. 重庆：重庆出版社，1999。
5　王挺，宣建华. 宗祠影响下的浙江传统村落肌理形态初探[J]. 华中建筑，2011，29 (02)：164-167。
6　尹璐，罗德胤. 试论农业因素在传统村落形成中的作用[J]. 南方建筑，2010，(06)：28-31。
7　陶金，张莎玮. 水资源对沙漠绿洲聚落分布的影响研究——以新疆喀什为例[J]. 建筑学报，2014，(S1)：126-129。
8　李静，刘加平. 高原地域因素对藏族民居室内空间影响探究[J]. 华中建筑，2009，27 (10)：159-162。
9　郑丽. 浦东新区聚落的时空演变[D]. 上海：复旦大学，2008。

聚落分布的主导因素[1]。

3）出现多学科交叉研究的趋势：传统村落及民居蕴含着丰富的文化内涵，本身是一个复杂的系统。结合不同学科，从多学科的角度对传统村落及民居进行研究，有助于把静态的、描述性的研究与解释性的研究结合起来，可以深入挖掘村落及民居背后所蕴含的文化内涵与内在规律，从而拓宽研究视角，深化研究成果。如，刘沛林教授从历史学、地理学、生物学、建筑学等多学科的视角，对传统聚落景观基因图谱、区系等内容进行研究[2]。李芗博士从生态学的视角出发，结合聚落地理学、方言民系理论及民族学、文化学、社会学等多门人文学科，建构起东南乡土聚落生态系统理论的研究框架[3]。王景新教授等从经济学的视角，对溪口古村落的土地制度、土地契约、农业生产等方面进行深入研究[4]。唐孝祥教授从建筑学与美学交叉学科的视角，深入解析中国传统建筑的人性智慧[5]。此外，还有从人类学、考古学、历史学、民族学等学科进行综合考察与交叉研究的。

4）运用技术与量化分析的研究方法：以往对传统村落及民居的研究，多是定性的分析与总结。近年来，伴随着新技术的发展，有学者开始将定量的分析方法运用到传统村落及民居的研究中，使得研究更科学、理性。如，运用RS和GIS技术，对乡村聚落空间分布特征进行定量化分析[6]。借助ENVI和GIS技术，分析聚落空间格局演变[7]。运用数字技术，GIS、Sketch Up、3ds Max、Lumion等，对古村落进行数字化保护[8]。运用空间句法理论，对古村落形态进行综合分析以及量化研究[9]。借助空间句法的方法，对传统民居院落空间结构进行定量测度，分析其空间特征[10]。通过计算机软件，建立数学模型，将聚落的各项指标进行定量化、类型化，分析聚落的空间结构[11]。通过计算机编程、数理统计等相关方法，对乡村聚落平面形态进行量化研究[12]。

（2）国外研究概况

1964年，美国建筑师伯纳德·鲁道夫斯基（Bernard Rudofsky）在纽约举办了名为"没有建筑师的建筑"的展览，随后出版了同名著作，该书是一本展览图集，并配以图片说

1　赵玉蕙. 明代以来丰州滩地区乡村聚落的时空分布[J]. 历史地理，2012，（00）：364-370。

2　刘沛林. 家园的景观与基因——传统聚落景观基因图谱的深层解读[M]. 北京：商务印书馆，2014。

3　李芗. 中国东南传统聚落生态历史经验研究[D]. 广州：华南理工大学，2004。

4　王景新，廖星成. 溪口古村落经济社会变迁研究[M]. 北京：中国社会科学出版社，2010。

5　唐孝祥. 建筑美学十五讲[M]. 北京：中国建筑工业出版社，2017。

6　周文磊，王秋兵，边振兴，等. 基于RS和GIS技术的乡村聚落空间分布研究——以新宾县为例[J]. 广东农业科学，2011，38（22）：155-157。

7　马文参，徐增让. 基于高分影像的牧区聚落演变及其影响因子——以西藏当曲流域为例[J]. 经济地理，2017，37（06）：215-223。

8　王崇宇. 数字技术在古村落保护中的应用研究[D]. 保定：河北农业大学，2015。

9　陈瑶. 空间句法视角下湘西古村落空间格局研究[D]. 长沙：湖南大学，2016。

10　张宸铭，高建华，李国梁. 基于空间句法的河南省传统民居分析及其地域文化解读[J]. 经济地理，2016，36（07）：190-195。

11　王昀. 传统聚落结构中的空间概念[M]. 北京：中国建筑工业出版社，2009。

12　浦欣成. 传统乡村子聚落平面形态的量化方法研究[M]. 南京：东南大学出版社，2013。

明[1]。这本书让建筑学界重新认识乡土建筑，是乡土建筑研究的开始。正如吴良镛先生所说："20世纪70年代以后，《没有建筑师的建筑》一书问世，在建筑界引起了很大的反响。一些已被忽略的乡土建筑重新被发掘出来。这些乡土建筑的特色是建立在地区的气候、技术、文化及与此相关联的象征意义的基础上……本应成为建筑设计理论研究的基本对象[2]。"此后，建筑学者逐渐开展对全球乡土建筑的研究，如美国学者阿摩斯·拉普卜特（Amos Rapoport），在调查了非洲、亚洲和澳洲土著民居的基础上，出版了《宅形与文化》《建成环境的意义——非言语表达方法》《文化特性与建筑设计》等一系列著作[3-5]。1997年，著名建筑师保罗·奥利弗（Paul Oliver）主编的《世界乡土建筑百科全书》，综合研究了世界各地的乡土建筑，对乡土建筑进行了较为全面、严谨的定义，提供了从多视角、多领域对乡土建筑进行研究的良好参考，是一部综合性的著作。此外，还有许多建筑师在乡土建筑实践方面进行了探索，如埃及建筑师哈桑·法塞（Hassan Fathy）、印度建筑师查尔斯·柯里亚（Charles Correa）等。

　　国外对乡土聚落的研究时间较长，取得了较为丰硕的成果。1841年，德国地理学家科尔（J. G. Kohl）所著的《人类交通居住与地形的关系》，对城市与村镇的不同聚落类型进行了对比研究[6]。1910年，法国地理学家白吕纳（Brunhes Jean）出版的《人地学原理》，研究了乡土聚落形态与地理环境之间的关系[7]。20世纪初，法国地理学家阿·德芒戎（A. Demangeon）发表了《法国的农村住宅：划分主要类型的尝试》《农耕制度对西欧居住地形式的影响》《农村居住形式地理》《法国农村聚落的类型》等一系列文章，探讨了聚落的类型、分布、形成因素等内容[8]。20年代60年代后期，日本学者藤井明（Akira Fujii）用文化人类学的方法对聚落形态进行了研究。20世纪70年代初，日本学者原广司（Hiroshi Hara），开始对世界范围的聚落进行调查研究，出版了著作《世界聚落的教示100》[9]。20世纪80年代，加拿大学者Michael从聚落的形态、选址、起源、功能四个方面对乡土聚落的类型学进行阐述[10]。

　　对国外乡土聚落、建筑的最新研究成果进行梳理与总结，其主要特点包括如下几点：

　　1）从文化景观的视角探讨乡土聚落、建筑：认为乡土聚落、建筑是最直观的文化景

1　（美）伯纳德·鲁道夫斯基（Bernard Rudofsky）（编著）. 没有建筑师的建筑 简明非正统建筑导论[M]. 高军（译）. 天津：天津大学出版社，2011。

2　吴良镛. 广义建筑学[M]. 北京：清华大学出版社，1989。

3　（美）阿摩斯·拉普卜特（Amos Rapoport）（著）. 宅形与文化[M]. 常青 等（译）. 北京：中国建筑工业出版社，2007。

4　（美）阿摩斯·拉普卜特（Amos Rapoport）（著）. 建成环境的意义 非言语表达方法[M]. 黄兰谷 等（译）. 北京：中国建筑工业出版社，2003。

5　（美）阿摩斯·拉普卜特（Amos Rapoport）（著）. 文化特性与建筑设计[M]. 常青 等（译）. 北京：中国建筑工业出版社，2004。

6　李旭旦. 人文地理学概说[M]. 北京：科学出版社，1985。

7　（法）白吕纳（Brunhes Jean）（著）. 人地学原理[M]. 任美锷，李旭旦（译）. 南京：钟山书局，1935。

8　（法）阿·德芒戎（A. Demangeon）（著）. 人文地理学问题[M]. 葛以德（译）. 北京：商务印书馆，1993。

9　（日）原广司（著）. 世界聚落的教示100[M]. 于天祎等（译）. 北京：中国建筑工业出版社，2003。

10　Michael B. Rual Settlement in An Uran World[M]. Oxford：Billing and Sons Limited，1982。

观，是一个地区物质文明、精神文明的综合反映，是一种文化形态的表现形式，具有代表性，与地理环境、社会经济、历史发展等密切相关。国际乡土建筑研究者维林加与阿斯奎斯提倡深入了解乡土的理念。

2）探究乡土聚落、建筑形态的影响因素：从文化要素方面来说，包含种族、宗教、制度、经济、伦理、艺术、民俗、社会思想、社会组织等诸多方面，深入剖析各文化要素与乡土聚落、建筑形态之间的关联性；从自然要素方面来说，包含地形、地貌、水系、气候等方面，从乡土聚落、建筑的营建智慧中，探寻乡土聚落、建筑的地域适应性以及绿色生态的营建技术。

3）运用动态研究方法：梳理村落、民居在不同时间节点上的景观特征，并按顺序排布展示，描绘出村落及民居在时间上的历史演变过程，揭示村落及民居发展轨迹；并从自然、社会、历史、文化等方面，剖析影响各个历史时期村落及民居景观变化的内在动因，从文化传播、扩散的角度与周边区域村落及民居景观进行对比。如，英国历史地理学家达比（Darby），搭建了景观历史研究的新框架，对这一领域作出了重大贡献。

4）研究乡土聚落、建筑在空间上的分布特征：从空间上，探索乡土聚落、建筑文化分布差异性以及文化交流规律，这是乡土聚落、建筑研究的重要内容。如，英国学者布鲁恩思克尔对英国乡土建筑的空间分布特征进行了详细分析。

5）运用新技术研究乡土聚落、建筑：随着新技术的飞速发展，将三维扫描、RS技术、GIS分析技术与数理模型等运用到乡土聚落、建筑研究之中，可以直观展示乡土聚落、建筑的空间特性，有助于乡土聚落、建筑的矢量化分析与可视化表达，使得研究更加高效、精准。

2. 文化地理学相关研究

（1）文化地理学研究动态

1）国外文化地理学的发展

国外文化地理学思想的萌芽，最早见于游记性的地方志，如公元前5世纪，古希腊学者希罗多德（Herodotors）所著的《波斯战役记》；公元前7年，古希腊地理学家斯特拉波（Strabo）所著的《史传与地理学》。

19世纪初，德国地理学家洪堡（Aleranderwn Humboldt）、李特尔（Carl Ritter）就发表了有关文化地理学研究内容的著作。洪堡提出，应把景观作为地理学的中心问题，探讨由原始的自然景观变成文化景观的过程[1]。李特尔开创了地理学中重视人类与地理环境关系的研究。

德国地理学家拉采尔（Friedrich Ratzel），对近代文化地理学作出了巨大贡献，19世纪末出版了《民族学》《人类地理学》等著名著作。他首次系统说明了文化景观的概念，还提

1 苏勤，林炳耀. 基于文化地理学对历史文化名城保护的理论思考[J]. 城市规划汇刊，2003（04）：38-42+95。

出了文化地理区域的概念，并阐述了文化传播、文化扩散的观念。

1906年，德国地理学家施吕特尔（Otto Schliiter）出版了《人的地理学的目标》，提出文化景观形态学的概念，其思想对文化地理学具有重要的影响。之后，德国地理学家赫特纳（Alfred Hettner）的《地球上文化的传播》（1928年），法国地理学家维达尔·白兰士（Paul Vidal de la Blanche）的《人文地理学原理》（1922年）等都对文化地理学具有重大影响。

20世纪20年代，西方文化地理学形成，文化地理学开始作为一门独立学科，以美国地理学家索尔（Carl O. Sauer）《景观的形态》（1925年）的发表为标志。他在人文地理特征中引入文化景观研究，将文化地理学研究重点关注于人类创造相关文化地域。他认为文化景观反应的是特定时间与地域自然和人文因素的基本特征。文化景观体现了人类文化与自然环境协同发展，并随着人类活动变化而改变[1]。

20世纪50年代以后，文化地理学取得了较大的发展，拓展了新的研究领域，出现了新的研究方法、手段，理论体系不断完善起来。70年代，新文化地理学开始出现，于80年代产生，提倡者为英国地理学家杰克森（Peter Jackson）等人。他们指出文化地理学在关注文化本身的同时，还要注重关注文化政治，并强调文化的空间性，而且注重从新视角来分析景观，如景观分析与历史发展相联系、景观分析拓展到城市文化景观等[2、3]。

随着文化地理学的发展，其出现了多元化发展的趋势。研究领域逐渐系统化，不断扩大，向更深层次、更广阔的方向发展；研究内容延伸到文化生态方面；研究方法拓展到信息化、定量化分析等。

2）国内文化地理学的发展

我国文化地理思想起源较早，早在《尚书·禹贡》一书中，就系统性地记载了各地地形、物产、贡赋等的地域特征。该书是我国最早的一部区域地理著作。东汉著名历史学家、地理学家班固所著的《汉书·地理志》，是我国第一部以"地理"命名的地理著作，记载了我国各地不同的文化、经济等地理分布情况，开辟了疆域地理志的先河。此外，还有很多史书、方志、游记等含文化地理相关的内容。

鸦片战争以后，著名学者魏源所著的《海国图志》是一部划时代意义的文化地理著作，其文化地理思想影响深远。1909年，张相文、翁文灏等学者成立了"中国地学会"，这是中国近代文化地理学的开端。之后，一些相关地理学会相继成立，发表了许多文化地理学相关论著。20年代以后，竺可桢、任美锷、李旭旦、胡焕庸等学者翻译了大量西方文化地理学相关著作，对我国近代文化地理学发展具有很大的促进作用。

1　Carl O. Sauer. The Morphology of Landscape[J]. University of California Publicationgs in Geography, 1925（02）: 19-54。
2　Cosgrove D, Jackson P. New Directions in Cultural Geography[J]. Area, 1987, 19（02）: 95-101。
3　Jackson P. Maps of Meaning : An Introduction to Cultural Geography[M]. London: Unwin Hyman: 1989。

20世纪80年代，我国文化地理学研究开始有了长足的进步。王恩涌先生第一个引入文化地理学现代理论体系，于1989年出版了《文化地理学导论（人·地·文化）》，该著作构建了较完整的现代文化地理学系统理论框架，较好地结合了中国实际，并按部门详细论述各内容[1]。陈正祥先生的《中国文化地理》（1983年），通过几个专题的讨论，带给大家现代文化地理的概念[2]。之后，一大批文化地理专著、研究论文相继发表。如，赵世瑜、周尚意教授的《中国文化地理概说》（1991年），从文化的空间差异性与人地关系这两条线索对中国文化进行探索研究[3]；卢云先生的《汉晋文化地理》（1991年），是我国第一部关于历史文化地理方面的著作，其从学术文化、宗教文化、婚姻文化、音乐文化等方面，以一种新的视角，对汉晋社会与文化进行探讨[4]；王会昌先生的《中国文化地理》（1992年），系统、全面、综合地探讨了中国文化，并首次对中国文化进行分区[5]；张步天先生的《中国历史文化地理》（1993年），对方言、民俗、学校与人才、宗教、艺文五个方面的时空分布进行了深入探讨与研究[6]；司徒尚纪先生的《广东文化地理》（1993年），是我国第一部区域层面的文化地理著作，探讨了广东文化起源、发展、传播，广东文化景观的地域分异，以及文化区划等内容[7]；张伟然教授的《湖南历史文化地理研究》（1995年），对湖南历史时期各文化要素的区域差异及其影响因素进行解析，并对湖南综合文化区域进行了探讨[8]等。这些研究成果不断完善了我国文化地理学内容，极大地促进了我国文化地理学的发展。

随着文化地理学的发展，研究范围从宏观到微观，从核心到边缘，专题研究从某一问题到多个方面，涉及面不断增广，研究方法多元化，如多学科交叉研究方法较多被采用，数理模型、科学量化分析、GIS等先进技术和手段也较多应用到文化地理学研究中[9、10]，研究成果越来越丰富，不断充实。

（2）文化地理学视角下传统村落及民居研究

传统村落及民居不但是城乡规划学、建筑学研究的重要对象，同时也是文化地理学领域不可或缺的研究内容。关于传统村落及民居与文化地理学相结合的研究，逐渐受到许多学者的关注，研究成果也不断涌现，主要有以下几方面：

1）从全国层面研究村落及民居：许多学者从文化地理的视角，对全国的村落及民居进行研究，论述全国各地不同的村落及民居文化景观，分析村落及民居特征、分布差异与自然环境、人文环境之间的关系，从不同角度对全国的村落及民居进行区划。如，20世纪

1　王恩涌. 文化地理学导论（人·地·文化）[M]. 北京：高等教育出版社，1989。
2　陈正祥. 中国文化地理[M]. 北京：生活·读书·新知三联书店，1983。
3　赵世瑜，周尚意. 中国文化地理概说[M]. 太原：山西教育出版社，1991。
4　卢云. 汉晋文化地理[M]. 西安：陕西人民教育出版社，1991。
5　王会昌. 中国文化地理[M]. 武汉：华中师范大学出版社，1992。
6　张步天. 中国历史文化地理[M]. 长沙：湖南教育出版社，1993。
7　司徒尚纪. 广东文化地理[M]. 广州：广东人民出版社，1993。
8　张伟然. 湖南历史文化地理研究[M]. 上海：复旦大学出版社，1995。
9　李凡. GIS在历史、文化地理学研究中的应用及展望[J]. 地理与地理信息科学，2008（01）：21-26+48。
10　郑春燕. "3S"技术在历史、文化地理学研究中的应用分析[J]. 嘉应学院学报，2009，27（06）：84-87。

80年代，金其铭先生所著的《中国农村聚落地理》，是第一本系统阐述我国农村聚落地理的著作，其研究了我国农村聚落的特征、类型，及其与环境的关系，并对中国农村聚落进行了分区[1]。20世纪90年代，彭一刚教授论述了自然、社会文化差异下各种不同的村镇聚落景观[2]；王文卿先生等人从影响传统民居的自然环境、社会文化环境入手，对中国传统民居进行了自然区划、人文区划[3、4]；翟辅东先生从文化地理学的视角对民居文化进行研究，将全国的民居进行分区，并全面分析民居文化形成、发展因素[5]。刘沛林教授在《古村落：和谐的人聚空间》一书中系统论述了中国古村落的空间意象与文化景观，对文化地理学关于景观的概念赋予了新的含义[6]。沙润先生探讨了自然地理要素对中国传统民居建筑的影响，并分析了民居建筑的自然观[7]。进入21世纪，陆泓教授等人从文化地理学的视角对中国传统建筑进行研究，分析了传统建筑文化模式，以及传统建筑与地理要素之间的关系[8]。刘大平教授等人提出引入文化地理学的研究方法，对中国传统建筑文化的文化圈、文化区域、文化扩散、文化景观、文化综合等问题进行探索[9]。刘沛林教授等人采用"景观基因法"研究传统聚落景观，是对文化地理学关于"文化景观"理论的发展，从聚落景观基因的角度，进行中国传统聚落景观区划[10、11]。此外，还有一些学者以中国传统村落为研究对象，对其空间分布格局及其成因进行分析[12、13]。

2）从区域层面研究村落及民居：不少学者从省域层面、特殊民族民系聚居区、相关地理空间单元等特定地区，或特殊背景区域的村落、民居进行研究，探究特定地域中村落及民居特征，分析自然、社会、文化等因素对该区域中村落及民居的影响，以及进一步探讨村落及民居文化区划的划分。如，20世纪80年代，谢凝高先生等人阐述了耕读文化对楠溪江流域古村落选址、布局和环境保护等的影响[14]。20世纪90年代，陆林教授等人探讨了徽州

1　金其铭. 中国农村聚落地理[M]. 南京：江苏科学技术出版社，1989.
2　彭一刚. 传统村镇聚落景观分析[M]. 北京：中国建筑工业出版社，1992.
3　王文卿，周立军. 中国传统民居构筑形态的自然区划[J]. 建筑学报，1992（04）：12-16.
4　王文卿，陈烨. 中国传统民居的人文背景区划探讨[J]. 建筑学报，1994（07）：42-47.
5　翟辅东. 论民居文化的区域性因素——民居文化地理研究之一[J]. 湖南师范大学社会科学学报，1994（04）：108-113.
6　刘沛林. 古村落：和谐的人聚空间[M]. 上海：上海三联书店，1997.
7　沙润. 中国传统民居建筑文化的自然地理背景[J]. 地理科学，1998（01）：63-69.
8　陆泓，王筱春，王建萍. 中国传统建筑文化地理特征、模式及地理要素关系研究[J]. 云南师范大学学报（哲学社会科学版），2005（05）：9-13.
9　刘大平，李晓霁. 中国建筑史与文化地理学研究[J]. 建筑学报，2005（06）：68-70.
10　刘沛林. 古村落文化景观的基因表达与景观识别[J]. 衡阳师范学院学报（社会科学），2003（04）：1-8.
11　刘沛林，刘春腊，邓运员，等. 中国传统聚落景观区划及景观基因识别要素研究[J]. 地理学报，2010，65（12）：1496-1506.
12　佟玉权. 基于GIS的中国传统村落空间分异研究[J]. 人文地理，2014，29（04）：44-51.
13　熊梅. 中国传统村落的空间分布及其影响因素[J]. 北京理工大学学报（社会科学版），2014，16（05）：153-158.
14　谢凝高，武弘麟，等. 楠溪江流域古村落与耕读文化[A]. 北京大学地理系：楠溪江流域风景名胜区规划[R]，1988：1-100.

村落、建筑特征与文化之间的关系[1]。进入本世纪，申秀英教授等人对中国南方地区多样化的地理环境和文化背景进行了研究，分析中国南方传统聚落景观的地域分异和景观意象差异，将其分为8个聚落景观区和40个景观亚区[2]。林琳教授等人从建筑平面结构和功能特点对广东地域建筑进行分类，通过对地文、人文因素的探讨，将广东地域建筑划分为3个大区域和1个特别区[3]。蔡凌博士对侗族聚居区的传统村落与建筑进行研究，力图构建出从建筑、村落到文化区域三个层次的研究框架[4]。熊伟博士从文化地理学等多学科角度探讨了广西传统乡土建筑文化生成因素，以及乡土建筑的类型、分区等内容[5]。

此外，本书依托的课题近期也已获得不少研究成果。我们研究团队开创了系统的传统村落及民居文化地理研究。近几年来，一直开展多地的传统村落及民居文化地理研究工作，相继完成了广东省及其部分地区，福建、江西、广西、海南、湖南等部分地区的传统村落及民居文化地理研究，取得了一系列研究成果，为本研究工作的开展提供了良好的借鉴与参考。

综上所述，城乡规划学、建筑学与文化地理学的交叉研究已有较好的基础，但已有研究较多关注传统村落及民居文化景观形态特征的描述与解释，以及文化区划的划分，对空间分布与分异结构特征，以及历史演变进程方面着墨较少。研究成果缺少关联，也未形成较为系统的研究理论和研究方法，且在文化区划方面没有系统的划分原则，后续工作有待进一步提升。

3. 赣州地区相关研究

（1）赣州客家研究概况

对赣州客家的研究，最早可追溯到19世纪初，徐旭曾先生在《丰湖杂记》（1808年）一文中指出，"江西之南安、赣州、宁都各属"皆为客人[6]。20世纪初，罗香林先生在《客家研究导论》（1933年）一书中，对赣州客家人的迁徙源流、分布特征等进行了较为全面的研究[7]。

此后，20世纪80年代，大陆客家研究逐渐复兴，赣州客家研究得到了更大发展与进步。代表性论著有1986年万幼楠先生的《于都土塔》，其对于都六座土塔进行了详细介绍[8]。还有1987年薛翘、刘劲峰先生的《孙中山先生家世源流续考》，其涉及到赣南客家与闽粤客家的历史文化关系问题[9]。

1　陆林，焦华富. 徽派建筑的文化含量[J]. 南京大学学报（哲学社会科学版），1995（02）：163-171。

2　申秀英，刘沛林，邓运员，等. 中国南方传统聚落景观区划及其利用价值[J]. 地理研究，2006（03）：485-494。

3　林琳，任炳勋. 广东地域建筑的类型及其区划初探[J]. 南方建筑，2005（01）：10-13。

4　蔡凌. 侗族聚居区的传统村落与建筑研究[D]. 广州：华南理工大学，2004。

5　熊伟. 广西传统乡土建筑文化研究[D]. 广州：华南理工大学，2012。

6　（清）徐旭曾. 丰湖杂记[A]. 谭元亨. 客家经典读本[C]. 广州：华南理工大学出版社，2010：49-52。

7　罗香林. 客家研究导论[M]. 兴宁：希山书藏，1933。

8　万幼楠. 于都土塔[J]. 江西历史文物，1986（S1）：125-128。

9　薛翘，刘劲峰. 孙中山先生家世源流续考[J]. 江西社会科学，1987（04）：118-121。

从20世纪90年起，随着客家文化研究的深入，各种客家研究机构不断兴起。1990年，赣南师范学院成立客家研究室；与此同时，赣州市成立了客家研究会。江西省内的江西师范大学、南昌大学和江西省社科院也分别成立了客家研究机构，自此江西有组织的客家研究拉开了序幕。如，1991年，江西师范大学王东林教授撰写的《论赣地客家文化的研究与发掘》一文，对发展客家历史文化具有直接推动作用。1999年，南昌大学刘纶鑫教授出版了《客赣方言比较研究》一书[1]；南昌大学万芳珍教授对江西客家人的源流、分布等进行了详细研究，发表了《客家人赣考》（1994年）[2]、《江西客家入迁原由与分布》（1995年）[3]等一系列文章。90年代后期，赣南师范大学罗勇教授等人先后出版了《赣南地区的庙会与宗族》（1997年）[4]、《赣南庙会与民俗》（1998年）[5]等一系列著作。赣州市文博系统的韩振飞、万幼楠、刘劲峰、张嗣介、廖军等学者也相继取得不少成果。

进入21世纪，赣州客家研究得到快速发展。研究队伍日益壮大，研究机构不断增多，研究内容的深度和广度也得到逐步的提升与拓展，客家研究的整体水平得到了很大的提高，取得了丰硕的研究成果。赣州客家文化研究在全国范围内具有很大的地域优势与地区特色。近些年，围绕相关客家研究领域，研究学者撰写并出版发布了一大批相关研究论著。

此外，不少省外的学者对赣州客家进行研究，取得了较多成果。如，中山大学黄志繁博士在其博士论文中描述了12~18世纪赣南地方动乱与社会变迁的历史[6]。厦门大学饶伟新博士在其博士论文中对明代以来赣南地区的生态、族群与阶级进行了研究[7]。中山大学刘晓春博士在其博士论文中探讨了一个赣南客家村落的历史、形成、发展及其社会变迁[8]。

（2）赣州客家传统村落及民居研究

1）以保护和发展为主的问题、规划及策略性研究

赣州客家传统村落保护与发展策略的研究，内容具体针对典型传统村落及民居在保护中遇到的瓶颈，提出保护及规划发展策略。通过提炼村落文化资源、村落特色，发现问题，并提出规划引导与保护策略[9]。通过分析村落的历史演变和村庄空间格局、道路空间、公共空间、居住空间等形态特征，探究村庄营建特征[10]，为探索村落历史文化、物质空间提供了翔实的基础资料[11]。

1　刘纶鑫. 客赣方言比较研究[M]. 北京：中国社会科学出版社，1999。
2　万芳珍，刘纶鑫. 客家人赣考[J].南昌大学学报（社会科学版），1994（01）：118-127。
3　万芳珍，刘伦鑫. 江西客家入迁原由与分布[J]. 南昌大学学报（社会科学版），1995（02）：53-67。
4　罗勇，（法）劳格文（John Lagerwey）. 赣南地区的庙会与宗族[J]. 国际客家学会，1997。
5　罗勇，林晓平. 赣南庙会与民俗[J]. 国际客家学会，1998。
6　黄志繁. 12-18世纪赣南的地方动乱与社会变迁[D]. 广州：中山大学，2001。
7　饶伟新. 生态、族群与阶级——赣南土地革命的历史背景分析[D]. 厦门：厦门大学，2002。
8　刘晓春. 仪式与象征的秩序：一个客家村落的历史、权力与记忆[M]. 北京：商务印书馆，2003。
9　许五军. 赣州客家传统村落保护与发展策略[J]. 规划师，2017，33（04）：65-69。
10　刘骏房. 赣南围屋聚落形态及其保护性策略研究[D]. 广州：华南理工大学，2016。
11　施艳艳. 基于功能更新的乡土建筑遗产多维保护与利用方式研究——以赣南围屋建筑遗产为例[D]. 南昌：南昌大学，2015。

2）以村落空间形态为重点，分析形态特征及其形成机制

这个方向的研究共识是聚落的空间意向、空间结构的形成受多因素影响，其中与社会文化的关联性至关重要。村落空间形态及结构研究是传统村落研究的重要方向。学者多以个案为例，深刻剖析村落空间形态及其演变过程，并从自然、经济、社会、历史等角度综合分析形态形成的原因。在众多村落研究中，重点关注到一些典型村落，相关研究成果颇丰。

例如，夏府村村落整体性空间以宗族生活功能为依托，以祠堂为中心，展开一系列的建筑布局。祠堂作为公共建筑，具有典型的叙事空间特征，塑造了村落空间，使得村落生活具有了开放型与丰富性[1]；对羊角水堡的有关研究，阐述了明清时期赣南社会变迁中客家单姓宗族围村的发展历程，分析了地方制度的国家化与正规化之间具有共通性，揭示了国家制度的特殊性导致羊角水堡不同于一般沿海卫所的独特发展历程，为理解内地所城社会发展提供新思路[2]；白鹭村作为赣州典型的村落研究基地，保护与发展并行，从聚落空间类型层面剖析其构成，探讨如何对其进行保护与发展的策略性内容[3~6]。此外，还有学者对宁都县田埠乡东龙村、瑞金市九堡镇密溪村等典型村落进行研究。

3）关于客家传统村落社会文化的研究

当地学者及研究机构对客家传统村落社会文化开展研究，取得非常丰硕的成果。其中，以赣南师范大学客家研究中心为代表，成立了客家研究所，包含客家民俗研究所、客家社会研究所、客家语言与文学研究所、人类学与非物质文化遗产研究所等机构，在国家级项目、科研论文方面，研究成果众多。对于赣州客家文化、传统村落、传统民居的有关研究具有较大贡献，从物质层面、非物质层面，为探讨村落形成、文化溯源等内容奠定了坚实的基础。

4）突出关注赣州围屋民居建筑的研究

赣州典型客家民居为围屋类型，诸多研究从围屋产生、发展的历史原因，围屋建筑形态的渊源和演变关系入手，强调围屋的文物价值和建筑意义。韩振飞先生首先对赣州围屋进行介绍，认为围屋源于坞堡，并对赣州围屋、闽西土楼、粤东围龙屋三者之间的关系进行了分析[7]。黄浩先生最早从建筑学角度对赣州围屋进行了解析，并最先从平面形式对围屋

1 高信波，李芳. 浅析赣州市赣县夏府村客家传统村落空间形态特征[J]. 民营科技，2018（12）：261。
2 曾过生. 从卫所到乡村：明清江西赣南羊角水堡之个案研究[D]. 赣州：赣南师范学院，2014。
3 张嗣介. 赣县白鹭村聚落调查[J]. 南方文物，1998（01）：79-91+127。
4 林晓平. 客家传统村落的保护与利用探论——以赣县白鹭村为例[J]. 赣南师范大学学报，2018，9（01）：26-31。
5 张爱明，陈永林，陈衍伟. 基于社会转型的客家乡村聚落形态演化研究——以赣县白鹭村为例[J]. 赣南师范大学学报，2017，38（03）：92-97。
6 张丽. 赣县白鹭古村的空间类型及其深层结构[J]. 广西民族大学学报（哲学社会科学版），2017，39（03）：73-82。
7 韩振飞. 赣南客家围屋源流考——兼谈闽西土楼和粤东围龙屋[J]. 南方文物，1993（02）：106-116+72。

进行分类[1]。万幼楠先生对赣州围屋进行了系统研究，深入剖析了围屋渊源，提出可能受城堡、山寨或闽粤围楼的影响，将围屋发展演变时期进行了断代，分为创始、形成与极端期，认为赣南围屋经过一个广泛吸取、兼容并蓄的自由创发阶段，而后转向方形、四角炮楼的基本平面设计上，最后遵循防卫这个重点走向极端发展[2~7]。这些研究成果为后续围屋探究扩展了思路。

对赣州围屋的研究，诸多学者采用比较法。通过对比赣闽粤三地客家文化集聚区，阐述其一致性与差异性，从而更突出赣州围屋的特征，揭示其形成的历史背景。防御性是赣州围屋的典型特质，故也是学术界不断关注与研究的重点。赣南围屋、福建土楼、广东围屋均体现防御性，以类型学分析作为基本研究方法，比较三地客家围屋的异同，以期探索围屋本质上的建筑内涵。研究内容包括对三地围屋的典型例子的统计、地理上的分布、类型学上的分类、建筑性与防御性的矛盾分析等，归纳总结三地客家围屋的类型学特征和矛盾性特征[8~10]。同时，还有相关研究对赣闽粤围楼的比较延伸到更为广阔的领域，将其与开平碉楼进行对比[11]。

5）引入交叉学科，拓展村落及民居研究思路

陆元鼎先生曾提出："研究民居已不再局限在一村一镇或一个群体，一个聚落，而要扩大到一个地区、一个地域，即我们称之为一个民系的范围中去研究[12]"。由此，产生出一些对东南汉民族的系统研究。这些研究主要涉及客家民居、湘赣民居等，围绕汉民族东南民系进行探索，对赣州地区有所涉猎，其对赣州传统村落及民居研究具有重要的意义。

余英先生对我国东南汉族民系聚居区进行分析，在对传统社会与文化整体把握的基础上，概括社会文化特性，包括地域社会背景、人口迁徙过程、迁移路线和文化交流等，以地域生活圈为基本的研究范围，探讨聚落和建筑与宗族组织、家族生活之间的互动关系，分析聚居模式、居住模式的类型特征，援引区系类型理论，对不同地域的建筑模式及衍化予以进一步的比较研究[13]；潘安先生所著的《客家民系与客家聚居建筑》，以客家聚居建筑为研究对象，梳理汉民族历史与客家民系形成过程，概括出客家聚居建筑各种形式的基本

1　黄浩，邵永杰，李廷荣．江西"三南"围子[A]．李长杰．中国传统民居与文化3[C]．北京：中国建筑工业出版社，1995：105-112．

2　万幼楠．燕翼围及赣南围屋源流考[J]．南方文物，2001（03）：83-91．

3　万幼楠．赣南围屋及其成因[J]．华中建筑，1996（04）：85-90．

4　万幼楠．赣南客家民居"盘石围"实测调研——兼谈赣南其它圆弧型"围屋"民居[J]．华中建筑，2004（04）：126-131．

5　万幼楠．对客家围楼民居研究若干问题的思考[J]．嘉应大学学报，1999（01）：113-116．

6　万幼楠．围屋民居与围屋历史[J]．南方文物，1998（02）：72-85．

7　万幼楠．赣南客家围屋之发生、发展与消失[J]．南方文物，2001（04）：29-40．

8　陈思文，程建军．赣闽粤三地围楼防御性对比[J]．城市建筑，2017（23）：17-18．

9　燕凌．赣南、闽西、粤东北客家建筑比较研究[D]．赣南师范学院，2011．

10　黄浩．赣闽粤客家围屋的比较研究[D]．长沙：湖南大学，2013．

11　谢燕涛，程建军，王平．赣闽粤客家围楼与开平碉楼的建筑特色比较[J]．建筑学报，2015（S1）：113-117．

12　陆元鼎．中国民居研究的回顾与展望[J]．华南理工大学学报（自然科学版），1997（01）：133-139．

13　余英．中国东南系建筑区系类型研究[M]．北京：中国建筑工业出版社，2001．

构图法则，从民系的角度研究客家聚居建筑的特性，系统地研究客家聚居建筑、客家文化与客家民系组织之间的关系[1]。

此外，潘莹教授在其博士论文《江西传统聚落建筑文化研究》中，从民居模式、聚落整体布局模式、区系聚落模式三个层次，结合江西特定的自然地理条件和社会人文条件，分析江西传统聚落建筑文化特征形成的原因[2]。

4. 已有研究的启示

通过对相关研究成果的梳理与分析，我们发现在传统村落及民居研究方面已经取得较多的成果，但是也有一些值得思考的问题，主要有以下几个方面：

（1）典型案例研究较多，理论体系构建研究较少

在传统村落及民居的相关研究中，多建立在案例分析基础之上，研究成果较多，但是没有形成一个系统性的研究框架，缺少一个可以整合的结构，在理论体系构建层面显得有所不足。具体来说，在以往的研究中多注重个体案例的研究，个体的研究成果已相当丰富，但是彼此之间较为独立，缺乏联系，村落及民居研究成果较难整合起来，不利于区域之间村落及民居研究的深化。需要一个整体性的理论框架，将村落及民居研究成果放到一个大的研究框架之中，通过理论框架体系的构建，探索更深层次的问题，揭示现象背后所隐藏的规律，有助于传统村落及民居的深入研究。

（2）赣州客家传统村落及民居研究有待深入拓展

传统村落是人们生产、生活的场所，是一个复杂的综合体。村落及民居承载着深厚的历史文化，其外在的物质形态是受到地形、气候、宗法、习俗等影响作用，是与自然、社会、历史、人文等因素息息相关的。探讨村落及民居外在形式之下的内在形成机制，有利于解释丰富多样的村落及民居文化。赣州客家村落及民居研究侧重于物质形态方面的分析，对于空间形态下的内在机制研究有待加深，尤其是对于赣州地区客家村落物质形态与其形成机制的探讨较少。从影响物质形态形成的文化内涵与动力机制方面不断深化研究，有利于对赣州客家村落及民居形态全面而深入的理解。

（3）赣州客家传统村落及民居整体性研究不足

目前开展的许多赣州客家传统村落及民居的研究，多偏向于典型村落及民居的案例分析，如村落研究多关注的是白鹭村、夏府村等单个典型性村落的案例解析，而民居多集中于赣州特异形民居——围屋的研究，而对其他村落及民居的研究较少，整体上来说已有研究较为零散，不够系统。赣州是客家文化中心，传统村落及民居具有显著的特点，虽然同处赣州地区，但是整个地区村落及民居存在差异性。典型性案例只是赣州地区村落及民居

1　潘安. 客家民系与客家聚居建筑[M]. 北京：中国建筑工业出版社，1998。
2　潘莹. 江西传统聚落建筑文化研究[D]. 广州：华南理工大学，2004: 153-155。

的一小部分，不能代表赣州地区全部的村落及民居特点，缺乏从整个区域层面对村落及民居做完整、全面、系统的调查与分析，从区域层面对村落及民居的形成、发展、演变等的探讨有待加强。

0.3 研究范围的说明

1. 研究空间范围的说明

本书研究空间范围覆盖整个赣州市行政区域。赣州市位于江西省最南端。地理区位在东经113°54′~116°38′、北纬24°29′~27°09′，区域面积约为3.94万平方公里[1]。包括3个市辖区，2个县级市，13个县，共

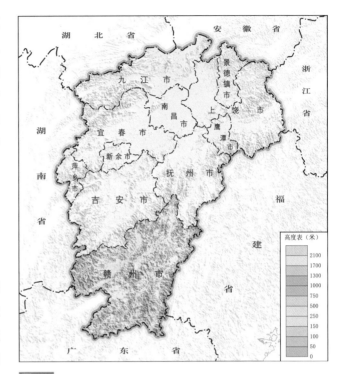

图0-1
赣州市在江西省的区位图
（图片来源：自绘）

18个县级政区，即章贡区、南康区、赣县区、瑞金市、龙南市、大余县、上犹县、崇义县、宁都县、于都县、兴国县、石城县、会昌县、信丰县、安远县、定南县、全南县、寻乌县[2]。全市设立7个街道办事处，143个镇，141个乡；共有451个居委会，3459个行政村[3]（图0-1、图0-2）。

2. 研究对象范围的说明

本书以赣州市行政区域内的客家传统村落及民居为研究对象。在此对"客家""传统村落""传统民居"进行说明。

（1）客家

对于"客家"的含义，可以从民系、地域、时间、方言四个维度进行诠释。

从民系维度看，客家是汉民族的一个支系。由于生态恶化而导致的战乱、饥荒等原因中原汉民渐次南迁与南方土著不断融合而形成的一支民系。客家学奠基人罗香林先生指出

1 赣州地区志编撰委员会编. 赣南概况[M]. 北京：人民出版社，1989：3。
2 百度百科 赣州[EB/OL]. http://baike.baidu.com/item/赣州/142839，2017.6.16。
3 行政区划[EB/OL]. http://www.ganzhou.gov.cn/c100146/2018-07/11/content_c60d03cb3d2f4059b900c4f4e35b2c79.shtml，2018.7.11。

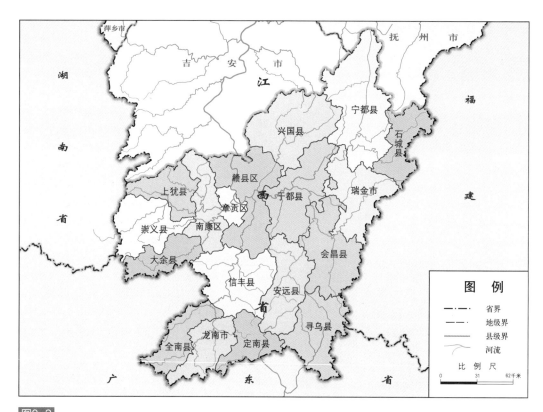

图0-2
赣州市行政区划图
（图片来源：自绘）

"客家为汉族里头的一个系统分明的支派，是极其活跃有为的民系[1]"，客家民系的形成归因于中原汉民族的"五次大迁徙"。根据罗先生的观点，五次大迁徙是由于东晋"五胡乱华"、唐末"黄巢起义"、宋末金人元人入侵、明末满人入侵、清后期广东西路事件以及太平天国事件等原因而产生。另有学者提出"六次迁徙论"，认为秦朝为统一南疆，遣军戍守，为中原汉人最早的南迁。

　　从地域维度看，客家民系在赣、闽、粤三省毗邻区形成、定居、繁衍，并由此基地逐渐播迁到全世界各地。目前客家人主要分布在江西、福建、广东、广西、四川、湖南、中国台湾、中国香港等地区，以及东南亚、欧美等海外各地[2]。而赣闽粤边区是客家民系的大本营，客家人最多、最集中的聚居区。

　　从时间维度看，客家的形成经历了一个比较漫长的历史发展过程。对于客家民系的形成时间，目前没有统一的看法，有学者认为形成于东晋，有的认为形成于南朝，也有的认为形成于宋代，还有认为形成于明清。但多数认为形成于宋元之际，部分认为形成

1　罗香林. 客家研究导论[M]. 兴宁：希山书藏，1933：1。
2　胡希张等. 客家风华[M]. 广州：广东人民出版社，2009：636-639。

于明代[1]。

从方言维度看，客家方言仍保留有许多古汉语语言特点，是研究古汉语的活化石。客家人对语言非常重视，有句话在客家地区非常流行："宁卖祖宗田，不忘祖宗言。"客家方言是客家民系的重要特征之一。

可见，客家是由于历史原因，中原汉民渐次南下进入赣闽粤边区，与当地土著居民逐步融合，而形成的独特而稳定的汉民族下的一支民系，并有着自己特有的语言体系——客家方言。客家民系既传承了中原汉民族的文化，又融合了当地土著的文化，而形成了具有自身特色的族群文化。

（2）传统村落

村落，即为农村聚落。我国古代的聚落多指村落。据《史记·五帝本纪》载："一年而所居成聚，二年成邑，三年成都[2]。"这里的"聚"指村落，是区别于邑、都的居住点。但是现在聚落泛指人类聚居的地方，包括农村、集镇和城市三种聚落类型。村落指农村聚落，是聚落类型中的一种。村落是长期生活、聚居、繁衍在一个边缘清晰的固定地域的农业人群所组成的空间单元，是农村政治、经济、文化生活的宽广舞台[3]。村落以血缘和地缘为纽带，由具有共通的生产、生活方式以及文化观念，并遵守相应的社会秩序的人们组成的相对独立的地域性组织的聚居形态，是一种独特的文化景观。

关于"传统村落"的定义，2012年由住房和城乡建设部等部委印发的《关于开展传统村落调查的通知》中指出："传统村落是指村落形成较早，拥有较丰富的传统资源，具有一定历史、文化、科学、艺术、社会、经济价值，应予以保护的村落[4]。"赣州共有五十个村落入选中国传统村落名录，它们是从众多优秀的传统村落中经过评审确定为中国传统村落。通过调查研究，发现赣州有大量保存较为完好，具有较高的历史文化价值，却还没来得及评选或没有被发现的村落。本书旨在最大可能覆盖整个赣州市域范围内保存较好、价值较高的村落，全面获得历史信息，以大数据的方式作为本次研究的数据支撑。故本书研究对象传统村落，不仅仅局限于评选上的"传统村落"，而是适当放宽"传统村落"选取的标准，具体界定依据包含以下几个方面：

1）建村年代较早，在民国以前。

2）村落整体风貌保持传统特色。村落选址能够反映地域特色，与周边环境关系紧密；村落空间结构与形态较为完整，街巷体系较为完善，能够体现村落的传统格局和历史风貌。

3）传统建筑风貌较为完整。传统建筑集中成片，有一定的规模，且拥有保存完好的片区，传统建筑数量占村落总建筑数量的比例大于等于50%，能够反映一定时期的地方特色

1 邱菊贤. 梅州客家研究大观[M]. 香港：香港天马图书公司，2000：5。

2 （唐）魏征. 群书治要全鉴 典藏版[M]. 北京：中国纺织出版社，2016：81。

3 刘沛林. 古村落亟待研究的乡土文化课题[J]. 衡阳师专学报（社会科学），1997（02）：72-76。

4 住房和城乡建设部 文化部 国家文物局 财政部关于开展传统村落调查的通知[EB/OL]. http://www.gov.cn/zwgk/2012-04/24/content_2121340.htm，2012.4.24。

和乡土文化。

4）非物质文化丰富。风俗习惯、传统手工艺、表演艺术、口头传说等非物质文化地域特色鲜明，能够较好传承，非物质文化的活动空间和表现场所保存良好。

（3）传统民居

传统民居是传统村落的至关重要的一部分，传统村落是传统民居赖以生存的物质空间，两者相互依存。本书研究对象传统民居指的是传统村落中的传统民居（包含祠堂）。其界定依据为：

1）主体保存状况较好，或局部损坏而不影响其历史文化价值。

2）具有一定的历史传承，建筑形制、建筑用材、建筑造型、营造技术等体现出传统风貌和地方特色。

3）与传统生产、生活息息相关。

0.4　研究内容、方法及意义

1．研究内容

（1）开展赣州客家传统村落及民居的普查，构建文化地理信息数据库

通过对赣州客家传统村落及民居的全面普查，结合现场踏勘、实地测绘、走访座谈和问卷调查等方式，收集传统村落及民居基础信息，并对其进行精确定位、详细摸查，绘制村落、民居布点地图。

详细分析赣州客家传统村落及民居文化各项特征，归纳出各项特征的类型，并针对各项类型特征进行分类阐述。

对赣州客家传统村落及民居进行数据录入，包括以下几个方面：村落基本属性数据（村落地址，地理坐标、村落级别、传统属性），村落地理环境属性数据（村落所处地貌特征、村落与河流关系），村落物质形态属性数据（村落布局、民居类型、村落规模、巷道形式、环境要素），村落历史人文属性数据（建村年代、迁徙源地、姓氏组成），构成系统、完整的信息数据库。

（2）揭示赣州客家传统村落及民居文化空间分布与分异规律，发掘其内在影响因素

在赣州客家传统村落及民居精确定位的基础上，借助ArcGIS平台，定量分析传统村落及民居各项文化特征的空间分布格局与形态差异；利用SPSS软件，探讨不同文化特征类型之间的相关性，深入分析它们之间的相互影响机制。

通过梳理、分析赣州的自然环境、行政区划沿革、人口发展变化、人口迁徙路线、农耕生产、经济文化等因素，总结出传统村落及民居文化交流、传播规律，揭示出传统村落及民居文化在空间分异特征的影响因素，挖掘出形成这种规律、特征背后的文化内涵与动力机制。

（3）划分赣州客家传统村落及民居文化区划，探索其形成机制

提取数据库中体现赣州客家传统村落及民居文化地理特征的关键信息，遵循发生统一性、相对一致性、区域共轭性、综合性与文化主导性、行政区、层次性等原则，采用主导因子法、多因子综合法、叠合法、历史地理法等方法，以内部相似性和差异性为依据，结合自然地物、行政区等边界，准确划定赣州客家传统村落及民居文化区的边界。在此基础上，甄别出各个文化区的中心区和边缘区，提炼各文化区的文化景观特征，探索各文化区的形成原因，揭示各文化区的形成机制。

（4）对比分析赣、闽、粤客家传统村落及民居文化景观的异同

将赣州客家传统村落及民居文化景观特征与闽粤客家进行对比研究，以同一民系、跨省域的视角为出发点，深入探索三地村落及民居之间的异同。三地地域相互毗连，同属客家核心文化圈层，但是属于不同的行政区域，彼此之间有一定的相似性，也有很多的差异性。通过对比研究，进一步从共性中探究差异性，以揭示三地客家村落及民居的内在关联性，挖掘差异性形成的关键因素。

2. 研究方法

（1）普查与登录

通过与当地政府联系，开展了赣州客家传统村落的全覆盖式基础信息普查，并结合大规模的实地调查、文献资料收集以及高分辨率卫星影像图分析等方式，收集村落及民居文化基础信息，录入数据库。以全覆盖的大数据为支撑，建立赣州客家传统村落及民居文化地理数据库。

（2）文献资料整理

收集大量和本研究相关的文献资料，整理分析相关文献的研究成果，梳理总结现有文献的研究观点。而且需要查阅历史文献、地方志、家族谱牒、历史地图等相关历史、地理资料，从而更好地了解村落及民居历史。这些文献资料的收集与整理为本书的写作提供了一定的基础。

（3）实地调研

包括实地探勘、走访座谈、问卷调查和实地测绘等方式。通过实地探勘，直接观察赣州客家地区传统村落及民居，了解当地村落及民居文化，获得最直观的感受。通过走访座谈、问卷调查，深入当地人的生活中，深刻理解当地历史文化。通过实地测绘，对传统村落及民居进行精确定位，并绘制简图。通过这些方式可以搜集更多的一手资料，为赣州客家传统村落及民居文化地理数据库的构建提供基础。

（4）多学科交叉研究

文化地理学着重研究文化的分布特征、空间差异及发展演化等内容[1]。从文化地理学的

1　周尚意，孔翔，朱竑. 文化地理学[M]. 北京：高等教育出版社，2004：1-5。

视角，结合城乡规划学、建筑学等学科对赣州客家传统村落及民居进行研究，将动态的研究方法应用于村落及民居研究，把解释性与描述性研究结合起来，有助于认识村落及民居形态的分异特征，理解村落及民居文化的交流与传播，揭示村落及民居形态背后的文化内涵，更为全面、系统地认知村落及民居产生，开启村落及民居研究的新思路。

（5）数理统计分析

在大量村落及民居样本进行精确空间定位的基础上，运用ArcGIS，构建系统、完整的赣州客家传统村落及民居文化地理数据库，并进行矢量化分析与可视化表达，定量分析村落及民居文化空间分布特征与规律，生成村落及民居文化专题地图。

运用SPSS数据分析软件，对村落及民居文化各项特征进行相关性分析，系统分析它们之间的内在关系及相互作用机制。

（6）对比研究

赣、闽、粤三省毗邻区是客家民系主要聚居区，是客家大本营。三地同属客家民系，地域相连，但彼此被高山大岭隔绝，是互不统属的三个区域。三地村落及民居文化特征表现出一定的相似性与差异性。通过对比研究，探索同一民系、不同行政区域下三地村落及民居的异同，探究形成差异背后的影响因素。

（7）系统研究与案例分析相结合

对赣州客家传统村落及民居进行系统的调研、普查，并对系统要素以大数据方式进行整体的、联系的、动态的、综合的分析，找出其本质和起因，发掘其内在的规律性。再结合具体案例进行分析、说明，通过深入剖析、解读，为研究成果提供更为具体的支撑，也通过实证反馈，促进研究结论的合理与完善。

3．研究意义

（1）丰富赣州客家传统村落及民居研究成果

结合文化地理学，开展赣州客家传统村落及民居研究，构建全面、系统的传统村落及民居文化地理数据库，绘制出赣州客家传统村落及民居文化地理图册。这有利于清晰、直观的分析传统村落及民居文化空间分布特征，系统揭示村落及民居文化传播、交流规律，准确划分出传统村落及民居文化区划边界，提炼出影响传统村落及民居文化地理特征的内在因素，发掘出隐藏在传统村落及民居背后的文化意义。这种研究方法对传统村落及民居的研究具有适应性和创新性，从内容上构建了一个系统、整体的传统村落及民居研究理论框架，一定程度上丰富了赣州客家传统村落及民居研究成果。

（2）为赣州客家传统村落及民居保护提供新思路

赣州具有较多历史文化价值较高的客家传统村落及民居，其承载着历史的基因，是非常珍贵的文化遗产。然迄今尚有许多未被评选、关注或者记录，许多村落及民居正在加速消失，赣州客家传统村落及民居的保护迫在眉睫。

本书对赣州客家传统村落及民居进行地毯式的普查，收集大量的传统村落及民居的各类基础信息，对传统村落及民居进行精确定位，借助ArcGIS平台，进行落图分析，构建全面、系统的赣州客家传统村落及民居文化地理数据库，为赣州客家传统村落及民居搭建了一个基础性的大数据平台。这是文化遗产信息保护的重要组成部分，其将大力促进传统村落及民居的实体保护，推进历史文化的传承与发展。

（3）对赣州的城市建设提供指导意义

在全球化趋势不断加强的背景下，城市及建筑的面貌也日益趋同，如何传承历史文化，展现出地域文化特色，是我们面临的一大挑战。赣州具有浓厚的客家文化，如何让客家文化传承与创新是亟需解决的问题。

本书梳理了赣州客家传统村落及民居的文化特质，分析了赣州客家传统村落及民居文化的空间分布与差异规律，探讨了传统村落及民居与自然环境、社会人文之间的关系，从而全面、系统、深入认识赣州客家传统村落及民居文化，为客家传统文化的传承和发展提供依据，对赣州这类历史文化名城的建设，尤其是旧城区更新改造具有现实指导意义。

4．研究框架

研究框架如图0-3所示。

5．研究创新点

（1）方法的创新：通过多学科交叉研究，采用大数据方式，拓展赣州村落及民居研究的新视角与新范式

运用文化地理学、城乡规划学与建筑学相结合的研究方法，通过全域范围内地毯式的普查，采用大数据的方式，建立系统、完整的赣州客家传统村落及民居文化地理数据库，打破以往多关注典型村落及民居的研究局限，把典型研究扩大到全域普查性的村落及民居研究，将传统村落及民居研究从典型案例的概括性描述阶段推进到全域范围内整体层面完整的普查与分析，从而得出更为准确、全面、详细的结论，拓宽了村落及民居研究的视角，创新村落及民居研究技术与方法，丰富城乡规划学、建筑学理论体系。

（2）内容的创新：全面系统揭示赣州客家传统村落及民居文化类型、分布、区划与形成规律

在普查式研究、大数据分析基础上，全面梳理与总结赣州客家传统村落及民居文化特征，进行类型归纳与分类阐述，建立赣州客家传统村落及民居文化因子类型系统。在大量村落及民居样本精确定位基础上，借助GIS地理信息系统，采用定量分析方法，准确刻画出传统村落及民居文化因子在空间上的分布与结构特征，运用SPSS数据分析软件，对各文化因子进行相关性分析，深入挖掘各文化因子之间的内在关系，系统揭示传统村落及民居文化地理特征形成背后的内在机制与文化内涵。制定系统的区划原则与方法，基于泰森多边

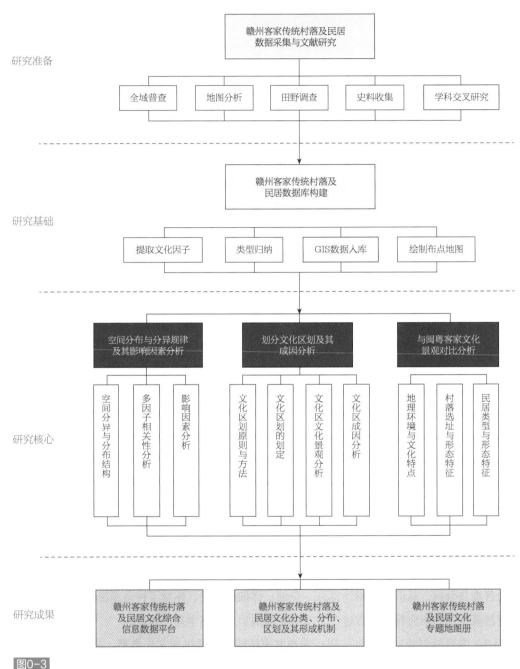

图0-3
研究框架
（图片来源：自绘）

形原理，结合自然地物、镇级行政区等边界，科学划定传统村落及民居文化区的边界，分析各文化区的形成原因，揭示各文化区的形成机制。尤其对村落及民居文化的历史演化，空间分异，文化交流、传播与整合，文化形成机制等问题进行重点研究与突破，拓展了村落及民居研究的深度与广度。

（3）成果的创新：绘制赣州客家传统村落及民居文化地理图册，科学、直观地表达成果

采用专题地图的形式，精确、清晰地表达村落及民居的空间位置，将村落及民居文化信息化与图示化表达，直观展示村落及民居的空间分布特征与分异格局，结合时空维度制成图册，系统呈现赣州客家传统村落及民居文化传播与发展演变规律。图册内容包括：赣州客家传统村落空间分布核密度图，村落布局形式分布图、核密度图，民居类型分布图、核密度图，村落所处地貌特征、村落与河流关系、村落规模、巷道形式、环境要素、建村年代、迁徙源地、姓氏组成等文化因子的分布图。

01

赣州客家传统村落及
民居文化生成背景

- 自然环境
- 区位特色
- 赣州客家传统聚居点的生成
- 赣州客家传统聚居点所体现的文化特质
- 小结

客家是汉民族的一个支系，由历史上中原汉民渐次南下与南方土著不断融合而形成。赣闽粤三省毗邻区是客家民系的成形区，是客家人核心聚居地。而位于赣闽粤交界处的赣州是接纳北方汉民南迁的第一站，是孕育客家民系的摇篮地，是客家文化特色的聚居区。赣州客家既传承了中原汉民族的文化，又吸收了当地文化，结合当地自然环境和社会环境，形成了具有自身特色的村落及民居文化。

1.1 自然环境

1. 地形地貌

赣州地形为四周高中间低，南部高于北部。武夷山、诸广山、雲山以及南岭山脉的大庾岭、九连山山脉及其余脉环绕赣州四周，向中部及北部蜿蜒伸展。武夷山盘亘于赣州的东部，是赣州市与福建省的分界线；诸广山绵亘于赣州的西部，是赣州市与湖南省的分水岭，雲山居于赣州的中部及东北部；是赣州市与江西省吉安市、抚州市的分隔线；南岭山脉的大庾岭和九连山盘踞于赣州的西南部，是赣州市与广东省的天然省际界限。赣州平均海拔高度为300~500米，最高处位于赣州西部的上犹县、崇义县与湖南东南部的桂东县相交汇的齐云山鼎锅寨（海拔2061米），最低点位于赣州北部的赣县区湖江镇张屋村附近（海拔82米）[1]。

赣州地貌属于赣中南中低山与丘陵区，下分两个副区，分别是赣南侵蚀中低山与丘陵、兴国–信丰侵蚀剥蚀红岩丘陵盆地，两者面积相差甚大，比例约为7：1[2]。整个赣州以山地、丘陵为主，盆地（谷地、岗地、平原）次之。海拔500米以上的山地占全区总面积的21.89%，其中以低山（海拔500~800米）为主，占18.87%，高山（海拔800米以上）占3.02%；海拔200~500米的丘陵占61.08%，其中低丘陵（200~300米）占25.2%，高丘陵（300~500米）占35.88%；盆地（谷地、岗地、平原）仅占17.03%；故有："八山半水一分田，半分道路和庄园"之说[3]。山地主要分布在赣州与周边省、地区相邻的区域，以及各县（市、区）之间相接壤的区域；丘陵广泛分布于全境；盆地主要分布在章贡区、南康区、兴国县、赣县区、大余县、信丰县等县（市、区），赣州盆地为面积最大的盆地，约1500平方公里[4]。

赣州市高山环绕、丘陵绵延的地形地貌特点也反映在《南安府志 南安府志补正（重印本）》《宁都直隶州志（重印本）》中所载各州、县舆图之中（图1–1）。

1 江西省赣州地区志编撰委员会编. 赣州地区志[M]. 北京：新华出版社，1994：201。
2 江西省自然地理志编纂委员会编. 江西省自然地理志[M]. 北京：方志出版社，2003：53–58。
3 江西省赣州地区志编撰委员会编. 赣州地区志[M]. 北京：新华出版社，1994：201、143。
4 赣州地区志编撰委员会编. 赣南概况[M]. 北京：人民出版社，1989：7。

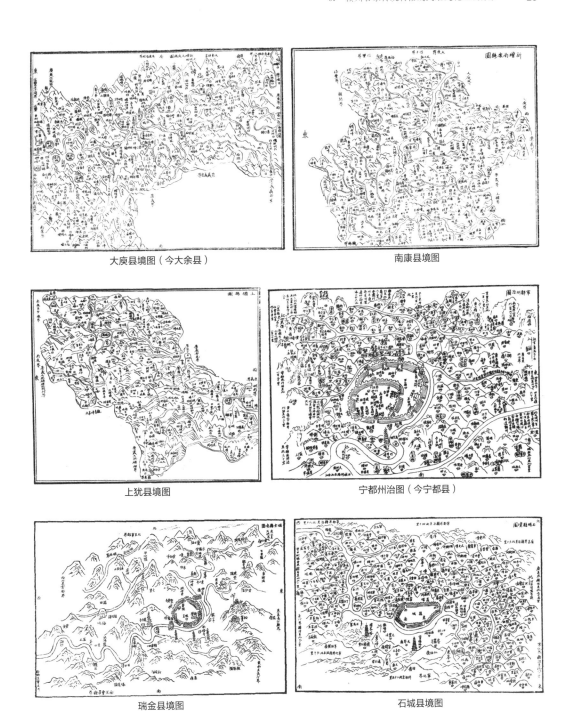

大庾县境图（今大余县）

南康县境图

上犹县境图

宁都州治图（今宁都县）

瑞金县境图

石城县境图

图1-1

清时期部分州、县舆图

（图片来源：前三张图赣州地区志编撰委员会编. 南安府志 南安府志补正（重印本）[M]. 赣州：赣州印刷厂，1987；后三张图赣州地区志编撰委员会编. 宁都直隶州志（重印本）[M]. 赣州：赣州印刷厂，1987）

2．水系河流

赣州水网密布，河流交错，流域面积在3平方公里以上的河流约1270条。其由两部分组成，一部分是几乎覆盖全境的呈向心状的长江流域之赣江水系（约1156条）。赣州山重嶂叠，丘陵起伏，是江西省地势最高的区域，是赣江[1]的源头，绝大多数河流由外向内，由南向北汇入赣江。境内上犹江、朱坊河等河流汇合成章水，桃江、濂水、梅川、平江等河流汇聚成贡水，章水、贡水汇成赣江，赣江向北注入鄱阳湖，流入长江。另一部分是少数位于赣州南部的珠江流域之东江、北江水系以及韩江流域之梅江水系（约114条）。寻乌水、九曲河等河流从寻乌县、定南县汇入东江，有1条小河从信丰县流向北江，有4条小河从寻乌县汇入梅河（表1-1）。[2]

赣州市境内主要河流特征   表1-1

河流名称	流域面积（km²）	河道长度（km）	流经地（县市区）	发源地	所属水系
赣江	36408	45	章贡、赣县	石城鸡公岽	赣江水系
章水	7696	199	大余、南康、章贡、赣县	崇义聂都山	赣江水系
贡水	26589	278	会昌、于都、章贡、赣县	石城鸡公岽	赣江水系
上犹江	4583	189	崇义、上犹、南康	湖南汝城东岗岭	赣江水系
朱坊河	367	80	崇义、南康	崇义宝山癞痢石	赣江水系
湘水	2056	101	寻乌、会昌	寻乌大坳上	赣江水系
濂水	2259	126	安远、会昌、于都	安远九龙嶂	赣江水系
桃江	7803	289	全南、龙南、定南、信丰、赣县	全南饭池嶂	赣江水系
绵江	1863	130	瑞金、会昌	石城鸡公岽	赣江水系
梅川	6789	220	宁都、瑞金、于都	宁都王陂嶂	赣江水系
平江	2926	132	兴国、赣县	宁都猴子嶂	赣江水系
寻乌水	1965	126	寻乌	会昌、寻乌、安远三县交界的丫髻钵	东江水系
九曲河	1554	91	安远、定南	安远、寻乌两县交界的基隆嶂	东江水系

（资料来源：据江西省赣州地区志编撰委员会编．赣州地区志[M]．北京：新华出版社，1994整理）

1　赣江是江西省最大的河流，也是长江支流中的著名巨川，因章水、贡水在赣州市汇合而得名。
2　江西省赣州地区志编撰委员会编．赣州地区志[M]．北京：新华出版社，1994：226-243。

3. 气候特征[1]

赣州属于亚热带丘陵山区湿润季风气候区。冬季温和，夏季炎热，年降水量充沛，四季湿润，无霜期长，平原山地差异较大。

由于受到盆地地形的影响，气温呈现四周低中间高的特征。年平均气温为18.8℃，各县（市区）变化不大，崇义县最低17.8℃，于都县最高19.6℃。全区月平均气温最低为1月7.8℃，最高为7月28.3℃。极端最高气温出现在章贡区41.2℃，极端最低气温出现在崇义县-8℃。

由于受边缘山地地形的影响，降水量呈现周多中少的特征。年平均降水量为1605.4毫米，宁都县、瑞金市、全南县较多，均超过1700毫米，章贡区、南康区、赣县区较少，均不到1500毫米。降水量的季度分配不均，春季多雨且雨量最多，冬季雨量最少。

各县（市区）的年干燥度都小于1，水分充足，气候湿润。干燥度较小的是崇义县、全南县，较大的为于都县、南康区、章贡区。年平均相对湿度为79%，章贡区最小，崇义县最大。年平均蒸发量为1554.8毫米，崇义县最小，信丰县最大。

受地形、纬度、季节等的影响，日照时数与太阳辐射能量都呈现北多南少、东多西少的特征。年平均日照时数为1771小时，崇义县最少，宁都县、石城县较多。年平均太阳辐射能量为107.4千卡/平方厘米，崇义县最少，其次是宁都县、石城县，会昌县最多。

各县（市区）无霜期平均日数为288天，最长为崇义县304天，最短为瑞金市274天。

全年绝大部分县（市区）以无风居多，但是宁都县、章贡区出现北风较多。大部分县（市区）盛行风向为北风、偏北风，但是大余县为西风，会昌县为南风。10~12月，1~3月赣州全境都是北风、偏北风；4月多数县（市区）为偏北风，但崇义县、南康区、会昌县、安远县、寻乌县五个县（区）偏南风居多；5月绝大多数县（市区）偏南风频率最高，只有章贡区、兴国县、全南县三个县（区）偏北风；6~8月全部县（市区）偏南风频率最高；9月出现偏北风频率较为显著。特殊情况，大余县，4~9月出现西风频率最高；龙南市，5~8月出现东风较为明显。各县（市区）年平均风速1.8米/秒。崇义县最小1.1米/秒，宁都县最大2.8米/秒。

自然灾害较轻、类型多样。主要有水灾、旱灾、风雹灾害、低温冷害、病虫灾害、地震灾害、水土流失。水灾是该区域最重要的灾害。水土流失、地震灾害是江西省最严重的区域。

1.2 区位特色

赣州形胜，史称："南抚百越，北望中州[2]""界四省之交，握闽楚之枢纽，扼百粤之咽喉[3]"。地处赣江、东江源头的赣州处于至关重要的地理位置，乃兵家必争之地。在政区演变、南北交汇中转、军事战略等方面体现出区位的独特之处。

1　江西省赣州地区志编撰委员会编. 赣州地区志[M]. 北京：新华出版社，1994。
2　黄志繁. "贼""民"之间 12~18世纪赣南地域社会[M]. 北京：生活·读书·新知三联书店. 2006。
3　赣州地区志编撰委员会编. 赣州府志（重印本）上[M]. 赣州：赣州印刷厂，1986。

1. 赣州建制沿革与区划演变

赣州有行政建置历史悠久。最早始于秦始皇帝三十三年（前214年），在今大余、南康之间置南壄县。赣州设置地区一级行政机构始于三国吴嘉禾五年（236年），为庐陵南部都尉（领7县）。北宋淳化元年（990年），赣州分设两个政区，为虔州（领10县）和南安军（领3县）。虔州，因虎头州非佳名[1]，于南宋绍兴二十三年（1153年）改为赣州，赣州之名便由此开始；此后，区域、领属关系经历了多次变动。清乾隆十九年（1754年），赣州分设三个政区，分别为赣州府（领9县）、南安府（领4县）、宁都直隶州（领2县）。自1952年以来，一直稳定为一个政区。1998年整个政区改名为赣州市。2020年以来，赣州市现辖区固定为章贡区、南康区、赣县区、瑞金市、龙南市、大余县、上犹县、崇义县、宁都县、于都县、兴国县、石城县、会昌县、信丰县、安远县、定南县、全南县、寻乌县18个县（市区）（表1–2）。

西汉高祖六年（前201年），始设雩都县和赣县。此时，赣州共有南壄、雩都、赣县三县。南壄县约辖今南康、大余、上犹、崇义、信丰、龙南、全南、定南等地[2]；雩都县，治东溪之阳（今于都县贡江镇古田），约辖今于都、宁都、石城、瑞金、会昌、安远、寻乌等地[3]；赣县，治益浆溪（今章贡区蟠龙黄金一带），约辖今章贡、赣县、兴国等地[4]。

东汉建武元年（25年）南壄县改为南野县，三国析南野置南安县，西晋太康元年（280年）改为南康县，南康县之名始于此。1995年南康县改为市，2013年南康市改为区。

大余县原为大庾县，由大庾岭得名；南朝梁大宝元年（550年），大庾境地由南康郡转属始兴郡；南朝陈太建十三年（581年），始兴郡分置安远郡，此地属安远郡；隋开皇十年（590年），改安远郡为大庾县（包括今大余、崇义，广东南雄、仁化部分地区），隶广州总管府，后大庾县改为镇，庾岭南入始兴县，庾岭北改隶虔州南康县；唐神龙元年（705年）升镇为县，仍属虔州；1957年大庾县改为大余县。

信丰县、上犹县由南康县析出。唐永淳元年（682年），分南康县部分地设南安县，唐天宝元年（742年）改为信丰县。五代十国后梁乾化元年（911年），析南康部分地置上犹场；南唐升场置县，南宋改为南安县，元朝改为永清县，翌年复名上犹县。

崇义县，于明正德十二年（1517年），由南康、大庾、上犹三县部分地析出。

龙南市由信丰县析出。五代十国南唐保大十一年（953年），以信丰虔南场置龙南县；北宋改名为虔南县，南宋复名为龙南县，元朝并入信丰县，随后十二年又复置龙南县。2020年龙南撤县设市。

全南县由龙南、信丰二县部分地析出。清光绪二十九年（1903年），分龙南、信丰置虔南厅；民国二年（1913年）虔南厅改为县，1957年虔南县改为全南县。

1　赣州地区志编撰委员会编. 赣州府志（重印本）上[M]. 赣州：赣州印刷厂，1986。
2　大余县志编撰委员会编. 大余县志[M]. 海口：三环出版社，1990。
3　于都县地方志办公室编. 于都县志1986–2000[M]. 北京：方志出版社，2005。
4　赣县志编撰委员会编. 赣县志[M]. 北京：新华出版社，1991。

宁都县、石城县、瑞金市、会昌县由雩都县析出。雩都县于1957年改为于都县。宁都建县始于三国吴嘉禾五年（236年），当时分雩都置阳都县；西晋阳都改为宁都；历史上宁都之名屡经变动，南北朝宁都分虔化置虔化县，隋朝虔化并入宁都，紧接着九年后宁都改虔化，南宋绍兴二十三年（1153年）改回宁都县；元朝宁都县升为州，石城县隶之，之后七十年宁都州复为县；清朝升为直隶州，领瑞金、石城二县，民国二年复为宁都县。三国吴嘉禾五年（236年），分阳都置揭阳县（石城为揭阳县地），西晋改揭阳为陂阳，隋开皇十三年（593年）在陂阳县设石城场，同年并入宁都，五代十国南唐保大十一年（953年）石城场升为县。唐天祐元年（904年），分雩都置瑞金监，南唐保大十一年（953年）瑞金监升为县。北宋太平兴国七年（982年），分雩都部分地置会昌县；南宋会昌县升为军，之后三十八年复为县；元朝升为州，领瑞金县，此后七十年又复为县。

安远县由信丰、雩都二县部分地析出。南北朝梁大同十年（544年），分雩都部分地所置，后废；唐贞元四年（788年）由信丰、雩都二县部分地析出；元朝并入会昌县，随后十二年复置安远县。

定南县，于明隆庆三年（1569年），由龙南、信丰、安远三县部分地析出；清乾隆三十八年，定南县改为厅；民国二年与虔南厅一起改厅为县。

寻乌县由安远部分地析出。明万历四年（1576年），析安远置长宁；民国四年（1915年）长宁改为寻邬，1957年寻邬县改为寻乌县。

兴国县由赣县七乡和庐陵、泰和部分地析出。三国吴嘉禾五年（236年），析赣县东北境置平阳县；西晋太康元年（280年），改平阳县为平固县；隋开皇九年（589年），平固归并赣县；北宋太平兴国七年（982年），析赣县东北境七乡（属平固县地）和庐陵、泰和各一部分置兴国县。2016年赣县改为赣县区。

章贡区由赣县和南康市部分地析出。1949年8月，当时分赣县赣州镇设立赣州市，1998年赣州市改为章贡区，2013年分南康市两镇归章贡区。

赣州市历史沿革表　　　　　　　　　　　　　　　　　表1-2

朝代	时间	名称	隶属	辖属	备注
秦	始皇帝三十三年（前214年）	南壄县	九江郡	—	赣州有行政建置始于此
汉	西汉高祖六年（前201年）	南壄县、雩都县、赣县	豫章郡	—	东汉建武元年（25年）南壄改南野
三国吴	嘉禾五年（236年）	庐陵南部都尉，治雩都	扬州	领7县：雩都、赣县、平阳、阳都、揭阳、南安、南野	赣州始设地区一级行政机构。分赣县置平阳，分雩都置阳都，分阳都置揭阳，分南野置南安
西晋	太康元年（280年）	庐陵南部都尉，治雩都	扬州	领7县：雩都、赣县、平固、宁都、揭阳、南康、南野	南安改南康、阳都改宁都、平阳改平固

续表

朝代	时间	名称	隶属	辖属	备注
西晋	太康三年（282年）	南康郡，治雩都	扬州	领6县：雩都、赣县、平固、宁都、揭阳、南康	罢庐陵南部都尉设南康郡。南野县一说并入南康县，一说改属庐陵郡。太康五年（284年）揭阳县改陂阳县。元康元年（291年）改隶江州都督府
东晋	永和五年（349年）	南康郡，治赣县	江州都督府	领6县：雩都、赣县、平固、宁都、陂阳、南康	—
南北朝	宋大明五年（461年）	南康国，治雩都	江州都督府	领8县，雩都、赣县、平固、宁都、虔化、陂阳、南康、南野	宁都分虔化置虔化县。宋永初元年（420年）南康郡改国，齐永明元年（483年）国复郡
	梁承圣元年（552年）	南康郡，治赣县	江州都督府	领8县：雩都、赣县、平固、宁都、虔化、陂阳、南康、南野	梁大同十年（544年），析雩都置安远，后废。梁大宝元年（550年）南康郡地大庾改属广东东衡州始兴郡，陈太建十三年（581年）改隶广东东衡州安远郡
隋	开皇十三年（593年）	虔州，治赣县	洪州总督府	领4县：雩都、赣县、宁都、南康	开皇九年平固并入赣县，南野并入南康，虔化并入宁都。开皇十年安远郡改大庾县，隶广州总管府始兴郡；开皇十六年郡改县，大庾县改镇，复入赣州，隶虔州南康县。开皇十三年陂阳县设石城场，同年并入宁都
	大业元年（605年）	南康郡，治赣县	洪州总督府	领4县：雩都、赣县、虔化、南康	开皇十八年（598年）宁都改虔化
唐	神龙元年（705年）	虔州，治赣县	江南道	领6县：赣县、雩都、南康、南安、大庾、虔化	复置大庾县。武德五年（622年）南康郡复名虔州。贞观元年（627年）隶江南道。永淳元年（682年）分南康复置南安
	天宝元年（742年）	南康郡，治赣县	江南西道	领6县：赣县、雩都、南康、信丰、大庾、虔化	南安改信丰，分南安置百丈镇，后改虔南镇。开元二十一年（733年）改隶江南西道
	乾元四年（758年）	虔州，治赣县	江南西道都防御团练观察处置使	领6县：赣县、雩都、南康、信丰、大庾、虔化	贞元四年（788年）分雩都、信丰复置安远，虔州领7县
	咸通六年（865年）	虔州，治赣县	镇南军	领7县：赣县、雩都、南康、信丰、大庾、虔化、安远	天祐元年（904年）分雩都置瑞金监
五代十国	后梁开平四年（910年）	百胜军，治虔州	镇南军	领7县：赣县、雩都、南康、信丰、大庾、虔化、安远	虔州、韶州合并置百胜军。开平三年（909年）虔南镇改场，翌年分南康置上犹场

续表

朝代	时间	名称	隶属	辖属	备注
五代十国	南唐保大十年（952年）	昭信军，治虔州	镇南军	领11县：赣县、雩都、南康、信丰、大庾县、虔化、安远、上犹、瑞金、龙南、石城	上犹场改县，翌年瑞金监改县，虔南场改龙南县，石城场改县。南唐昇元元年（937年）百胜军改昭信军
宋	北宋太平兴国元年（976年）	虔州，治赣县	江南西路	领13县：赣县、雩都、南康、信丰、大庾、虔化、安远、上犹、瑞金、龙南、石城、兴国、会昌	开宝八年（975年）昭信军改军州，太平兴国元年（976年）军州改虔州。太平兴国七年，分赣县、庐陵泰和置兴国，分雩都置会昌
宋	北宋淳化元年（990年）	虔州，治赣县；南安军，治大庾	江南西路	虔州领10县：赣县、雩都、信丰、虔化、安远、瑞金、龙南、石城、兴国、会昌 南安军领3县：南康、大庾、上犹	赣州分设两个政区。北宋宣和三年（1121年）龙南改虔南
宋	南宋绍兴二十三年（1153年）	赣州，治赣县；南安军，治大庾	江南西路	赣州领10县：赣县、雩都、信丰、宁都、安远、瑞金、龙南、石城、兴国、会昌 南安军领3县：南康、大庾、上犹	改虔州为赣州，赣州之名始此。虔化改宁都，虔南改龙南。南宋嘉定四年（1211年）上犹改南安。绍定四年（1231年）会昌县升为军，咸淳五年（1269年），复为县
元	至元十四年（1277年）	赣州路总管府，治赣县；南安路总管府，治大庾	江西行中书省	赣州路领10县：赣县、雩都、信丰、宁都、安远、瑞金、龙南、石城、兴国、会昌 南安路领3县：南康、大庾、南安	至元十三年江南西路改江西行中书省。至元十六年（1279年）南安改永清，翌年复名上犹县。至元二十四年，龙南并入信丰，安远并入会昌，赣州路领8县
元	元贞元年（1295年）	赣州路总管府，治赣县；南安路总管府，治大庾	江西行中书省	赣州路领2州4县：宁都、会昌2州，赣县、雩都、信丰、兴国4县 南安路领3县，南康、大庾、上犹	宁都县升州，石城县隶之；会昌县升州，瑞金县隶之。至大二年（1309年）复置龙南、安远，隶赣州路
明	洪武九年（1376年）	赣州府，治赣县；南安府，治大庾	江西承宣布政使司	赣州府领10县：赣县、雩都、信丰、宁都、瑞金、石城、兴国、会昌、龙南、安远 南安府领3县：南康、大庾、上犹	明吴二年（1365年）赣州、南安路改府，宁都、会昌州复县
明	万历四年（1576年）	赣州府，治赣县；南安府，治大庾	江西承宣布政使司岭北巡守两道	赣州府领12县：赣县、雩都、信丰、兴国、宁都、会昌、瑞金、龙南、安远、石城、定南、长宁 南安府领4县：大庾、南康、上犹、崇义	析安远置长宁。洪武八年（1385年）赣州、南安府隶岭北道，洪武十八年至嘉靖三十六年（1557年）先后隶分巡岭北道、南赣巡抚都察院、巡抚南赣地方提督军务、岭北巡守两道。正德十二年（1517年）分上犹、南康、大余置崇义。隆庆三年（1569年）分安远、信丰、龙南置定南

续表

朝代	时间	名称	隶属	辖属	备注
清	乾隆十九年（1754年）	赣州府，治赣县；南安府，治大庚；宁都直隶州，治所在今梅江镇	江西承宣布政使司吉南赣宁兵备道	赣州府领9县：赣县、雩都、信丰、兴国、会昌、龙南、安远、定南、长宁南安府领4县：大庚、南康、上犹、崇义宁都直隶州领2县：瑞金、石城	赣州分设三个政区。明初沿明制，隶江西承宣布政司。顺治十年（1653年）至康熙八年（1660年）先后罢南赣守抚，巡守两道。康熙十年隶分巡赣南道，雍正九年（1731年）隶分巡吉南赣道，乾隆十九年改吉南赣宁兵备道
	光绪二十九年（1903年）	赣州府，治赣县；南安府，治大庚；宁都直隶州，治所在今梅江镇	江西承宣布政使司吉南赣宁兵备道	赣州府领8县2厅：赣县、雩都、信丰、兴国、会昌、龙南、安远、长宁8县、定南、虔南2厅南安府领4县：大庚、南康、上犹、崇义宁都直隶州领2县：瑞金、石城	分龙南、信丰置虔南厅。乾隆三十八年，定南县改厅
中华民国	民国三年（1914年）	赣南道，治赣县	江西省	领17县：赣县、雩都、信丰、兴国、会昌、龙南、安远、长宁、定南、虔南、大庚、南康、上犹、崇义、宁都、瑞金、石城	民国元年废府、州、厅，翌年只设县、省两级，州、厅改县。民国四年，长宁改寻邬。民国十五年废赣南道
	民国二十四年（1935年）	第四、八行政区	江西省	第四行政区领11县：赣县、信丰、龙南、安远、寻邬、定南、虔南、大庚、南康、上犹、崇义、第八行政区领6县：宁都、石城、瑞金、会昌、雩都、兴国	民国十八年至二十三年，赣州为中国共产党根据地，民国二十三年成立中华苏维埃共和国中央政府，治所在瑞金。期间赣州多次政区调整
中华人民共和国	1949年	赣州分区，驻赣州市；宁都分区，驻宁都	江西省赣西南行政公署	赣州分区领1市10县：赣州1市，赣县、南康、大庚、上犹、崇义、安远、信丰、龙南、定南、虔南10县宁都分区领8县：宁都、兴国、石城、瑞金、会昌、雩都、寻邬、广昌	1949年8月分赣县赣州镇设赣州市，立赣西南行政公署，赣州、宁都分区隶之；11月罢赣州分区。1951年6月罢赣西南行政公署，立赣州专区，辖原1市10县
	1952年	赣州专区，驻赣州市	江西省	领1市18县：赣州1市，赣县、南康、大庚、上犹、崇义、安远、信丰、龙南、定南、虔南宁都、兴国、石城、瑞金、会昌、雩都、寻邬、广昌18县	1952年罢宁都分区，广昌划归抚州分区，余均隶赣州专区。1954年罢赣州专区立赣南行政公署（广昌划入），1964年复赣州专区，1971年改为赣州地区（1983年广昌划归抚州地区）1957年雩都改于都，大庚改大余，虔南改全南，寻邬改寻乌

续表

朝代	时间	名称	隶属	辖属	备注
中华人民共和国	2020年以来	赣州市，驻章贡区	江西省	领3区2市13县：章贡、南康、赣县3区，瑞金、龙南2市，上犹、崇义、大余、于都、兴国、宁都、石城、会昌、安远、寻乌、信丰、定南、全南14县	1994年瑞金县改市；1995年南康县改市；1998年赣州地区改赣州市，原赣州市改章贡区；2013年南康市改区，分南康市两镇归章贡；2016年赣县撤县设区；2020年龙南撤县设市

（资料来源：据江西省赣州地区志编撰委员会编. 赣州地区志[M]. 北京：新华出版社，1994整理）

2. 南北交往之要冲

赣州地处赣、闽、粤、湘四省交汇处，位于中原与南越、内陆与东南沿海的交接处，具有十分重要的地理区位。赣州水系河流发达，形成了遍及全境的天然水运交通航道网，主支赣江北入鄱阳湖，注入长江。特有的地理位置和优越的水运条件，使赣州在古代交通构架中，占据非常重要的位置，大力促进了赣州社会、经济、文化的发展与进步。古代赣州交通被称为："'舟车所会''四省通衢'的水陆交通枢纽，南方通往国际贸易的交通要道[1]。"古代赣州是交通运输集散重镇，沟通南北经济文化之要冲，客家先民南迁第一站。

赣州水上交通网络由赣江水系之赣江、章水、贡水及其支流和东江水系之九曲河、寻乌水及其支流构成。赣江水系航道网遍布赣州绝大部分县（市区），以赣州港为中心，向西上溯章水及其支流可至南康区、大余县、上犹县、崇义县，向东上溯贡水及其支流可至赣县区、兴国县、于都县、宁都县、石城县、安远县、会昌县、瑞金市、寻乌县罗塘，向南经桃江至信丰县、龙南市、全南县、定南县，向北顺赣江可至鄱阳湖，入长江。东江水系航道网仅分布在安远县的南部、定南县以及寻乌县，向北上溯九曲河可至安远县，向南顺九曲河、寻乌水可至广东龙川县。在以水路运输为主导的古代，独特的水运之利为赣州成为南来北往之交通枢纽提供了得天独厚的自然优势。

秦征百越，始筑大庾岭路，置横浦关（今小梅关），开辟了攀越五岭的省际通道，开启了五岭南北的交通；汉讨东越，辟通了跨越武夷的省际通道。唐开元间，张九龄奉诏重凿大庾岭路，始取道今梅岭关，南北交往进一步密切。唐宋时期，已开通虔州（今赣州）至相邻各州的郡际古道，虔州成为中原通往南越的交通走廊；明清时期，赣州邻境和境内县际古道已全部沟通[2]。于是，逐渐形成了赣州至粤北、赣州至粤东北、赣州至闽西北、赣州至闽西南等多条水陆相间的省际古道（表1-3、图1-2）。北方与东南沿海之间的政治、经济、文化交流更加方便，也为北方汉民大规模迁徙提供了十分便利的条件。

---

1 赣州市政协文史资料委员会编. 赣州文史资料选辑 第7辑 工商经济史料[M]. 赣州：赣州市政协文史资料委员会，1991。
2 江西省赣州地区志编撰委员会编. 赣州地区志[M]. 北京：新华出版社，1994。

清末"五口通商"和粤汉铁路修通后，赣江水陆运输才逐渐衰退。

赣州市省际古道主要线路表 表1-3

省际古道	主要线路
赣州至粤北古道	大余至南雄线、信丰至南雄线
赣州至粤东北古道	寻乌至蕉岭线、寻乌至平远线、寻乌至兴宁线、寻乌至龙川线、定南至龙川线、定南至和平线
赣州至闽西南古道	会昌至武平线
赣州至闽西北古道	石城至宁化线、石城至长汀线、瑞金至长汀线

（资料来源：自绘）

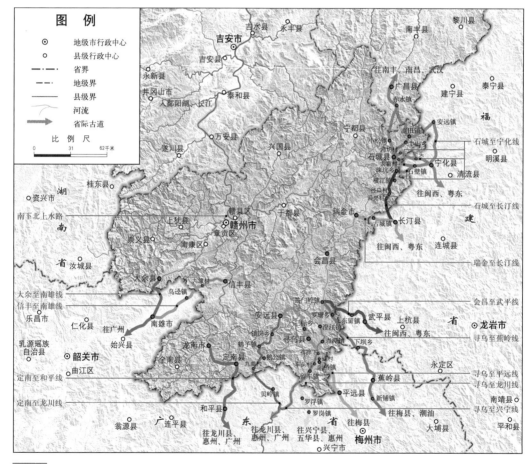

图1-2

赣州市省际古道主要分布示意图

（图片来源：自绘）

（1）赣州至粤北古道

赣州至粤北古道是岭南、江西以及中原之间的重要通道。其主要线路有两条[1]，即大余至南雄线、信丰至南雄线。大余至南雄线（梅关古道），秦已开辟，是水陆联运要道，连通了珠江与长江水系，沟通了中原、岭南以及海外各国之间的交通，是全国南北交通大动脉至关重要的一部分。此条古道途经的赣江、章水被称为："物资运输的'黄金水道'，官府使节、民间商旅与东南亚及南洋往来的水上丝绸（瓷）之路[2]。"而信丰至南雄线（乌迳古道），则是仅次于大余至南雄线的水陆联合线路，是粤盐赣粮的重要运输通道。

（2）赣州至粤东北古道

赣州至粤东北古道是赣州与广东东北部之间的重要沟通路线，其主要线路有六条[3、4]：即寻乌至蕉岭线、寻乌至平远线、寻乌至兴宁线、寻乌至龙川线、定南至龙川线、定南至和平线。这六条线路是赣粤之间较为繁忙的交通运输通道，其中珠江流域之东江水系的寻乌水、九曲河是赣粤两省的重要水上运输渠道。来往物资有广东梅州、河源、惠州、潮汕等地的食盐、海制品、日常工业用品等以及赣州的米、茶、木等农产品。

（3）赣州至闽西南古道

赣州至闽西南古道是赣州与闽西南、粤东北之间主要联系通道。其主要线路是会昌至武平线[5]。它从会昌的筠门岭镇往东可至武平东留镇，往北可至会昌县城。赣州至粤东北古道绝大部分线路也走筠门岭镇、会昌县城这条水路，据1994年编撰出版的《赣州地区志》记载，筠门岭是赣、闽、粤三省交通枢纽；会昌港在明、清时是粤盐、闽盐行销赣州的主要集散地。

（4）赣州至闽西北古道

赣州至闽西北古道是福建乃至广东东北部、江西及中原之间的交通要道。其主要线路有三条[6、7]：即石城至宁化线、石城至长汀线、瑞金至长汀线。石城，自古有"闽粤通衢"之称，是从赣州进入闽西北直至粤东北的重要交通孔道，也是闽西北进入江西直至江西以北的便捷要道，两边商贸、人流往来络绎不绝。瑞金至长汀线是古代赣州府（今赣州）至汀州府（今长汀）、潮州府（今潮州）的主要路线[8]。

1　南雄县交通志编纂领导小组编. 南雄交通志[M]. 南雄：南雄县人民印刷厂，1990：30-33。

2　周红兵. 赣南经济地理[M]. 北京：中国社会出版社.1993：247。

3　毛泽东. 毛泽东农村调查文集[M]. 北京：人民出版社，1982：43-45。

4　赣州地区交通志编撰委员会编. 赣南交通志[M]. 赣州：赣州地区地方志办公室，1992：48-108。

5　赣州地区交通志编撰委员会编. 赣南交通志[M]. 赣州：赣州地区地方志办公室，1992：48-108。

6　温涌泉. 客家民系的发祥地——石城[M]. 北京：作家出版社. 2006：8。

7　吴海. 传承与嬗变：明至民国时期赣闽粤边区商路、货流与区域社会变迁[D]. 南昌：江西师范大学，2015：36。

8　吴海. 传承与嬗变：明至民国时期赣闽粤边区商路、货流与区域社会变迁[D]. 南昌：江西师范大学，2015：36。

3. 军事战略之要地

历史上一些重要的战事取道赣州,并运用其水上通道进行军需物资运输,赣州具有至关重要的战略地位。

秦征百越,其中有一路取道赣州,路线是逆赣江南下,经南壄(在今大余县、南康区之间),跨大庾岭,沿溱水(今北江)至番禺(今广州市)[1]。大庾岭为江广襟喉[2],直到清朝都有军队驻守于此。此后多次战事均经过这条南征线路。如,汉初楼船将军杨仆率军,从豫章(今南昌市)出发,经由此条南征路线,抵番禺,俘吕嘉;东晋徐道覆从广州出发,亦采取此条线路进军南康(今章贡区东北)、庐陵(今吉安市)、豫章;后梁始兴太守陈霸先也通过此条进军路线平讨侯景等。汉讨东越,派兵四路,亦有一路在赣州境内取道,从阳都(今宁都县)梅岭入闽之宁化,经沙溪水达福州[3]。隋末南方起义林士弘部与隋军在鄱阳湖、赣江一带作战,大胜于鄱阳湖,林士弘在虔州(今赣州市)称帝,控制了九江至番禺一带广大地域。

在(古代)战争期间,军需物资充分利用水运进行补给。主要通过赣江及其支流章水进行水上运输,成为不可或缺的水上军运线。如,秦征岭南时,水运路线是从北至南,从湖口出发,溯赣江、章水而上,抵达南壄;后梁陈霸先平讨侯景时,从始兴起兵,东越大庾岭,曾在大庾(今大余县)、南康屯驻一段时间,并广泛征集舟船、粮食等军需物资,为北上攻下建康(今南京市)做好充分准备,水运路线是从南至北,顺章水、赣江,出长江,至建康[4]。

1.3　赣州客家传统聚居点的生成

由于战乱、饥荒、环境等种种原因,北方汉人陆续迁移进入南方,逐渐分化形成了几个居于南方的汉民族支系,客家民系则为其中的一支。在客家民系的发展过程中,赣州客家是客家民系至关重要且不可分割的一部分,在客家民系经历的每一个历史过程中赣州客家都显示出自身独特的地域文化特色。南迁汉民与当地土著族群不断融合与发展,在赣州开山垦荒、搭寮建房,形成众多客家聚居点。

1. 赣州与客家

如上一章所述,赣、闽、粤三省毗邻区是客家民系的形成区,是客家最大的聚居地。而赣州是接纳北来汉民南迁的第一站,是孕育客家民系的摇篮地。赣州在客家民系的形成

1　王志艳. 交通[M]. 呼和浩特:内蒙古人民出版社,2007:5。
2　赣州地区志编撰委员会编. 南安府志 南安府志补正(重印本)[M]. 赣州:赣州印刷厂,1987:485。
3　江西省交通厅公路管理局编. 江西公路史 第1册 古代道路、近代公路[M]. 北京:人民交通出版社,1989:4-6。
4　沈兴敬. 江西内河航运史 古、近代部分[M]. 北京:人民交通出版社,1991:16-17。

和发展过程中具有举足轻重的地位。

赣州95%以上为客家人[1]。据丘桓兴先生在《客家人与客家文化》一书中的统计，赣州市18个县（市区）中，17个县（市区）为纯客住县（市区），只有章贡区不是[2]。赣州是以汉族客家民系为主体，辅以少量少数民族的地区。据统计，少数民族仅占总人口的0.91%[3]。

赣州客家的历史渊源较为复杂。从源流上看，赣州客家是由南迁的中原汉族与当地土著经过长期交流、融合与发展而成。赣州有人类活动的时间大概可以推溯至新石器时代晚期，也就是在中原汉族迁入赣州之前，赣州就有人居住。中原汉族自秦始陆续进入赣州，期间经历数次大规模迁徙，并与当地土著不断融合，形成客家民系；而当地土著受汉族文化的强烈影响，被同化，成为客家民系的一分子。罗勇教授对赣州土著做过深入的分析，认为先秦时期赣州的土著是百越族，自汉以后，百越族名称在史书上消失了，魏晋南北朝至唐宋时期在历史文献中称为"山都""木客"，而山都木客是古越族的后裔。宋以后，山都木客逐渐不见了[4]。隋代以降，武陵蛮开始进入赣闽粤边区，逐渐演化成为畲族，多数学者认为畲族是武陵蛮的后裔。北宋末至南宋时期，在赣闽粤结合区，畲族已经广泛存在。罗勇教授在其所著的《河洛文化与客家文化述论》中指出："历史时期里，赣、闽、粤交接的三角地域曾经生活着古越族及其后裔山都木客的原住居民以及后来迁入的畲瑶等少数民族，他们与不同时期迁入的北来汉民在长期的杂居交往中逐渐发生融合，最终形成为客家民系……南迁汉民在进入客家大本营地区后，以自己优势的文化去融合、征服土著居民，那么，土著居民也势必以自己固有的文化去迎接这种外来文化，双方便在这种不断地撞击中激荡和交融，最终孕育出一种新文化，即客家文化[5]。"

从类型上看，赣州客家由"老客家"与"新客家"组成。明中期之前入迁赣州世居的客家人被称为"老客家"，明末清初闽粤倒迁入赣州的客家人被称为"新客家"[6]。新、老客家一起奠定了赣州客家地理分布格局。

2. 赣州客家传统聚居点的开辟与形成

传统聚居点是人类定居生活的载体，它的形成、发展过程是与人类历史发展进程密切相关的。赣州客家传统聚居点的开辟与形成研究可以通过赣州客家的迁徙历程去寻找线索。赣州客家的数次大迁徙是导致传统聚居点生成的直接动因，而在迁居地与当地土著的不断融合使传统聚居点逐渐稳定下来。赣州客家传统聚居点的发展状况伴随着客家迁徙史而呈

1　江西省统计局等编. 江西城市年鉴 1992-2003 [M]. 北京：中国统计出版社，2003。
2　丘桓兴. 客家人与客家文化[M]. 北京：中国国际广播出版社，2011。
3　赣州市少数民族及民族工作概况[EB/OL]. http://www.gzsmzj.gov.cn/n618/n633/c54464/content.html，2017.5.2。
4　罗勇. "客家先民"之先民——赣南远古土著居民析[J]. 赣南师范学院学报，2004，(05)：38-40。
5　罗勇，邹春生. 河洛文化与客家文化述论[M]. 郑州：河南人民出版社，2014。
6　罗勇，龚文瑞. 客家故园[M]. 南昌：江西人民出版社，2007。

现出一个动态的历史过程。

（1）秦汉至三国：聚居点的起始

赣州最早有中原汉民居住始于秦朝。秦时设有南壄县。据《淮南子·人间训》载，秦为巩固南疆，武官屠睢将五军，一军守南壄之界[1]。此为中原汉人涉足赣州最早的记载，赣州最早设县源于此。汉初灌婴平定江南，增设雩都县和赣县。一些学者认为这些戍卒是中原汉族最早一次南迁[2]，也有持不同观点的学者认为："秦汉戍卒的南来，并没有直接的证据可以说明他们成了客家人的祖先[3]。"三国时设有一级行政机构，领7县。谭其骧先生说过："一地方至于创建县治，大致即可以表示该地开发已臻成熟[4]。"究竟这一时期有无中原汉人入居赣州？经过研究，罗勇教授指出，虽然目前并没有发现三国以前入住赣州的古老姓氏，但是从一些考古资料和地方志资料足以证明秦汉时期已有汉人进驻赣州[5]。

（2）两晋南北朝至唐初：聚居点的逐步增加

西晋末年，由于"八王之乱""永嘉之乱"等中原战乱，中原汉民为躲避灾难，大批逃离，被迫南迁，寻找安全之所。这一动荡局面持续300多年，期间不断有北方汉民向南迁徙。此次迁徙人口分为三大南迁支流，较近的迁至湖北、安徽、江苏、浙江一带，较远的则迁到了赣州，甚至赣闽交界处。据谭其骧先生考证，这次南迁人口（到南朝宋为止）一共约90万人，江西最少，只有1万人[6]。可见，此次迁入赣州的人数不是很多。一些族谱资料记载的迁徙源流和地方志资料记载的人口户数变化证实了这一时期陆续有中原汉人迁入赣州。如，石城县《井溪村郑氏六修族谱》记载，东晋义熙八年，郑氏兄弟迁南康郡揭阳县，后移居南桥岭；宁都县《松阳赖氏重修族谱》记载，东晋末年，赖氏硕公因避乱从浙江迁至宁都肖田栟源，南朝元嘉初因水患迁至今宁都梅江镇定居[7]。郑氏和赖氏都是至今有谱牒所载赣州最古老的姓氏。又如，《客家姓氏渊源》记载，钟氏于南北朝时迁虔州（今赣州）[8]；《南康县志》记载，奚氏、袁氏于隋朝迁南康蓉江镇（今蓉江街道）[9]；《早期客家摇篮——宁都》记载，廖氏于唐贞观年间迁入宁都[10]。此外，《赣州地区志》记载的晋、南北朝宋以及隋三个阶段的人口户数是逐年增加的（图1-3）。

（3）唐中后期至南宋末：聚居点的大量增加

唐中后期至五代，爆发了"安史之乱""黄巢起义""五代纷争"等战事，北方汉民为

1 （西汉）刘安. 淮南子[M]. 长沙：岳麓出版社，2015。
2 周建新等. 江西客家[M]. 桂林：广西师范大学出版社，2007。
3 陈支平. 客家源流新论[M]. 南宁：广西教育出版社，1997。
4 谭其骧. 浙江省历代行政区域——兼论浙江各地区的开发过程[A]. 谭其骧. 长水集 上[C]. 北京：人民出版社，1987。
5 罗勇. 客家赣州[M]. 南昌：江西人民出版社，2004。
6 谭其骧. 晋永嘉丧乱后民族迁徙[A]. 谭其骧. 长水集 上[C]. 北京：人民出版社，1987：219-220。
7 罗勇. 赣南客家姓氏渊源研究[M]. 赣南师范学院学报，2003。
8 周红兵等. 客家姓氏渊源[M]. 北京：中国文史出版社，2005。
9 南康县志编纂委员会编. 南康县志[M]. 北京：新华出版社，1993。
10 赖启华. 早期客家摇篮——宁都[M]. 香港：中华国际出版社，2000。

逃离战乱，再次南迁。这次迁徙规模比上次大得多。由于赣闽粤结合处没有遭遇战乱，相对安定，人口密度不大，此次移民大都落脚于赣南、闽西，有一些则迁至粤东北。而迁到赣南的中原汉民相较于闽西、粤东北要多得多[1]。

北宋时期，赣州空前繁荣发展，赣州设治增加，人口也大幅度增长。北宋淳化元年增设一个政区南安军，并且整个赣州设县数量从唐朝的6县增至13县。据相关史料记载，北宋末（崇宁元年）户数约为唐中后期（元和年间）的11.8倍，人口数量增幅非常大（图1-3）。至北宋末，南迁汉人已与生活在赣州的原住居民古越族及其后裔产生了一定的融合，而且赣州已经出现一些客家文化事象，以至于宋以后，山都木客在文献记载中渐渐消失了。

北宋末受辽、夏、金的侵扰，宋室南迁，期间中原汉族继续南徙至赣南、闽西，甚至粤东北。虽然虔州南宋初（绍兴年间）总户数较北宋末（崇宁元年）有所下降，但是之后又有了很大的增长（图1-3）。据《中国移民史》记载，南宋绍兴年间至淳熙年间的年增长率高达25.6%，高于全国平均水平的几十倍[2]。这足以证明，当时有众多外来人口迁至赣州。北宋末至南宋时期，北来汉民和畲族长期互动，不断接触与交往，随着融合的不断加深，客家民系也逐渐成长起来，但是两者融合过程至明清时期才得以完成。

这一时期，北来汉民大批迁入赣州，客家聚居点也大量形成，很多集中于宁都、石城两县。据《赣州地区志》载，南北朝至南宋末年，外来迁入宁都建村的有880个，其中的40多个姓氏后来发展到遍布全县80%的村庄，迁入石城的有56个姓氏，并成为了石城的主要姓氏；然而迁入赣县的只有83个村，仅占全县的2%，南康仅有23个村[3]。

（4）元至明中期：聚居点的动荡

南宋末年，由于北方金人、元人的大举南侵，中原南下以及定居在赣南、闽西的人们大规模往粤东北方向迁徙；此外，元初受抗元战争的影响；赣州人口大幅减少。据《赣州地区志》载，元朝（1279~1368年）的户数仅约为南宋高峰值（宝庆年间）的37.9%（图1-3）。明初，太祖规定，荒田归垦荒者所有，迁入赣州的移民主要来自人口比较密集的江西中部一带，户数也较元朝有所增加；之后，由于盗乱蜂起、瘟疫等天灾人祸，赣州户数又开始逐渐减少（图1-3）。

这一时期，赣州人口大量下降，田地大批荒芜。但是也有新的客家聚居点的迁入，移民来源有赣中籍以及闽、粤籍，但主要为赣中籍。这个阶段迁入所建的聚居点大多集中在赣州中部。据《赣州地区志》载，元至明中期，迁入赣县建村的有781个，迁入南康的有121个，与之前一起迁入的姓氏一起成为各县的主要姓氏[4]。

（5）明末至清：聚居点的剧增

1　周建新等. 江西客家[M]. 桂林：广西师范大学出版社，2007。
2　吴松弟. 中国移民史 第4卷 辽宋金元时期[M]. 福州：福建人民出版社，1997。
3　江西省赣州地区志编撰委员会编. 赣州地区志[M]. 北京：新华出版社，1994。
4　江西省赣州地区志编撰委员会编. 赣州地区志[M]. 北京：新华出版社，1994。

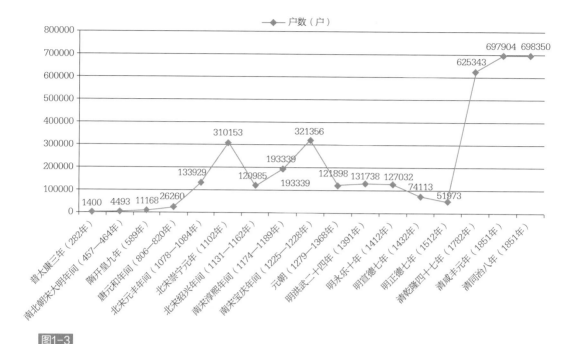

图1-3
晋至清时期赣州市户数变迁图
（图片来源：唐至南宋数据来源于谢重光. 福建客家[M]. 桂林：广西师范大学出版社，2005；其余来源于江西省赣州地区志编撰委员会编. 赣州地区志[M]. 北京：新华出版社，1994；注：南宋数据仅包括虔州，南安府不详）

经过明朝的发展，明末清初闽粤地区人口膨胀，山多田少，生存资源、空间受限；加之闽粤地区又受到一些战乱的影响，还有"迁海令"等因素；闽粤客家便开始向外迁徙。此时，赣州田地荒芜，人烟稀少，又是客家先民南迁的第一站，于是闽粤客家大批回迁入赣，赣州人口迅速大量增多。另外，清康熙年间、雍正年间实行"滋生人丁、永不加赋"，"地丁合一"等政策，使得赣州人口剧增。据《赣州地区志》载，清同治八年的户数为明正德七年的13.4倍（图1-3）这一时期，闽粤客家成批返迁回赣的聚居点多数集中在赣州外围的边远山区，尤其是三南[1]、寻乌县一带，以及上犹、崇义两县的西北部，其次为兴国、瑞金、会昌、安远等县（市）[2]。闽粤倒迁入赣州的"新客家"聚居点与之前明中期之前入迁赣州的"老客家"聚居点共同构成了赣州客家聚居点的分布格局。

1.4　赣州客家传统聚居点所体现的文化特质

在赣州客家漫长的历史发展过程中，由于迁徙的艰辛、环境的恶劣、生存的需要等因素，形成的客家聚居点呈现出独具特色的文化。中国文化地理学者将文化特质分为以下三

1　"三南"指赣州南部的三个边陲小县，分别为龙南、定南、全南。
2　江西省赣州地区志编撰委员会编. 赣州地区志[M]. 北京：新华出版社，1994。

类[1]：一是生计文化，是人类为了满足生活生存需要所创造的文化特质；二是制度文化，它反映个人与他人、个体与群体之间的关系，这种关系表现为各种各样的制度；三是精神文化，是人类在改造和创造自然和社会过程的思维、精神活动，是人类在社会实践和意识活动中长期育化出来的。赣州客家传统聚居点所体现的文化特质既传承了迁徙源地中原文化的精髓，又在迁徙途中吸取了入居地的文化成分，逐渐积淀、融合、发展，而彰显出自身独特的魅力，具体包括宗族组织的社会结构，聚族而居的生存策略，耕读传家的生产生活方式以及祖先崇拜与多神崇拜的信仰体系四个方面。

1. 社会结构：宗族组织

宗族是中国乡村社会的基本构成单元，在乡村社会各方面都扮演着重要角色，与乡村社会有着密不可分的关系。关于"宗族"一词的解释，东汉时期班固在《白虎通》中描述道："宗者何？宗有尊也，为先祖主也，宗人至所尊也。族者，凑也，聚也，谓恩爱相流凑也。生相亲爱，死相哀痛，有会聚之道，故谓之族[2]。"由冯尔康先生等著的《中国宗族社会》一书中指出宗族应该包含以下四个方面的要素："一是男性血缘系统的人员关系；二是家庭为单位；三是聚族而居或相对稳定的居住区；四是有组织原则、组织机构和领导人，进行管理[3]。"简言之，宗族是有共同的祖先、以家庭为基础，同居一地，并遵循一定规范的一种特有的乡村社会结构形式。

赣州客家宗族社会结构的形成与客家族群的迁徙息息相关。它伴随着北方汉民的南迁而出现于宋元时期，至明中叶以后得到了空前强化[4]。中原汉族在一次次举族南迁的过程中，以及闽粤客家返迁入赣州过程中，颠沛流离，饱受艰难困苦，正是依靠宗族的强大力量，克服困难，实现迁徙。为争夺有限的生存空间，与土著发生斗争，新客、老客之间产生冲突；面临险恶的社会环境，如遭遇盗匪侵扰，遭受军事动乱等；正是依赖于宗族的团结一致，才得以生存与繁衍。在不断迁徙与一次次的斗争、动乱中，赣州客家人形成了更为强烈的宗族观念和以族长、祠堂、族规、族谱、族产为主要特征的严密、完善的宗族组织的社会结构形式（图1-4）。

族长是宗族的最高领导者。它由村内辈分较高、德高望重的人胜任，负责宗族各项事务的主持与管理。宗族下分若干房，分房标志着宗族的壮大发展。宗族和各房分别设有族长、房长，以便分级管理族中各项事务。

图1-4
宗族组织构架示意图
（图片来源：自绘）

1　周尚意，孔翔，朱竑. 文化地理学[M]. 北京：高等教育出版社，2004。
2　（汉）班固. 白虎通德伦[M]. 上海：上海古籍出版社，1990。
3　冯尔康等. 中国宗族社会[M]. 杭州：浙江人民出版社，1994。
4　林晓平. 赣南客家宗族制度的形成与特色[J]. 赣南师范学院学报，2003，（01）：82-85。

祠堂是宗族的象征。它是宗族的信仰中心，祠堂里供奉祖先神位，是族人祖先崇拜的神圣空间；是宗族活动的主要场所，如宣讲族规家训，举行人生礼仪、商讨族内重大事务，解决宗族重大问题等；是族内的管理机构，行使宗族权利的处所。宗族中第一层级的祠堂为宗祠，宗祠下分若干房祠，房祠下分出更小的支祠。

族谱是宗族的联系纽带。它是宗族发展史的文字见证，宗族延续与继承的可靠依据，宗族间身份关系标识的重要载体。族谱内容主要记载宗族源流、世系图谱、族规家训、族产、祠堂、庙宇、祖坟、历代重要人物事迹、历代重大事件等，内容丰富，脉络清晰。赣州客家人对族谱极为珍视，有修编族谱的习俗，而且特别注重对族谱的保存（图1-5）。

族规是宗族的法规。它是宗族根据本族实际情况而制定的约束族众的思想行为，规范族人的生产、生活秩序的家族法规，是族人必须严格遵守的规范准则。族规是宗族管理的重要手段，对增强宗族秩序，强化宗族凝聚力，维护宗族权利起到重要作用。

族产是宗族的经济支柱。它是宗族的共同财产，种类有族田、山场、坟地、祠堂、店铺等，而族田最为大宗。族产收入主要用于修祠堂、修族谱、祭祀祖先、赈济、义学、公共建设等与宗族相关的各种事业与活动。族产作为宗族的经济保证，更加强化了宗族社会结构。

赣州客家宗族组织的社会结构是一个有机、完整、自治的系统，各组成部分紧密相依，共同发挥各自有效功能，在乡村社会中起到至关重要的作用，是敬宗收族，维系家族世系血统，增强聚落内聚力，维护乡村社会秩序的支撑与保障。

2. 生存策略：聚族而居

聚族而居是赣州客家传统聚居点的主要居住方式。它是同宗族聚居在一起的生存方式，表现为同一姓氏聚居在一栋大屋里、一个自然村、多个自然村，甚至更大的区域。如，龙南市武当镇大坝田心围，全为叶姓，在这栋建筑里在20世纪七八十年代时居住有120多户，

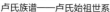

卢氏族谱——卢氏始祖世系

赖氏族谱——赖氏源流播迁示意图

图1-5
部分搜集族谱资料
（图片来源：自摄）

600多人[1]，最多时曾住过900多人[2]；安远县东生围，全为陈姓，围内于20世纪90年代时居住有70多户，300多人[3]；瑞金市"嘉庆十一年丙寅，李宏璧妻廖式一百二岁，五世同堂，建坊[4]"。这种累世同堂，几十户至几百户同居于一栋建筑里，是赣州客家较为普遍的情况。又如，龙南市杨村镇的员布村、车田村、黄坑村、坪上村、圳下村、乌石村、杨村等多个村落，均以赖姓为主。赣州客家人这种独特的聚居方式是与当时特定的自然环境、社会环境，以及赣州客家族群特殊的文化心理密不可分的，是为了生存、繁衍和发展的需要而做出的理性选择。

首先，出于安全与防卫的需求。赣州客家族群是由于北方汉民大规模迁徙而产生的。伴随着大规模的人口进入赣州，各宗族之间、土客之间为争夺土地、水源等自然资源，户籍、科举等社会资源，不可避免的产生了剧烈的矛盾与冲突。此外，当时赣州社会动乱不安，盗匪很多，暴乱频繁。这些由人口迁徙带来的斗争和频繁爆发的动乱，都对赣州客家族群的内心带来了巨大的不安与惶恐，对赣州客家族群的生命、财产安全构成了极大的威胁。于是，赣州客家人紧密团结，聚族而居，一致对外，共同抵抗各种侵袭，保卫族人的安全。

其次，由于地理条件与生产技术的限制。"赣之为郡，处江右上游，地大山深、疆域绣错[5]"，"虔于江南地最旷，大山长谷，荒翳险阻[6]"，可见，赣州层峦叠嶂，山多地少，自然资源非常贫瘠，可用于耕种的良田非常有限。而且，赣州洪涝、干旱、虫灾、冰雹等自然灾害较为频繁。如，"嘉定十年夏四月，（宁都）积涝巨浸。五月大旱，瘟疫流行。九月，蝗虫害稼[7]"；"万历十四年四月，（兴国）大水，损坏房屋、田亩很多[8]"；"乾隆五十一年，（南康）自四月不雨至八月，大旱，早稻无收，秋收亦歉，民大饥。至次年春，死者无数[9]"。另外，当时以农耕为基础的客家人，生产力水平比较低下。恶劣的自然条件和有限的生产技术对赣州客家人的生产、生活造成极大的困扰，致使客家人的生活极其艰辛。此时，个体家庭的力量过于薄弱，需要同家族通力合作，相互帮忙与照顾，才能完成日常助养、临灾赈济、兴修水利、土地开垦、农业种植等工作，以聚族而居的生存方式共同应对各种困难，方可拓垦生息，定居下来。

3. 生产生活方式：耕读传家

赣州客家人秉承耕读传家的生产生活方式。耕，即为耕田；读，即为读书。勤于耕

1　江树华. 龙南围屋[M]. 上海：上海科学技术文献出版社，2014。
2　李国强，傅伯言. 赣文化通志[M]. 南昌：江西教育出版社，2004。
3　万幼楠. 赣南围屋研究[M]. 哈尔滨：黑龙江人民出版社，2006。
4　赣州地区志编撰委员会编. 宁都直隶州志（重印本）[M]. 赣州：赣州印刷厂，1987。
5　（清）魏瀛（修），鲁琪光，钟音鸿等（纂）. 赣州府志·旧序[M]. 同治十二年刻本。
6　（宋）王安石. 虔州学记[A]. 黄林南. 赣南历代诗文选[C]. 南昌：江西人民出版社，2013：72–73。
7　宁都县志编辑委员会编. 宁都县志[M]. 宁都：宁都县志编辑委员会，1986。
8　兴国县志编辑委员会编. 兴国县志[M]. 兴国：兴国县志编辑委员会，1988。
9　南康县志编辑委员会编. 南康县志[M]. 北京：新华出版社，1993。

作，崇文重教的文化特质是赣州客家族群在特定的历史背景下形成的。一方面，它是中原文化的传承。他们引入了中原先进的农耕技术以及崇文尚学的文化。另一方面，赣州客家族群地处偏僻的山地丘陵地区，面临激烈的族群斗争与频繁的地方动乱，生活环境较为严酷。赣州客家人深知耕田是维持生存的根本，在以农为本的传统社会，必须勤于耕作；同时，读书是修身养性，谋求发展，提高社会竞争力的主要途径。罗香林先生指出："耕田读书所以稳定生计与处世立身，关系尤大。有生计，能立身，自然就可久大，客家人的社会，普遍可说都是耕读人家[1]。"所以，耕读传家的思想在赣州客家族群中占据十分重要的位置。

客家先民引入了中原的耕作技术，通过长期的生产实践摸索出一套适合赣州地形地貌、气候特征的生产技术，不仅大大增加了耕地面积，而且粮食产量也得到了大幅度提高。赣州对于土地的拓荒与经营，除了相对平坦的盆地、平原，大量的山地、丘陵地也得到了开垦，出现了山田、梯田的现象，在山区创造了一种独特的生产空间，如崇义县上堡梯田（图1-6）、宁都中院梯田等。赣州客家人根据不同的土地利用方式、气候差异等因素形成了因地制宜的农耕技术。如，盆地平坦垱田、山高水冷的坑垄田、水源充足的山田、缺水少肥的田等不同类型的田形成不同的耕作方法、技术手段[2]。赣州的粮食产量也随之增加。据《宋史》载："迈，乾道六年，除知赣州。辛卯岁饥，赣适中熟，迈移粟济邻郡[3]。"

赣州客家人非常崇尚教育。北宋时期崇文重教文化已相当兴盛，赣州府学和南安府学都创建于宋时期，北宋时县学有9所，书院有3处；两宋时期共有进士234人[4]。仅宁都一县，

图1-6
崇义县上堡梯田
（图片来源：自摄）

---

1   罗香林. 客家源流考[M]. 北京：中国华侨出版社，1989。

2   周红兵. 客家风情[M]. 南昌：江西人民出版社，1995。

3   （元）脱脱等. 二十五史全书 第七册 宋史[M]. 呼和浩特：内蒙古人民出版社，1998。

4   罗勇. 客家赣州[M]. 南昌：江西人民出版社，2004。

| 赣县区白鹭村 | 安远县唐屋村 | 定南县长桥村 |

图1-7
旗杆石
（图片来源：自摄）

自宋至清年间，历代中状元2人，进士125人，举人413人，贡生秀才达千余人[1]。赣县，宋时期创造了曾准及其儿子曾弼、曾懋、曾开、曾几，侄子曾班都中进士的佳话[2]。赣州客家各宗族对读书也很重视，认为读书是家族兴旺之本，许多宗族会在族谱中把崇文重教的内容列入族规家训中，让族人更加明确读书的重要性，营建村落时，会设有许多教育空间。例如，在村落里兴建公塾、私塾等建筑物，提供给大家学习的机会；而经过科举考试，取得功名者，会在祠堂前竖立旗杆石（图1-7），表示一种家族的荣耀，是崇文重教文化的标志性构筑物。此外，宗族普遍兴办学堂供族人读书，族田中会有一部分专门用于资助、奖励本族子弟读书，办学校等。通过公塾、私塾、旗杆石等教育空间，传播知识，旌表贤达，激励后人，促进家族、村落和社会的发展与进步。

4. 信仰体系：祖先崇拜与多神崇拜

赣州客家先民来自中原，长途跋涉，辗转迁徙，不忘先世，对故乡的思念之情甚为浓烈；面临陌生又恶劣的生存环境，促使他们紧紧地团结起来，依靠宗族的强大力量去应付各种竞争与挑战。敬祖崇宗可以团结宗族成员，强化宗族的内聚力和向心力，同宗之间相亲相爱、互相帮助。因此，赣州客家人有着强烈、浓厚的崇祖意识。这种崇祖意识具体表现在建祠堂、祭祖、修族谱等方面。

祠堂是祖先妥灵之处，是祭祀祖先的重要仪式空间，是体现崇祖文化的核心场所。祠堂建筑通常豪华气派，体量规模、装修档次都高于普通建筑。它是一个宗族的标志。在赣州"族必有祠"，"巨家寒族，莫不有宗祠，以祀其先，旷不举者，则人以匪类之，报本追远之厚，庶几为吾江右之冠焉[3]"。可见，兴建祠堂在赣州非常普遍。每逢岁时喜庆节日，

1 赖启华. 早期客家摇篮——宁都[M]. 香港：中华国际出版社，2000。
2 赣县政协文史资料研究委员会编. 赣县文史资料 第三辑[M]. 赣县：赣县政协文史资料研究委员会，1993。
3 赣州地区志编撰委员会编. 宁都直隶州志（重印本）[M]. 赣州：赣州印刷厂，1987。

都有祭祖的习俗。祭祖仪式分为牌祭和墓祭。牌祭在祠堂或者家中进行；全族的牌祭，一般每年的清明、冬至，会在祠堂里举行隆重的祭祖仪式。赣州客家人对祖坟也很重视，有墓祭的习俗。族谱的一个关键内容就是要记载本族世系源流，通过修族谱可以理清各分支流派，从而明确本族祖先，体现了浓重、深厚的崇祖观念。

赣州客家人不仅异常崇祖，而且奉行多神崇拜。无论是自然神、土地神，还是各种宗教神、人鬼神，都是客家人信仰体系的组成部分。他们相信"举头三尺有神明"，神明处处都存在。如，佛教神有观音、古佛等，道教神有许真君、三奶夫人等，土地神有伯公、社公等。不仅有来自北方的关公神、汉王神，也有来自本地的土神石固。有入寺观庙堂的各路神仙、天神、地方神、行业神等，还有未入寺观庙堂的山神、五谷神、灶神等。只要能保佑健康平安、家族兴旺发达，便供奉之。赣州客家的神明不但种类很多，而且具有多重的功能。

在赣州，常常同一座庙宇中，佛教神、道教神被一起祀奉。如，有些乡村庙宇将观音、许真君、龙王爷、米谷神、福神及其他民间土神之像合供一室[1]。另外，赣州客家人有时会在祠堂或家中把祖宗和神明一起供奉。如，安远县修田杜氏祠堂"五栋厅"，不仅供奉了本房祖先，而且供奉了土地、关公、观音[2]。有时客家祠堂平时只供奉祖先，不供奉神明，但是在某些迎神庙会期间，祠堂会成为神明的临时行宫。如，瑞金市密溪东平王庙会期间，罗氏将庙里5尊神抬进罗氏宗祠供奉[3]。

小结

赣州山多地少，属于赣中南中低山与丘陵区。地处赣江、东江源头的赣州处于至关重要的地理位置，乃兵家必争之地。古代赣州是交通运输集散重镇，是沟通南北经济文化之要冲。至明清时期，逐渐形成了赣州至粤北、粤东北、闽西北、闽西南等多条水陆相间的省际古道。

赣州是客家民系的摇篮地，在客家民系的形成中具有非常重要的地位。客家民系是由于战乱、饥荒等原因，中原汉民渐次南下而进入赣闽粤交界处，并与当地土著不断融合而发展壮大的汉民族支系。客家数次大迁徙是导致赣州客家传统聚居点生成的直接动因，而在迁居地与当地土著的不断融合使传统聚居点逐渐稳定下来。赣州客家传统聚居点经历了一个形成、发展壮大的动态历史过程，秦汉至三国时期为聚居点的起始，两晋南北朝至唐初是聚居点的逐步增加时期，唐中后期至南宋末为聚居点的大量增加时期，元至明中期是

1　金鹰达. 中国客家人文化[M]. 哈尔滨：北方文艺出版社，2006。
2　刘劲峰. 赣南宗族社会与道教文化研究[M]. 哈尔滨：国际客家学会，2000。
3　林晓平. 客家祠堂与文化研究[M]. 哈尔滨：黑龙江人民出版社，2006。

聚居点的动荡时期，明末至清是聚居点的剧增时期，赣州逐渐成为客家聚居中心。

在赣州客家漫长的发展过程中，形成的客家聚居点呈现出独具特色的文化特质，包括宗族组织的社会结构，聚族而居的生存策略，耕读传家的生产生活方式以及祖先崇拜与多神崇拜的信仰体系四个方面。

02

赣州客家传统村落及民居
文化地理数据库构建

- 数据库样本的选定与文化因子的提取
- 赣州客家传统村落及民居文化因子解析
- 数据库的建立
- 小结

数据库构建是本研究的基础，为后文的深入研究提供依据和支撑。通过大规模普查，采用大数据的研究范式，结合国家或地方认定的已评级村落数据，综合实地调研、访谈推荐、文献资料搜集、卫星影像数据等方式，对全域村落进行全面而细致地识别与筛选，最终选定1093个客家传统村落作为数据库的研究样本。引入"文化因子"的概念，从影响赣州客家传统村落及民居文化特征的关键文化因子入手，提取出最具代表性的3大类、10小类文化因子，借助"类型学"的方法对文化因子进行科学、合理分类，建立文化因子的类型系统。在大量样本精确定位的基础上，根据分类标准对每个村落进行数据录入与整理，借助地理信息系统（ArcGIS）平台，建立赣州客家传统村落及民居文化地理数据库。

2.1 数据库样本的选定与文化因子的提取

数据库样本的选定与文化因子提取是构建数据库基础而关键的两项内容。首先，样本的选定要最大可能涵盖赣州地区具有较高历史文化价值的客家村落，全方位搜集村落及民居基础信息，以大数据样本方式建立村落、民居数据库。其次，承载着丰富历史文化信息的传统村落、传统民居是最直观的文化景观，由于自然、社会等因素的影响，赣州地区所呈现的文化景观及与其他区域的文化景观表现出一定的差异性，其内在原因是组成文化景观的"文化因子"不同。引入"文化因子"的概念，可以从本质上把握村落及民居的文化景观特征，找到影响村落及民居文化景观特征的关键因子。

1. 样本的选定

根据第一章中对研究对象的界定依据，结合中国传统村落、中国历史文化名村、江西省传统村落、江西省历史文化名村的评选数据，综合实地调研、访谈推荐、文献资料搜集、卫星影像数据等方式，最终确定赣州客家传统村落及民居数据库样本1093个传统村落。其中，章贡区13个，南康区55个，赣县区85个、瑞金市78个、大余县42个、上犹县26个、崇义县52个、宁都县84个、于都县84个、兴国县57个、石城县54个、会昌县80个、信丰县84个、安远县39个、龙南市71个、定南县61个、全南县33个、寻乌县95个（表2-1、图2-1）。

（1）选定方式

赣州客家传统村落及民居数据库样本由已公布的"中国传统村落"，国家或地方已认定的极具历史文化价值的村落和新加入研究村落组成：

1）已公布"中国传统村落"名单。已被住房和城乡建设部等部门认定公布的"中国传统村落"，赣州市域范围内共有五批50个客家传统村落，其中第一批4个，第二批6个，第三批8个，第四批8个，第五批24个。

2）国家或地方已认定的极具历史文化价值的村落。已被住房和城乡建设部等部门组织评选的"中国历史文化名村"，赣州市域范围内共计5个客家村落，均已列入上述中国传统村落名单；已被江西省人民政府公布的"江西省历史文化名村"，以及已被江西省住房和城乡建设厅公布的"江西省传统村落"，数量分别为16个和32个，其中，共有13个没有列入上述中国传统村落名单。

3）新加入研究村落。根据前期资料查找和田野调查，再结合研究需求和赣州客家传统村落调查的实际情况，新加入研究村落共1030个（见附录二）。

（2）数据来源

赣州客家传统村落及民居数据库样本获取途径有以下几个方面：

1）实地调研。实地调研是最直观、最深刻了解村落、民居的重要途径，也是搜集大量第一手资料的关键步骤。笔者与团队曾多次赴赣州，开展村落、民居调研工作，实地详细调查70余个赣州客家传统村落。

2）访谈推荐。赣州的客家文化具有很深的本土气息，当地的村落、民居研究学者与管理工作人员对此有很深刻的理解与体会。通过与这些从业人员的深入交流与全面探讨，可以系统认识赣州当地的传统村落、传统民居的发展历程，并获知具有较高研究价值的传统村落、传统民居信息。

3）文献资料搜集。赣州客家文化源远流长，近几十年来相关研究成果颇丰，如客家民俗、客家村落、客家建筑等方面，这些文献、史志资料可以提供许多典型传统村落、传统民居的信息。另外，《中华人民共和国不可移动文物目录（江西卷）》一书中收录赣州市6262处不可移动文物，其中有古建筑4677处，为本书提供了大量具有研究价值的村落、民居信息。

4）卫星影像数据。通过Google Earth、天地图、Google地图、百度地图等卫星影像数据获取村落及民居的空间形态信息，如村落布局、民居类型、巷道形式等，所以可以借助卫星影像数据搜寻传统格局较好、传统建筑集中成片的传统村落。

赣州市市域范围内已评级村落名单 表2-1

编号	荣誉称号及批次	市/县	乡/镇	村
1	中国传统村落（首批） 中国历史文化名村（第四批） 江西省历史文化名村（第二批）	赣县区	白鹭乡	白鹭村
2	中国传统村落（第二批） 江西省历史文化名村（第三批）		湖江乡	夏府村
3	中国传统村落（第三批） 江西省历史文化名村（第五批）		大埠乡	大坑村
4	中国传统村落（第五批） 江西省传统村落（首批）		南塘镇	清溪村
5	中国传统村落（第五批） 江西省传统村落（首批）			大都村

续表

编号	荣誉称号及批次	市/县	乡/镇	村
6	江西省历史文化名村（第五批） 江西省传统村落（首批）	南康区	坪市乡	谭邦村
7	中国传统村落（第五批） 江西省传统村落（首批）		唐江镇	卢屋村
8	中国传统村落（第五批） 江西省传统村落（首批）			幸屋村
9	中国传统村落（第三批）	大余县	左拨镇	云山村
10	中国传统村落（第五批） 江西省传统村落（首批）		池江镇	杨梅村
11	中国传统村落（第二批） 江西省历史文化名村（第三批）	兴国县	梅窖镇	三僚村
12	中国传统村落（第二批） 江西省历史文化名村（第五批）		兴莲乡	官田村
13	中国传统村落（第四批）		枫边乡	山阳寨村
14	中国传统村落（第五批） 江西省传统村落（首批）		社富乡	东韶村
15	中国传统村落（第五批）		城岗乡	白石村
16	中国传统村落（第二批） 中国历史文化名村（第六批） 江西省历史文化名村（第三批）	宁都县	田埠乡	东龙村
17	中国传统村落（第四批）		黄陂镇	杨依村
18	中国传统村落（第五批） 江西省传统村落（首批）		大沽乡	旸霁村
19	中国传统村落（第三批） 江西省历史文化名村（首批）	于都县	马安乡	上宝村
20	中国传统村落（第三批） 江西省历史文化名村（第五批）		葛坳乡	澄江村
21	中国传统村落（第二批）		段屋乡	韩信村
22	中国传统村落（第三批）		岭背镇	谢屋村
23	中国传统村落（第四批）			禾溪埠村石溪圳自然村
24	中国传统村落（第四批）		银坑镇	平安村
25	江西省传统村落（首批）		禾丰镇	禾丰村
26	中国传统村落（第五批） 江西省传统村落（首批）		车溪乡	坝脑村
27	中国传统村落（第二批） 江西省历史文化名村（首批）	瑞金市	九堡镇	密溪村
28	江西省传统村落（首批）			坝溪村
29	中国传统村落（第三批）		叶坪乡	洋溪村

续表

编号	荣誉称号及批次	市/县	乡/镇	村
30	江西省传统村落（首批）	瑞金市	叶坪乡	田背村
31	江西省传统村落（首批）			谢排村
32	中国传统村落（第五批） 江西省传统村落（首批）		武阳镇	粟田村黄田自然村
33	中国传统村落（第五批） 江西省传统村落（首批）			武阳村
34	中国传统村落（第五批） 江西省传统村落（首批）		瑞林镇	下坝村
35	中国传统村落（第五批） 江西省传统村落（首批）		冈面乡	上田村
36	江西省传统村落（首批）		壬田镇	凤岗村
37	中国传统村落（第三批） 江西省历史文化名村（第五批）	会昌县	筠门岭镇	羊角村（羊角水堡）
38	中国传统村落（首批） 中国历史文化名村（第五批） 江西省历史文化名村（首批）	龙南市	关西镇	关西村
39	中国传统村落（首批）		杨村镇	杨村村燕翼围
40	中国传统村落（第四批）			乌石村
41	中国传统村落（第三批） 中国历史文化名村（第七批） 江西省历史文化名村（第五批）		里仁镇	新园村（栗园围）
42	中国传统村落（第五批） 江西省传统村落（首批）			新里村
43	中国传统村落（第五批） 江西省传统村落（首批）			正桂村
44	江西省传统村落（首批）		桃江乡	清源村
45	中国传统村落（第五批） 江西省传统村落（首批）		武当镇	大坝村（田心围）
46	中国传统村落（首批） 江西省历史文化名村（首批）	安远县	镇岗乡	老围村
47	中国传统村落（第五批） 江西省传统村落（首批）		长沙乡	笿笪村
48	中国传统村落（第五批） 中国历史文化名村（第七批） 江西省历史文化名村（首批） 江西省传统村落（首批）	寻乌县	澄江镇	周田村
49	江西省传统村落（首批）		吉潭镇	圳下村
50	江西省传统村落（首批）		菖蒲乡	五丰村
51	中国传统村落（第五批）		项山乡	桥头村

编号	荣誉称号及批次	市/县	乡/镇	村
52	江西省历史文化名村（第三批）	定南县	天九镇	九曲村
53	中国传统村落（第五批） 江西省传统村落（首批）		老城镇	老城村
54	中国传统村落（第四批）	全南县	龙源坝镇	雅溪村
55	江西省传统村落（首批）			上窖村
56	江西省传统村落（首批）		大吉山镇	大岳村
57	中国传统村落（第四批）	石城县	琴江镇	沙塅村河背自然村
58	中国传统村落（第五批）			大畲村
59	中国传统村落（第四批）		小松镇	丹溪村
60	中国传统村落（第五批） 江西省传统村落（首批）	上犹县	双溪乡	大石门村
61	中国传统村落（第五批） 江西省传统村落（首批）		安和乡	陶朱村
62	江西省传统村落（首批）	崇义县	上堡乡	水南村
63	中国传统村落（第五批）	信丰县	万隆乡	李庄村上龙自然村

（资料来源：据"中国传统村落名录""中国历史文化名村名录""江西省传统村落名录""江西省历史文化名村名录"整理）

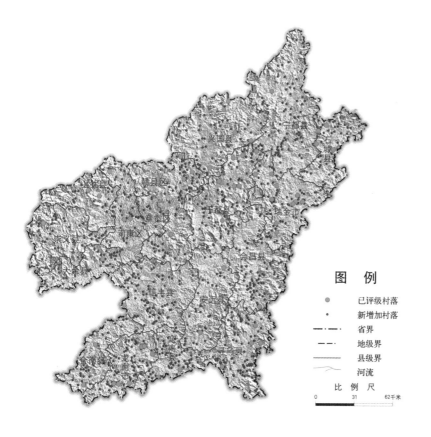

图 例

- ● 已评级村落
- · 新增加村落
- —·— 省界
- — — 地级界
- —— 县级界
- ～ 河流

比 例 尺

0   31   62千米

图2-1
赣州市客家传统村落分布图
（图片来源：自绘）

2. 文化因子的提取

传统村落及民居是最直观的文化景观形式，是文化地理学重要研究内容。作为文化景观，村落与村落、民居与民居之间的区别是文化因子。文化因子（Cultural Factor）是文化景观的基本构成单位，是识别文化景观的独特文化要素，是文化景观形成的关键元素，是与其他文化景观差异的根源。每种类型的传统村落、传统民居都蕴含着独特的文化信息，并与其他类型的村落、民居有所区别。通过文化因子来解析传统村落、传统民居这类文化景观，能够明确反映不同传统村落及民居文化的分异特征，进而揭示出传统村落和传统民居文化的空间分布规律，并有助于探索传统村落和传统民居文化的形成、演变机制。

以往对传统村落及民居文化特征的研究，多从村落环境、村落形态、空间结构、民居类型、文化标志等要素着手。刘沛林教授在《家园的景观与基因——传统聚落景观基因图谱的深层解读》一书中指出，可以从整体布局特征、民居特征、文化标志、主体性公共建筑、环境因子、基本形态六个要素进行聚落景观基因的识别[1]。黄浩先生的《江西民居》从村落类型、村落文化内涵、民居类型、民居平面格局、民居结构与构架、民居外立面及造型要素、民居装修艺术等方面对江西传统村落和传统民居进行分析。潘莹教授在其博士论文《江西传统聚落建筑文化研究》中，从聚落类型、聚落形态与结构、民居平面与空间、民居结构与构架、民居立面与造型、民居装饰与装修等方面对江西传统聚落和传统民居进行剖析。万幼楠先生对赣州客家民居的研究围绕民居类型、民居平面与立面、民居结构与装修等方面进行。

通过梳理相关研究发展线索，发现以往研究对赣州村落布局或村落形态方面涉及较少，并没有对赣州所有的村落布局类型做出详细的总结与归纳。如黄浩先生是从村落所处地形环境把江西的传统村落分为山地型、平原型、滨水型三类，而对村落内部空间组织形态、平面形式论述较少；潘莹教授是从聚落的巷道组织方式把赣州聚落规划布局大致分为网格化巷道和不成型网格化巷道两大类，然而在实地调研中，发现赣州村落布局形式还可以再细分。村落布局形式反映的是村落内各部分功能组织的关系以及建筑与建筑之间的关系，可以很直观地反映村落整体空间结构。在民居层面，民居建筑是村落组成的主体，对村落的整体形态产生了重大而深刻的影响。民居类型反映了民居空间、功能、环境等要素的布局组织形式，体现了人们对空间的利用方式，涉及人们生活方式、社会制度及风俗理念等社会人文因素，关联地形地貌、气候水文等自然因素。民居类型是研究民居的基础与根本，是剖析民居的重要手段与方式。

传统村落及民居所包含的文化要素非常丰富，不同文化要素对文化景观造成的影响程度不一样。因此，赣州客家传统村落及民居文化因子的确定，要从能够体现该区域文化景观特征的关键文化要素入手。

首先，村落地理环境属性因子对区域文化景观的形成起到重要作用，包括村落所处地貌特征、村落与河流关系。在传统农耕社会，由于经济条件、生产技术等的制约，传统村

1　刘沛林. 家园的景观与基因——传统聚落景观基因图谱的深层解读[M]. 北京：商务印书馆，2014。

落的营建对自然环境的依赖程度非常高，不是大规模去改变环境，而是采取适应自然、因
地制宜的营建方式。赣州市域范围内山地多，平原少，适宜耕作的用地仅占总土地面积的
9.09%[1]，村落的选址会充分利用自然条件，创造出独特的文化景观。

其次，村落物质形态属性因子能够最直观识别文化景观的地域特色，包括村落布局、民
居类型、村落规模、巷道形式和环境要素五个方面。村落布局和民居类型的重要性，在上文已
论述；此外，村落规模、巷道形式和环境要素都是影响赣州客家村落物质形态特征的重要因
素。环境要素是村落形成的重要元素；巷道是村落的骨架与核心要素，反映出村落内部结构形
态，通过巷道形式可以揭示出村落内在的空间特色；从村落规模可以鲜明反映出村落的一些历
史信息，如村落的历史长短、宗族的兴旺程度、村民的居住方式、村落与耕地的关系等。

再次，村落历史人文属性因子显著反映了文化景观形成的历史背景，鲜明展现了文化
景观的内在规律，包括建村年代、迁徙源地以及姓氏组成。赣州客家是历史移民的产物，
建村年代、迁徙源地是村落的基本信息，体现了村落的历史发展脉络。赣州客家是个宗族
社会，姓氏、宗族、村落紧密相连，具有独特的人文社会形态特征。

综上，本书重点研究的文化因子包括3大类、10小类。3大类分别为村落地理环境属性
因子、村落物质形态属性因子、村落历史人文属性因子，10小类分别为村落所处地貌特征、
村落与河流关系、村落布局、民居类型、村落规模、巷道形式、环境要素、建村年代、迁
徙源地、姓氏组成（图2-2）。

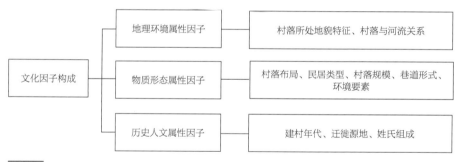

图2-2
文化因子构成示意图
（图片来源：自绘）

2.2 赣州客家传统村落及民居文化因子解析

对文化因子的分类研究是构建数据库的一项核心内容，要求对文化因子进行合理归纳、
总结、分类，同时全面准确概括出传统村落、传统民居的规律性特点。借鉴类型学的研究
方法，建立文化因子的类型系统，有助于深度挖掘村落、民居的内在特点，把握村落、民

---

1   赣州地区志编撰委员会. 赣南概况[M]. 北京：人民出版社，1989。

居的形式特征，科学揭示村落、民居的表现规律。

1. 类型学的研究方法

　　类型的概念在我国古代已有之，如许慎在《说文解字》解释道："类，种类相似，唯犬为甚，从犬类声；型，铸器之法也，从土型声[1]。""类"还作为古代逻辑推理的原则，如《周易·乾文言》有万物"各从其类[2]"之说。在西方，古罗马建筑师、工程师维特鲁威（Vitruvius）在《建筑十书》中已利用类型的思想把神庙建筑归纳为三种性格类型。德国哲学家黑格尔（G. W. F. Hegel）从美学视角，将建筑分为象征型、古典型、浪漫型三种。分类意识和行为是人类理智活动的根本特性，是认识事物的一种方式，认识过程和艺术创造过程本身就是类型学的；类型学可以简单定义为按照相同的形式结构对具有特性化的一组对象进行描述的理论[3]。类型学运用到建筑和城市中可追溯到15、16世纪。将类型学应用到建筑中具有代表性的著作是迪朗（Durand）的《古代与现代诸相似建筑物的类型手册》（1800年），从建筑形式的元素入手，用图示对重要建筑的基本型进行了归纳总结（图2-3）。

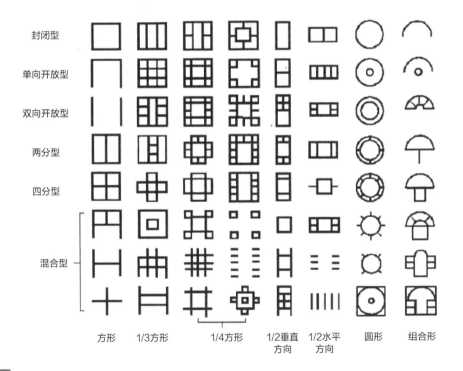

图2-3
迪朗的方案类型
（图片来源：汪丽君. 建筑类型学[M]. 天津：天津大学出版社，2005）

1　（东汉）许慎撰. 说文解字：附检字[M]. 南京：江苏古籍出版社，2001。
2　（商）姬昌著，宋祚胤注译. 周易[M]. 长沙：岳麓书社，2000。
3　汪丽君. 建筑类型学[M]. 天津：天津大学出版社，2005。

罗西（Aldo Rossi）等人将类型学方法延展到城市的空间、基本要素、历史、文化等方面的内容。罗西在《城市建筑学》中指出："类型是建筑的理念，与建筑的本质十分接近。尽管经历各种变化，也总是在'情感和理智'的支配下成为建筑与城市的原则[1]。"

　　类型通过事物内部特征的统一和差异进行分类。类型学注重揭示事物的内在规律，追溯事物发展的根源，探索事物不变的因素，还原提炼事物的原型。类型通过挖掘事物深层次的内涵，对事物的抽象分析得出，具有一定的抽象性质，强调的是事物的深层结构，反映的是事物的根本性质，同一种类型的事物具有共同的本质和结构，而同一种类型的事物所呈现出来的形式是表层具体的现象，可以是不同的，多种多样的。因此，一种类型可以表现出多种形式，一种形式只能还原成一种类型（图2-4）。

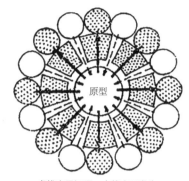

虚线表示还原，实线表示发生

图2-4
原型与新类型的关系
（图片来源：汪丽君. 建筑类型学[M].
天津：天津大学出版社，2005）

　　类型学的方法对赣州客家传统村落及民居的分析有着重要的指导意义。深入剖析特定历史文化背景下，人们关于村落、民居的集体记忆，从大量具体的村落、民居现象中探索深层次的文化内涵，从诸多变化的要素中筛选不变的要素，分析概括出村落、民居在各文化因子下的普遍意义上的文化特征，从而归纳、提炼、抽取出原型，以此建立起村落及民居各文化因子的类型系统。所以，用类型学的方法对村落、民居进行分类研究，有助于更好地把握村落、民居的形式特征，深刻揭示出村落、民居的文化本源。

2. 村落地理环境属性因子

（1）村落所处地貌特征

1）地形

　　山地和丘陵之间分布着许多大小不一的盆地，这些盆地内地势较为平坦，土壤较为肥沃，江河流贯，是人们主要的农业耕作用地，也是大多数传统村落选址之处。

　　赣州地形以山地、丘陵、谷地、岗地、平原为总体特征，村落所在之处大致可以分为山谷盆地、丘陵盆地、丘陵平原三种类型[2]。山谷盆地，周边山脉海拔高度一般大于500米，山体体量大，山势陡峭，面积一般较为狭小；丘陵盆地，周边山脉海拔高度一般小于500米，山体坡度较大，视野较为开阔；丘陵平原，周边山脉海拔高度一般小于500米，山体体量较小，坡度较缓，山脉与村落之间有一定的距离，视野开阔，地势平坦。

1　Aldo Rossi. The Architecture of the City[M]. MIT Press，1994。
2　村落所处微地形参照孙莹在《梅州客家传统村落空间形态研究》中对村落所处位置的分类进行划分。

2）坡度

坡度反映的是宏观层面地势起伏的程度。杨丽霞在2014年编著的《地理信息系统实验教程》一书中提到："地表上任一点的坡度，是指过该点的切平面与水平地面的夹角[1]。"根据一般经验，村落不会在坡度过大的地面上进行建设。而赣州地貌类型复杂，山峦起伏，地势变化较大，陡坡较多，村落的选址会因地制宜适应这种特殊的地形。本书传统村落坡度以村落平面几何中心点所处位置的具体坡度值作为计量依据。

3）坡向

坡向反映的是局部地表坡面在三维空间的朝向[2]。杨丽霞对坡向的解释为："地表面上任意一点切平面的法线矢量在水平面的投影与过该点正北方向的夹角。在输出的坡向数据中，正北方向为0°，顺时针方向计算，取值范围为0°~360°[3]。"坡向值−1为平面，0~22.5为北向，22.5~67.5为东北向，67.5~112.5为东向，依次类推（图2−5）。不同坡向的光照、温度、雨量等有所不同，对农村的生产和生活具有约束作用，从而对村落的选址产生重要影响。本书以村落平面几何中心点所处位置的具体夹角值作为村落坡向的计量依据。

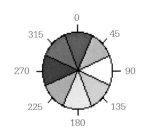

图2−5
坡向方向示意图
（图片来源：ArcGIS帮助10.2）

（2）村落与河流关系

河流对于村落非常重要，用以满足人们生产用水以及日常生活用水需求。赣州自古具有丰厚的河流资源，具备优越的水道条件，是古代重要的交通线路。许多村落开基建村会选址在河流周边。

根据河道宽度，将河流分为四级。一级，河道宽度大于等于100米。河面宽阔，一般水深较深，水流大而急；可通行中型以上船只；存在洪水灾害隐患。二级，河道宽度大于等于50米且小于100米。河面较宽，一般水深适中，水流较急；可通行中小型船只；存在一定的洪灾隐患。一级、二级河流构成古代赣州主要航道网络，沿众多的河道形成了许多农村聚落。三级，河道宽度大于10米且小于50米。河面较窄，一般水深较浅，水流较缓；可通行小型船只，对连通水网系统起到重要作用；有时存在洪灾问题。四级，河道宽度小于等于10米。河面狭窄，一般水浅可见底，水流缓慢；不具备通航的条件。

河流经过村落形式可分为贯穿、相邻、环绕三类。贯穿是指河流穿村而过；相邻是指河流从村落的一侧流淌而过，环绕是指河流绕村周围环转。

3．村落物质形态属性因子

传统村落与古代城市的形态格局是不同的。城市的形态一般受封建礼制的制约，强调

1 杨丽霞. 地理信息系统实验教程[M]. 杭州：浙江工商大学出版社，2014。
2 赖日文. 3S技术实践教程[M]. 杭州：浙江大学出版社，2014。
3 杨丽霞. 地理信息系统实验教程[M]. 杭州：浙江工商大学出版社，2014。

规整对称的形制。而村落是经过一段漫长的过程，自发形成，更多强调的是因地制宜，与自然环境的和谐共处，与社会环境的相适应。在特定的自然、社会人文因素的影响下，赣州不同地域的客家村落呈现出不同的形态，具有一定的差异性。

（1）村落布局

村落布局形式是指村落的平面形式，它较为直观地体现了村落物质形态，鲜明地展现了传统村落营建思想和模式。由于地形条件、居住模式、社会习俗等因素的影响，形成各种不同的空间布局形式。通过对赣州客家传统村落布局形式的研究，将其划分为集中式、条层式、团块式、条带式、散点式、村围式六类。

1）集中式

村落整体布局结构内聚而集中，通常以单个或多个核心要素为结构中心，核心要素包括祠堂、庙宇、街市、戏台、广场、水塘、大型聚居建筑（堂横屋、围屋等）等，整个村落围绕核心要素而展开。建筑单体可以是任何一种建筑形制。巷道系统明显，主次分明，较为完整。巷道承担村落交通功能，连接村落内部公共空间，村落多以网格状巷道为骨架构建而成。

赣县区三溪乡三溪村是这一类型比较典型的例子（图2-6）。三溪村建村已有860余年，据《曾氏族谱》载，曾氏于南宋绍兴二十二年从泰和县上模迁此开基。该村西面是后龙山，村前有小溪流过。整个村落以祠堂为中心构建而成，形成了向心、紧凑的空间结构，巷道多蜿蜒曲折，为非规则网格状的巷道形式。

2）条层式

村落建筑通过并、串联排列组合，呈现层叠式的布局形式，强调横向扩展。村落中建

平面图

卫星影像

图2-6
集中式布局（赣县区三溪村）
（图片来源：自绘；Google Earth）

筑类型一般为多联排、单行排屋，条层式村落布局形式的形成通常是受到这种建筑形制的影响，其形成发展方式是建筑呈条层式的扩展形式。这种村落布局的巷道形式以横向线性巷道为主。

　　如，信丰县正平镇咀头村（图2-7），位于较为宽阔平坦之地，始建于明朝，张氏由本地潭口窝里迁来此地，整个村落以张氏厅厦为核心，通过建筑的并、串联形成了层层扩展的空间形态格局，并以横向的线性巷道为主要交通组织方式。

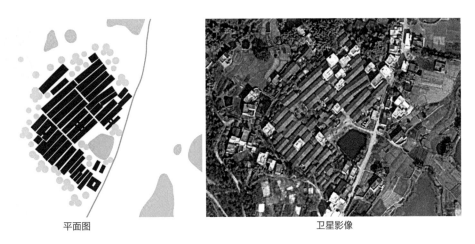

平面图　　　　　　　　　　　　　卫星影像

图2-7
条层式布局（信丰县咀头村）
（图片来源：自绘；Google Earth）

　　3）团块式

　　村落整体布局由多栋大型聚居建筑聚合而成，如围屋、围龙屋、堂横屋等。村落内建筑规模较大，建筑与建筑之间相互靠近，距离较小，村落空间格局表现为多个建筑团块聚集的形态。由于建筑形制的不同以及建筑之间的集聚程度，多数村落没有成型的巷道空间。

　　典型案例如龙南市武当镇岗上村（图2-8）。明朝建村，由叶氏从广东和平县迁此开基，村落由竹园围、珠院围、岗下围、永安围、上店围等十几座大型聚居建筑集聚而成，每栋建筑朝向都不一样，每栋建筑占地面积都较大，竹园围占地面积约4400平方米，珠院围占地约3200平方米，较大的永安围占地约1公顷，村落呈现无巷道的格局。

　　4）条带式

　　村落整体空间呈线性特征。这种布局通常沿着某一个线性要素而展开，线性要素包括一条道路、一条河流、山体等高线等，这些线性要素是村落延伸生长的依据。条带式布局因地制宜，较好的适应地形，随山形、水势方向顺势延展。

　　寻乌县澄江镇周田村是典型的条带式布局村落（图2-9）。该村始建于明朝万历年间，是赣、闽、粤三省通衢的古驿站。村内除民居、祠堂、学堂、庙宇外还有货栈、客栈、药

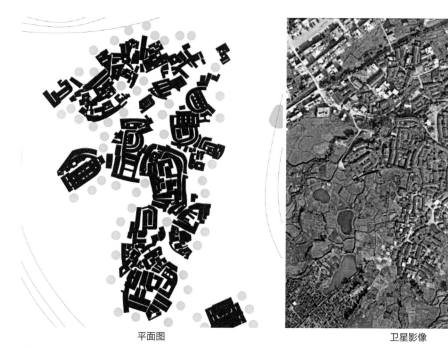

平面图   卫星影像

图2-8
团块式布局（龙南市岗上村）
（图片来源：自绘；Google Earth）

栈等商业功能的建筑。村落地处狭长盆地，周田河自北向南从村中流过，贯穿整个村落，建筑单体顺应山脚等高线排列成线状空间。

5）散点式

村落整体形态呈现分散、点状的特征。通常建筑稀疏散落地分布，建筑之间的距离较大，无明显的街巷空间。多由于地形的原因，如村落位于复杂地形地貌区域，或所处位置坡度较大，建筑较难形成密集式布局。

石城县大由乡罗田村是该类型的典型代表（图2-10），村落由若干栋大型建筑单体组成，这些大型建筑自由灵活地分布在山脚处，呈散点式分布。

6）村围式

村落外围用一圈围屋或者围墙围闭起来，在外围会根据具体情况设置炮楼、门楼等防御性设施，形成外围围合，内部开放的村落格局。整个村落具有较强的防御性能，村落平面多为不规则形，内部具有较为完整的巷道系统。村围是出于共同安全的需要而就村设防，一般为单姓村落。

龙南市里仁镇栗园村是这一类型中保存较为完整的村落之一（图2-11）。栗园村始建于明弘治辛酉年（1501年），为李氏宗族村落。村围占地60余亩，南北长，东西短；外围设置了一圈围墙，围墙用沙石、石灰、桐油、糯米、鸡蛋清等材料砌筑而成，周长约789米，高约4米；有四座围门，十二个炮楼，围墙上布有366个枪眼，具有较强的防御功能。

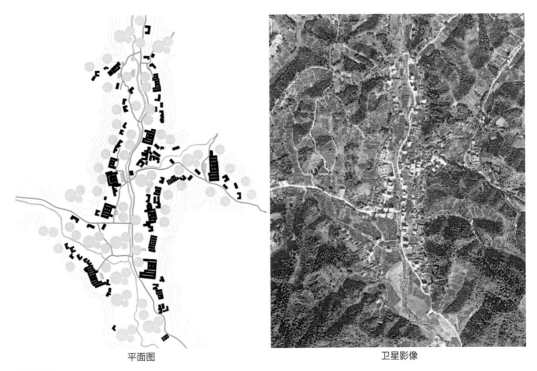

平面图   卫星影像

图2-9
条带式布局（寻乌县周田村）
（图片来源：自绘；Google Earth）

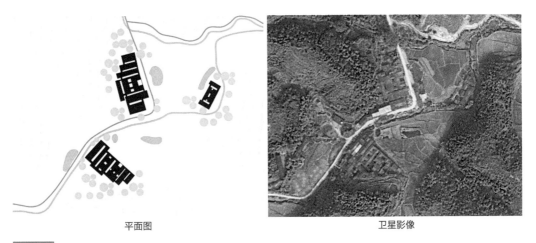

平面图   卫星影像

图2-10
散点式布局（石城县罗田村）
（图片来源：自绘；Google Earth）

（2）民居类型

　　民居平面可以分解成一些简单的几何图形，即构成民居最基本的要素，江西传统民居平面类型最基本的要素是厅、房与天井（院落）[1]。赣州客家传统民居也是由这些最基本的要

1　潘莹. 江西传统聚落建筑文化研究[D]. 广州：华南理工大学，2004：153-155。

平面图

卫星影像

图2-11
村围式布局（龙南市栗园村）
（图片来源：自绘；Google Earth）

素构成，房是最私密的空间，厅是半开放空间，天井（院落）是开放空间，由天井（院落）组织厅、房形成各种排列与组合。根据厅、房与天井（院落）之间的关系，赣州客家传统民居大致可以归纳为单行排屋、多联排、堂厢式、堂横屋、盾包屋、围龙屋、围屋七类，其中堂厢式包括单元堂厢和组合堂厢，围屋包括方形围屋、环形围屋、围龙形围屋和不规则形围屋（图2-12）。

1）单行排屋

单行排屋是由三开间或多个单开间横向线性排列而成的单个排屋单元构成，或者单个排屋单元并联而成，强调横向拓展（图2-13、图2-14）。其最基本的形式为"四扇三间"，也称"一明两暗"，中间那间为厅，厅两侧为房。在横向上，往房两侧扩展房，可以扩大建筑的规模，形成"六扇五间"等。在纵向上，分隔厅和房，可以增加房间数量，形成分心排屋[1]。厨房、厕所等附属用房一般会在房旁搭建。赣州此种类型一般多为有堂式分心排屋。此类型较好地解决了采光、通风问题，造价也低，一般为中小户人家所使用。

2）多联排

多联排由数行纵向排列的单行排屋与位于中部的天井串联组合而成。天井相对应间为厅，以厅为核心向两侧横向拓展，水平横向特征十分显著，中部厅的联系作用显得较为薄

1   潘莹. 江西传统民居的平面模式解读[J]. 农业考古，2009，（03）：197-199。

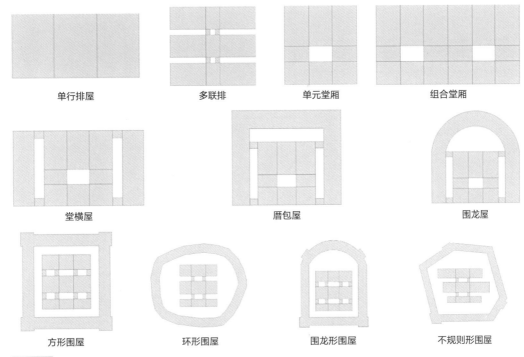

单行排屋　　　　多联排　　　　单元堂厢　　　　组合堂厢

堂横屋　　　　　　厝包屋　　　　　　围龙屋

方形围屋　　　环形围屋　　　围龙形围屋　　　不规则形围屋

图2-12
各类民居基本图示
（图片来源：自绘）

平面图　　　　　　卫星影像　　　　　　　照片

图2-13
单行排屋实例1（赣县区白鹭钟氏民居）
（图片来源：据调研资料改绘；Google Earth；自摄）

南康区谭邦村　　　　　崇义县南洲村　　　　　崇义县思顺村

图2-14
单行排屋实例2
（图片来源：自摄）

平面图　　　　　　　　　　　卫星影像　　　　　　　　　照片

图2-15
多联排实例（信丰县窑岗大屋下顾氏民居）
（图片来源：自绘；Google Earth；自摄）

弱。如，信丰县安西镇窑岗村顾氏民居（图2-15），该民居建于清朝，坐西北向东南，以二
井三厅的顾氏厅厦为核心，向两侧展开。

3）堂厢式

堂厢式是由最基本要素厅、房围合天井的排列组合。包括基本型单元堂厢及其变体组
合堂厢。堂横屋、厝包屋、围龙屋、围屋的核心体多由此类民居构成。

① 单元堂厢

单元堂厢是前后两栋单行排屋之间（或单栋单行排屋之前）设置天井，天井两侧配以
厢房，形成三面或四面围合天井的空间格局（图2-16）。单行排屋称为正屋，厢房可以为住
房也可以为廊间。正屋多为三开间或五开间排屋，居中那间为厅，位于天井一侧。前后两
栋正屋的前栋厅称为"下厅"，后栋厅称为"上厅"。

② 组合堂厢

组合堂厢是在单元堂厢的基础上通过其横向、纵向排列组合，形成较为复杂的民居形
式，为单元重复式的空间格局。如，赣县区白鹭乡白鹭村的钟氏宗祠，是两个单元堂厢通
过纵向串联而形成（图2-17）。

平面图　　　　　　　　　　卫星影像　　　　　　　　　　照片

图2-16
单元堂厢实例（瑞金市密溪罗氏大宗祠）
（图片来源：据调研资料改绘；Google Earth；自摄）

平面图　　　　　　　卫星影像　　　　　　　　　照片

图2-17

组合堂厢实例（赣县区白鹭村钟氏宗祠）

（图片来源：自绘；Google Earth；自摄）

4）堂横屋

堂横屋由中间核心体与两侧从厝组成，"堂"是指以厅为主体的核心体部分，"横"是指在"堂"两旁（偶尔一旁）建有一列或者多列的从厝，形成两面围合核心体的向心性空间格局，一般以核心体为中轴，成左右对称的布局形式。

核心体是以厅为主的公共空间，多为单元堂厢、组合堂厢，也有单行排屋、多联排。从厝是以房为主的私密空间，多为线性排列的房子，有时会设有厅，还有的为带天井（院落）的厅房单元组合。核心体与从厝之间通过天井、巷道连接或直接连接。从厝与核心体齐平，或前部稍有突出。屋前多设有方形禾坪发，有的禾坪前设有水塘。"堂"和"横"构成的组合形式有两堂两横、两堂四横，三堂四横、三堂六横等，随着堂、横数量在纵、横方向的增多，厅、天井的数量很大，常被叫作"九井（栋）十八厅""九厅十八井"，九、十八表示概数，反映了民居规模的宏大，是当地客家人建房所追求的目标[1]。堂横屋是居住与祠堂合为一体的客家聚族而居的建筑（图2-18）。

5）厝包屋

厝包屋是在堂横屋的基础上，在核心体后面建有一行或者数行后包，后包与两侧从厝连接，形成三面围合核心体的向心性空间格局（图2-19）。

6）围龙屋

围龙屋与厝包屋不同的是，围龙屋核心体后面一行或者数行线性后包变成弧形后包（图2-20）。在核心体与弧形后包之间形成半月形的斜坡空间，称为"化胎"。整座围龙屋呈现前低后高的形态。通常围龙屋前面会设置半月形的水塘，水塘与核心体之间多为方形的

1　万幼楠. 赣南围屋研究[M]. 哈尔滨：黑龙江人民出版社，2006。

平面图　　　　　　　　卫星影像　　　　　　　　照片

图2-18
堂横屋实例（寻乌县周田上田塘湾祠堂）
（图片来源：据调研资料改绘；Google Earth；自摄）

平面图　　　　　　　　卫星影像　　　　　　　　照片

图2-19
厝包屋实例（寻乌县周田下田塘湾祠堂）
（图片来源：据调研资料改绘；Google Earth；自摄）

平面图　　　　　　　　卫星影像　　　　　　　　照片

图2-20
围龙屋实例（寻乌县角背曾氏啟洪公祠）
（图片来源：万幼楠. 赣南传统建筑与文化[M]. 南昌：江西人民出版社，2013；Google Earth；http://www.
xunwu.gov.cn/tszt/xwxgmlsjng/hsjz/201501/t20150112_134888.html）

禾坪。两个半月形包围着方形的核心体，形成一个圆形，体现一种天圆地方的传统观念。

　　7）围屋

　　围屋由中间的核心体与外围围合体组成，形成强烈围合的向心性空间格局，具有很强
的防御性。核心体是以厅为主的公共空间，包括简单的"一明两暗"单行排屋、单元堂厢，
和较为复杂的多联排、组合堂厢等。外围围合体是以房为主的私密空间，外围房子外墙坚

固厚实，也是整座围屋式民居的外墙，对整座建筑起到防御的作用。外墙高二至四层，设有枪眼、瞭望孔等防御性措施，一般在外围转角处设有炮楼。大门是防御的关键所在，一般设多重防御措施。围屋内二层以上一般会设有内向悬挑的木结构通廊，俗称"内走马"。还有些围屋式民居在靠近外墙的房子内设置间间相通的走道，俗称"外走马"，外走马与炮楼相连，方便守卫人员快速到达任何一处射击口。围屋占地规模一般都较大，集居住、祠堂与防御为一体，是典型客家大型聚居建筑。

构成围屋中间的核心体与外围围合体可采取不同的形式，从而形成不同的围屋类型。根据外围围合体的形态特征，分为方形围屋、环形围屋、围龙形围屋、不规则形围屋。

①方形围屋

方形围屋是赣州分布最多和最广的围屋类型。方形围屋是外围围合体为方形的围屋。根据中间核心体的位置特征和外围围合体的形态特征，方形围屋分为口字围、国字围、套围[1]。口字围只有一圈四面围合的方形围合体，围内院落空间较小，厅一般设置在入口所对的那一围房子的正中间。如，全南县龙源坝镇雅溪石围（图2-21）。国字围是相对口字围中间没有建筑而言，四面围合的方形围合体包绕设置在中间的核心体，核心体与四周围合体可以是相对独立的关系，也可以是中间核心体的第一进或最后一进与四面围合体相对应的一侧融为一体的关系。如，龙南市桃江乡龙光围（图2-22）。套围是在口字围、国字围的基础上，在外围围合体内套着一圈或几圈围合体。如，安远县镇岗乡东生围（图2-23）。

②环形围屋

环形围屋是外围围合体为近圆形的围屋，外围围合体多为两环或以上，绝大多数有中间的核心体。如全南县金龙镇中院圆围（图2-24）。

③围龙形围屋

围龙形围屋是外围围合体为前方后圆的围屋，整座建筑前低后高，在后围与核心体之

平面图　　　　　　　　　卫星影像　　　　　　　　　照片

图2-21
口字围实例（龙南市景庆围）
（图片来源：黄浩. 江西民居[M]. 北京：中国建筑工业出版社，2008；Google Earth；自摄）

1　黄浩，邵永杰，李廷荣. 江西"三南"围子[A]. 李长杰. 中国传统民居与文化3[C]. 北京：中国建筑工业出版社，1995：105-112。

图2-22

国字围实例（龙南市龙光围）

（图片来源：黄浩. 江西民居[M]. 北京：中国建筑工业出版社，2008；Google Earth；http://blog.sina.com.cn/s/blog_5deec9290100huhs.html）

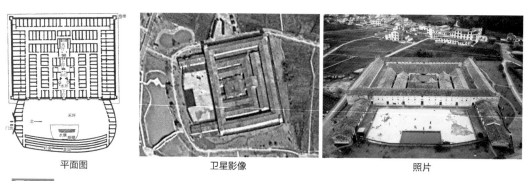

图2-23

套围实例（安远县东生围）

（图片来源：陆元鼎. 中国民居建筑 中卷[M]. 广州：华南理工大学工业出版社，2003；Google地图；自摄）

图2-24

环形围民居实例（全南县中院圆围）

（图片来源：黄浩. 江西民居[M]. 北京：中国建筑工业出版社，2008；Google Earth；自摄）

间有"化胎"，基本上都有中间的核心体。类似于围龙屋，不同的是，围龙形围屋围合性更强，在外围会设置炮楼，具有很强的防御性。如，龙南市杨村镇乌石围（图2-25）。

④ 不规则形围屋

不规则形围屋的外围围合体形态多样，没有构图规律，因周边地形条件，呈现不规则形，基本上中间都会设置核心体。如，龙南市关西镇关西老围（图2-26）。

平面图　　　　　　　卫星影像　　　　　　　　照片

图2-25

围龙形围实例（龙南市乌石围）

（图片来源：万幼楠. 赣南围屋研究[M]. 哈尔滨：黑龙江人民出版社，2006；Google Earth；自摄）

平面图　　　　　　　卫星影像　　　　　　　　照片

图2-26

不规则形围实例（龙南市关西老围）

（图片来源：中华人民共和国住房和城乡建设部编. 中国传统民居类型全集 中[M]. 北京：中国建筑工业出版社，2014；Google Earth；自摄）

（3）村落规模

赣州客家传统村落历史久远、文化深厚、内涵丰富，在地形环境、经济条件、社会观念、营建时间等诸多因素的影响下，村落规模各不相同，差异较为显著。

一般说来，村落规模的大小可以从户数、总人口数、建筑数量、占地面积等多个角度来权衡与度量。为了便于统计和对比，本书传统村落规模的大小以村落占地面积作为衡量标准及研究依据。村落占地面积包括传统建筑的占地面积，以及周围与村民生活息息相关的环境要素的占地面积，如水塘、农田等，并以公顷作为计量单位。

（4）巷道形式

巷道是由建筑所界定、围合而形成的村落内部交通、交往的空间。村落的巷道形式与村落的建筑形制有一定的关系，有的村落由大型聚居建筑拼合而成，甚至一栋建筑即是一个村落，村落内通常无巷道而言；有的村落由建筑所限定的空间为网格化巷道空间；还有的村落巷道主要为横巷，较少清晰完整的纵向巷道。根据赣州客家村落的实际情况，将巷道形式分为非规则网格状、较规则网格状、规则网格状、线状、无巷道五类（图2-27）。

非规则网格状巷道（大余县东乾村）   较规则网格状巷道（大余县龙王庙村）

规则网格状巷道（大余县叶敦村）   直线状巷道（信丰县民丰村）

曲线状巷道（赣县区上丹村）   无巷道（会昌县肥岭村）

图2-27
各类巷道形式
（图片来源：Google Earth）

　　非规则网格状的主要巷道形态呈现各种角度的横纵向相互交叉，有正交也有斜交，巷
道宽窄不一，较为曲折，这种布局形式自由、灵活，景观也富于变化。

　　规则网格状的主要巷道空间由形态较为平直、规整，界面较为整齐、连续的横巷和纵
巷组成，部分巷道有转折、有宽有窄。

　　较规则网格状巷道主要由较为平直、整齐的横巷或者纵巷组成。

线状巷道空间主要由界面较为完整、连续的横巷组成，形态或较为平直、规整直线状，或为曲线状。

无巷道，即没有巷道，一般通过一条长的道路将村落内大部分建筑串联起来。这条道路承担人们交通、公共交往的功能。

（5）村落环境要素

环境要素是传统村落的重要组成部分，包括水塘、古桥、古井、旗杆石、牌坊、码头、古塔等。他们是传统村落历史文化的载体，见证着传统村落的形成、发展与演变。由于获取的资料有限，本书对水塘这类形态较为直观的环境要素进行分析。水塘在生活浣洗、农田灌溉、消防用水、房屋排水、养殖鱼类、调解气温、美化环境等方面起到重要的作用。依据水塘的实际情况，可将赣州客家传统村落大致划分为有半月形水塘、有自由形水塘和无水塘三类（图2-28）。

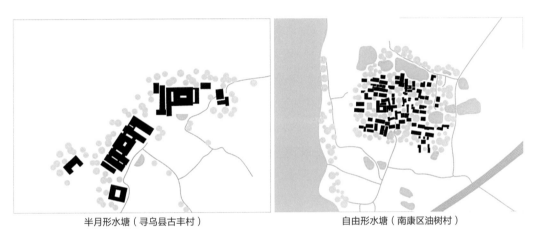

半月形水塘（寻乌县古丰村）　　　　　　　　　　自由形水塘（南康区油树村）

图2-28
各类水塘
（来源：自绘）

4. 村落历史人文属性因子

（1）建村年代

不同时期的建村情况，与地区开发、社会战乱、人口迁徙、地方政策等因素密切相关。如第2章所述，秦朝为统一祖国南疆，中原汉民始进入赣州；为躲避战乱，西晋末年中原汉民少量迁至赣州，唐中后期大规模进入赣州；南宋末年赣州人口大批向粤迁徙，人口流失严重，明初，统治者采取相应政策，江西中部一带民众纷纷迁入赣州，人口稍微有所增加，后由于天灾人祸等因素，户数逐渐减少；明末清初，由于战乱、资源有限等因素，闽粤客家人大批倒迁入赣州，清初朝廷实行相应措施，人口随之剧增。由此赣州形成了较为稳定的居民结构。

建村年代信息可以反映客家先民进入赣州的先后顺序以及在赣州定居的情况，有助于探究赣州客家传统村落的历史发展演变过程。根据赣州人口迁徙史和实际调研情况，结合赣州各县（市区）地名志记载的建村时间，将赣州客家传统村落建村年代分为晋、南北朝、唐、五代十国、宋、元、明、清8个时期。

（2）迁徙源地

赣州客家先民来源于中原汉民的数次大规模迁徙。首先，从进入赣州的来源地看，依据迁徙路线的不同，分为两种情况：一种是从中原自北向南进入赣州，另一种是从闽粤回迁入赣州。其次，在赣州内部也存在交叉迁移。

根据实际调研情况以及赣州各县（市区）地名志记载的迁徙源地，将赣州客家传统村落迁徙源地划分为赣州、赣中北、福建、广东、其他五类，其中"其他"为除江西、福建、广东以外的省份，包括河南、山西、山东、江苏、浙江、湖南、四川、广西等地方。

（3）姓氏组成

1）主要姓氏

赣州客家先民举族南迁，历经艰辛的迁徙，定居于赣州后，各姓氏不断繁衍发展，分布到赣州各地。如第2章所述，至今有谱牒所载赣州最古老的姓氏可追到晋代，郑氏、赖氏于晋代分别迁入赣州的石城、宁都。据1994年编撰的《赣州地区志》记载：赣州姓氏共有561个，其中单姓553个，如宁都的大姓彭、曾、李、杨、温、邱、魏、廖、陈、卢、谢、丁、蔡、苏、罗、胡、赖、王、刘、黎、孙21姓；复姓8个，如欧阳、上官、司马、司徒等[1]。

2）姓氏结构

根据村落的姓氏结构分为单姓村和多姓村。单姓村是指村落内只有一个姓氏或者以某一个姓氏为主，这一个姓氏在人数、声望、权利等方面均占有绝对优势，居于统治地位，并且这个姓氏具有共同的祖先，为同一宗族。如石城县小松镇小松村为郑氏，单姓村郑氏自东晋末年迁此开基。赣县区白鹭乡白鹭村钟氏，于南宋绍兴六年（1136年）来此开基，距今已有880余年，白鹭村99%以上为钟氏同族宗亲。瑞金市九堡镇密溪村罗氏，于南宋咸淳年间（1265年）徙此建村，已有750余年的历史，形成罗氏单姓村的格局。于都县岭背镇石溪圳村李氏，于元朝至正年间来此开基，至今已有650余年，为李氏宗族村落。

多姓村是指多个姓氏共同居住在一个村落，通常村落内有两个及其以上势力相当、地位均等的姓氏，有时还会有一些较为弱小的姓氏。如，石城县小松镇丹溪村，主要有两个姓氏，分别为李氏和许氏，李氏于元朝（1315年）来此拓荒开基，至今已有700余年，许氏从唐末迁此，繁衍至今已越千年。

2.3　数据库的建立

1. 建立数据库的技术路线

借助GPS定位仪（HOLUX m-241）和Google Earth，对上文所选定的1093个研究样本进

1　江西省赣州地区志编撰委员会编. 赣州地区志[M]. 北京：新华出版社，1994。

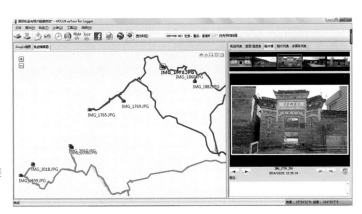

图2-29
调研轨迹与现场照片链接
截图
（图片来源：自绘）

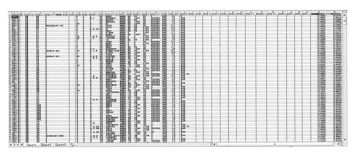

图2-30
传统村落及民居信息excel
表截图（部分）
（图片来源：自绘）

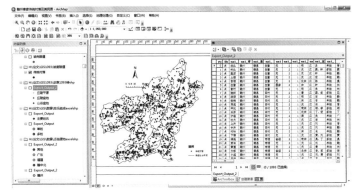

图2-31
传统村落及民居信息链接
到ArcGIS10.2截图
（图片来源：自绘）

行地理坐标定位。此外，借助GPS定位仪（HOLUX m-241）还可对照片数据地理坐标进行定位，该定位仪对调研轨迹和村落位置进行记录和定位，数码相机以照片形式记录村落及民居信息，运用"HOLUX ezTour for Logger"软件，通过时间将调研轨迹和照片数据自动链接，可获取照片数据地理坐标（图2-29）。然后将目标村落及民居的信息按照文化因子的分类进行录入，再将文化因子信息和地理坐标链接到地理信息系统软件（ArcGIS10.2）中（图2-30、图2-31）。通过ArcGIS10.2平台，构建赣州客家传统村落及民居文化地理数据库，对样本数据进行分析处理，实现样本数据的可视化表达，生成各项文化因子专题图以及各项文化因子叠加分析图，有助于传统村落及民居文化形成、文化传播、文化演化、文化整合等动态结构的研究，全面揭示传统村落及民居文化景观形成背后的原因以及文化演变的内在规律。

2．数据库的组成

数据库是由以上选定的1093个客家传统村落的数据信息构成，具体包括村落基本属性、村落地理环境属性、村落物质形态属性和村落历史人文属性四个方面的数据。村落基本属性包括村落地址、地理坐标、村落级别和传统属性。村落地址为村落所在的市县区、乡镇、村，具体到自然村一级；地理坐标以村落平面几何中心点为参考，包括村落点的经度和纬度；村落级别是被国家或地方认定公布的级别，包括中国传统村落、中国历史文化名村、江西省传统村落以及江西省历史文化名村；传统属性为传统建筑占所有建筑的比例。村落地理环境属性包括村落所处地貌特征、村落与河流关系；村落物质形态属性包括村落布局、民居类型、村落规模、巷道形式和环境要素；村落历史人文属性包括建村年代、迁徙源地和姓氏组成（图2-32、表2-2）。

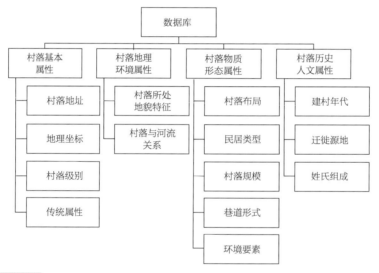

图2-32
赣州市客家传统村落及民居数据库构成示意图
（图片来源：自绘）

赣州市客家传统村落及民居数据库信息汇总表   表2-2

类别		内容
编号		n
村落地址	县（市、区）	村落所在的县（市、区）
	乡（镇）	村落所在的乡（镇）
	村	村落名称
地理坐标	经度	数值
	纬度	数值
村落级别		中国历史文化名村/江西省历史文化名村/中国传统村落/江西省传统村落
传统属性	传统建筑比例（传统建筑占所有建筑的比例）	1/2

续表

类别			内容
地理环境属性因子	村落所处地貌特征	地形	山谷盆地/丘陵平原/丘陵盆地
		坡度	数值
		坡向	数值
	村落与河流关系	河流等级	一级/二级/三级/四级/无
		河流流经形式	相邻/贯穿/环绕/无
物质形态属性因子	村落布局		集中式/团块式/条层式/条带式/散点式/村围式
	民居类型		单行排屋/多联排/堂厢式/堂横屋/厝包屋/围龙屋/围屋
	村落规模		数值
	巷道形式		非规则网格状/较规则网格状/规则网格状/线状/无
	村落环境要素	水塘	半圆形/自由形/无
历史人文属性因子	建村年代		晋/南北朝/唐/五代十国/宋/元/明/清
	迁徙源地		赣州/赣中北/福建/广东/其他
	姓氏组成	主要姓氏	刘/李/王……
		姓氏结构	单姓/多姓

注：传统属性中的1代表传统建筑占所有建筑比例为75%以上，2代表比例为50%以上。
（资料来源：自绘）

小结

本章阐述了赣州客家传统村落及民居文化地理数据库的构建，其三个关键步骤是样本选取、文化因子确定与分类、数据录入与整理。

首先，数据库样本的筛选是以第一章中对研究对象的界定标准为依据，以大规模调查为基础，以大数据的研究范式，结合中国传统村落、中国历史文化名村、江西省传统村落、江西省历史文化名村的评选数据，综合实地调研、访谈推荐、文献资料搜集、卫星影像数据等方式，最终甄选出1093个客家传统村落作为数据库的研究样本。

其次，文化因子是文化景观的基本构成单位，能准确反映出地区文化景观特征。从影响赣州客家传统村落及民居文化特征的关键文化因子入手，最终确定3大类、10小类文化因子作为考量赣州客家传统村落及民居文化特征的文化要素。3大类分别为村落地理环境属性因子、村落物质形态属性因子、村落历史人文属性因子，10小类分别为村落所处地形环境、村落与河流关系、村落布局、民居类型、村落规模、巷道形式、村落朝向、环境要素、建村年代、迁徙源地、姓氏组成。借鉴类型学的方法对选取的文化因子进行分类研究，以此建立起赣州客家传统村落及民居各文化因子的类型系统。

再次，借助GPS定位仪（HOLUX m-241）和Google Earth对样本进行精确地理坐标定位，系统性录入上述各文化因子相关信息，利用地理信息系统（ArcGIS10.2）平台，构建出赣州地区1093个客家传统村落及民居文化地理数据库，实现数据处理、分析的可视化，为后续研究提供强有力的依据与支撑。

03

赣州客家传统村落及民居文化地理特征

- 赣州客家传统村落及民居文化分布特征
- 赣州客家传统村落及民居文化因子相关性分析
- 影响赣州客家传统村落及民居文化地理特征形成的因素
- 小结

在上一章，甄选出1093个客家传统村落进行数据录入与整理，构建了赣州客家传统村落及民居文化地理数据库。本章是研究的核心部分，借助ArcGIS软件进行矢量化处理，定量分析赣州客家传统村落分布情况，以及上一章选定的3大类、10小类文化因子在空间上的分布差异与规律特征；运用SPSS软件对各文化因子进行双变量相关分析，选取关联性较强的因子对两者之间的关系做深入探讨与剖析。在此基础上，通过对赣州地区自然、社会、经济、文化等因素的梳理与归纳，总结客家传统村落及民居文化地理特征的影响因素，并深入挖掘、揭示形成这种规律特征的内在机制与文化内涵。

3.1　赣州客家传统村落及民居文化分布特征

1. 赣州客家传统村落分布特征

传统村落在宏观上可以视为点状要素，点状要素空间分布有均匀、随机、集聚三种类型。可用最邻近指数（Nearest Neighbor Index）来衡量点状要素的分布格局。平均最邻近距离是指点状要素间最近距离的平均值，实际最邻近距离与点状要素随机分布时最邻近距离即理论最邻近距离的比值为最邻近指数。当上述两者距离相等时，点状要素趋于随机分布；前者大于后者时，点状要素趋于均匀分布；前者小于后者时，点状要素趋于集聚分布。

运用ArcGIS10.2空间统计工具（Spatial Statistics Tools）中的平均最近邻（Average Nearest Neighbor）进行分析，得到赣州客家传统村落实际最邻近距离与理论最邻近距离的比值即最邻近指数为0.712483，z得分为–18.184637，p值为0.000000[1]（图3-1）。以上结果表明，赣州客家传统村落呈现出显著的集聚分布特征。

为了更好地展示传统村落空间分布格局，利用ArcGIS对赣州客家传统村落进行核密度制图。核密度估计法（Kernel Density Estimation）是一种非参数密度估计方法。它假设地理事件可以发生在空间的任一地点，但是在不同的位置上所发生的概率不同；点密集的区域事件发生的概率高，点稀疏的地方事件发生的概率就低[2]。该分析方法可用于计算点状要素在周围邻域的密度，可以显示出空间点较为集中的地方。利用空间分析工具（Spatial Analyst Tools）中的核密度分析（Kernel Density）功能[3]，可对传统村落的聚集区域特征进行分析。

1　据ArcGIS10.2版本中平均最近邻分析的工具帮助载：p值表示概率，对于模式分析工具来说，p值表示所观测到的空间模式是由某一随机过程创建而成的概率。当p值很小时，意味着所观测到的空间模式不太可能产生于随机过程（小概率事件），因此可以拒绝零假设。z得分表示标准差的倍数，z得分和p值都与标准正态分布相关联。在正态分布的两端出现非常高或非常低（负值）的z得分，这些得分与非常小的p值关联。当运行要素模式分析工具并由该工具得到很小的p值以及非常高或非常低的z得分时，就表明观测到的空间模式不太可能反映零假设（CSR）所表示的理论上的随机模式。

2　佟玉权. 基于GIS的中国传统村落空间分异研究[J]. 人文地理，2014，29（04）：44–51.

3　核密度计算过程中的核函数以Silverman在1986年出版的《Density Estimation for Statistics and Data Analysis》中所提到的用于计算点密度的二次函数为基础。

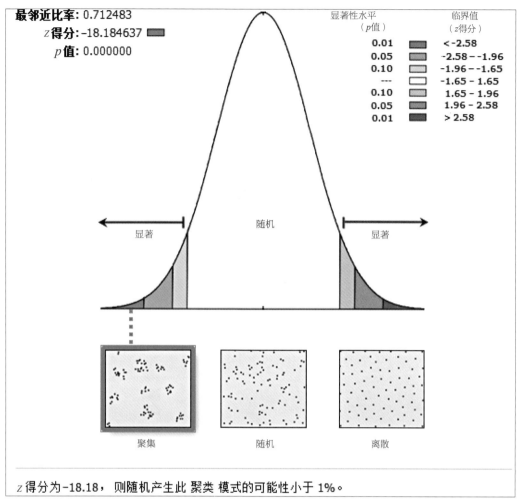

z得分为-18.18，则随机产生此 聚类 模式的可能性小于 1%。

平均观测距离:	0.0259 Degrees
预期平均距离:	0.0364 Degrees
最邻近比率:	0.712483
z得分:	-18.184637
p值:	0.000000

图3-1
平均最近邻分析报表
（图片来源：自绘）

从图3-2可以清晰直观地看出，赣州客家传统村落分布疏密有致，存在多个集聚核心，"核心—边缘"结构明显。集聚核心多位于赣州的边际区域，如赣县区、会昌县、寻乌县、龙南县、定南市、信丰县、瑞金市、石城县以及于都县、宁都县与瑞金市三地的交汇处，南康区与大余县两地的交界处等位置，这些都是传统村落分布密度较大的区域。

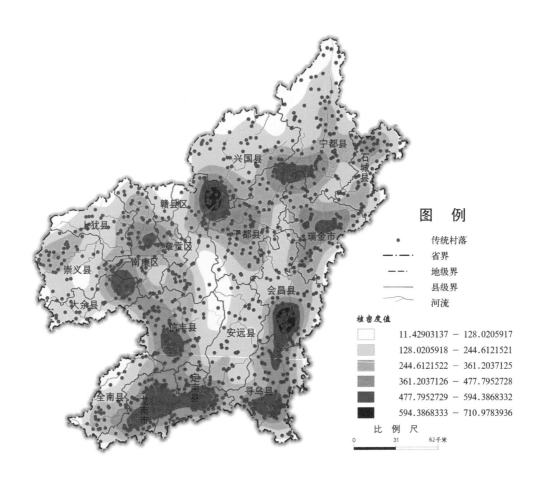

图3-2
赣州市客家传统村落空间分布核密度图
（图片来源：自绘）

结合各县（市、区）传统村落数量分布图（图3-3）可知，传统村落分布较多的是寻乌县、赣县区、于都县、宁都县、信丰县、会昌县、瑞金市、龙南市，其次是定南县、兴国县、南康区、石城县、崇义县，较少的是章贡区、上犹县、全南县、安远县、大余县。

2．村落地理环境属性因子分布特征

（1）村落所处地貌的分布特征

1）地形

将赣州市数字高程地图数据链接到ArcGIS10.2中，使其坐标与村落地理坐标相一致，并与赣州客家传统村落分布图进行叠加，提取每一个村落所在的高程数值，根据其所处地形特征进行分类，生成专题地图（图3-4、表3-1）。由此可知，村落位于山谷盆地和丘陵盆地的数量较多，所占比例分别为44.37%、37.24%，位于丘陵平原的相对较少，占比为

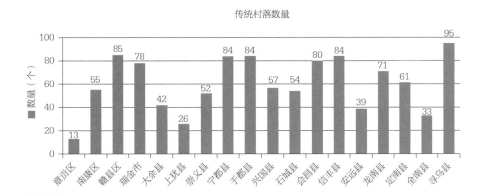

传统村落数量

图3-3
赣州市各县（市、区）客家传统村落分布数量统计图
（图片来源：自绘）

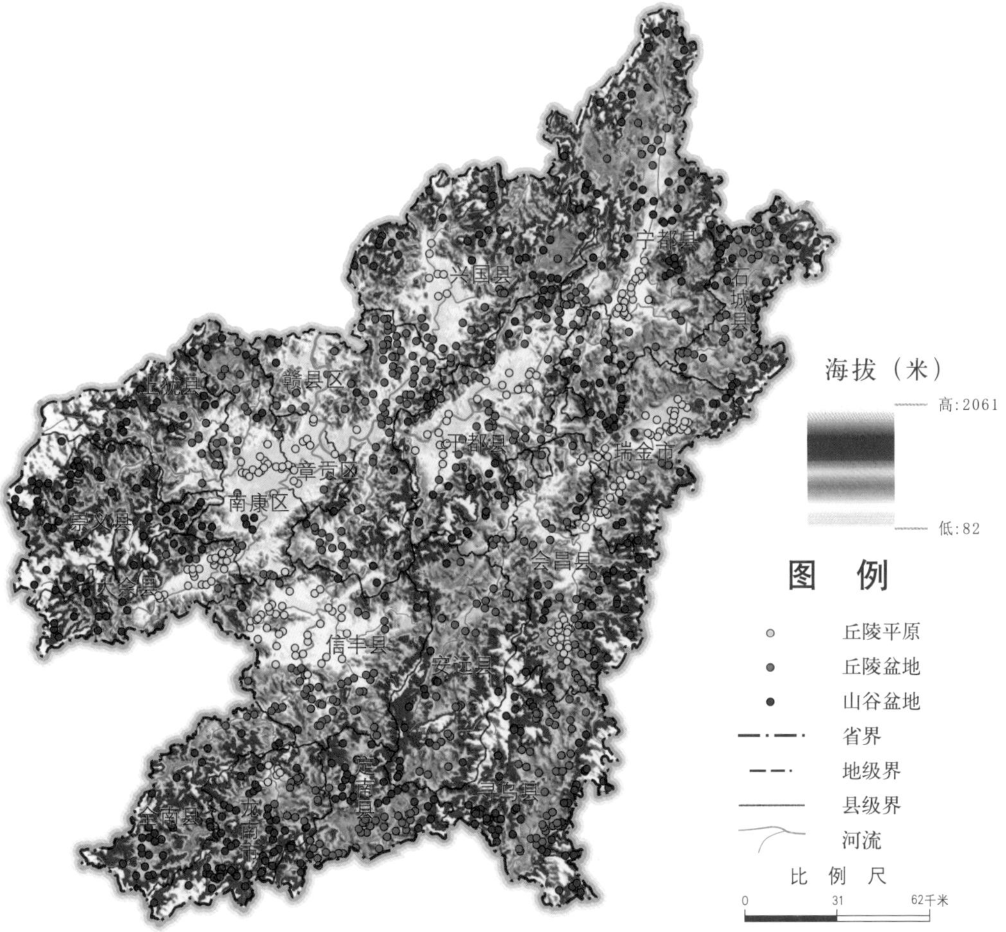

图3-4
赣州市客家传统村落所处地形分布图
（图片来源：自绘）

18.39%。这是由于现代开发主要集中于平原地区，对传统村落的存留造成了巨大威胁；同时，因为人类通过技术的改进对自然的改造，除了相对平坦的盆地、平原，山地、丘陵地也得到了大规模的开垦，出现了山田、梯田的现象。唐时，江西已十分重视山田的开发，已经开始向崇山峻岭的田土挺进了，宋代时，江西梯田的修筑技术已有相当高的水平，山地得到了有效利用[1]。

赣州市客家传统村落所处地形统计表   表3-1

地形特征	山谷盆地	丘陵盆地	丘陵平原
村落数量（个）	485	407	201
比例（%）	44.37	37.24	18.39

（资料来源：自绘）

2）坡度

借助ArcGIS10.2三维分析工具（3D Analyst Tools）中的坡度分析（Slope）功能，从赣州市数字高程地图中获取区域坡度图，并与传统村落分布图叠合，分析传统村落所处具体坡度区域（图3-5、表3-2）。结果表明，在所有1093个传统村落中，只有3处村落所处坡度范围在20°~25°之间，其余均分布在坡度20°以下的区域中；有682个村落分布在坡度小于5°的

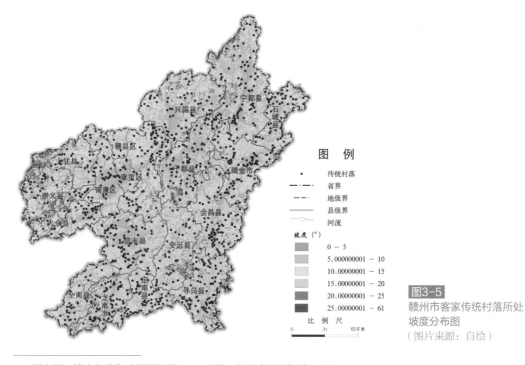

图 例

· 　传统村落
—·—· 　省界
—— — 　地级界
———— 　县级界
〜〜〜 　河流

坡度（°）
0 - 5
5.000000001 - 10
10.00000001 - 15
15.00000001 - 20
20.00000001 - 25
25.00000001 - 61

比 例 尺
0   31   62千米

图3-5
赣州市客家传统村落所处坡度分布图
（图片来源：自绘）

1　郑克强. 赣文化通典 宋明经济卷[M]. 南昌：江西人民出版社，2013。

范围之内，占比62.40%，有989个村落所处坡度小于10°，比例为90.49%。传统村落主要位于缓坡区域中，随着坡度的增加，村落数量骤减。

可见，虽然用地资源紧张，但是赣州客家传统村落没有建在坡度更陡的地方，而是主要位于缓坡区域中，坡度对传统村落的营建具有一定的约束作用。这主要是因为缓坡区域地势相对平缓、起伏不大，村落营建的工程难度小，经济成本低，受灾害影响也相对较小，适宜人类生产和生活。进一步研究发现，大部分村落不会选址在最为平坦的区域，而是会尽量选择靠近山边的位置，这是为了留出更多平坦开阔的土地用作耕地，体现了村落的营建尽量不侵占耕地的基本原则。而且这种选址地势相对较高，有利于规避水灾风险，确保村落安全。

赣州市客家传统村落所处坡度统计表　　　　　　　　表3-2

坡度（°）	0~5	5~10	10~15	15~20	20~25
村落数量（个）	682	307	90	11	3
比例（%）	62.40	28.09	8.23	1.01	0.27

（资料来源：自绘）

3）坡向

通过ArcGIS10.2三维分析工具（3D Analyst Tools）中的坡向分析（Aspect）功能，将赣州市数字高程地图数据进行坡向分析，并与传统村落分布图叠加，形成赣州客家传统村落坡向分布图（图3-6），从坡向图中提取出所有传统村落点的坡向。分析发现，赣州客家传统村落在各个坡向（北、东北、东、东南、南、西南、西、西北八个方向）均有一定比例的分布，根据阳坡（90°~270°）与阴坡（0°~90°，270°~360°）的类别进行统计分析，其比值约为1.40∶1。说明山体的阴阳两面均有村落分布。

事实上，地形的坡向与日照之间存在密切关系，对于村落来说，需要选择适宜的坡向，以尽量获取充沛的日照。根据赣州市域范围内的地形高程，对村落进行日照分析，可以发现位于山体阳面的村落，其日照是十分充裕的；位于山体阴面的村落，往往倚靠低矮的缓丘，并没有因为山体的遮挡影响日照；而在坡度较陡的阴坡面，由于阴影时间较长，缺少足够的采光，基本没有村落。这表明坡向的确对村落的分布产生了影响，争取阳坡面是村落的首要选择，而位于阴坡面的村落，则通过因地制宜的选址和营建策略获取充足的日照，创造适宜的人居环境。

（2）村落与河流关系的分布特征

运用ArcGIS10.2将赣州水系数据与客家传统村落分布图进行叠加，生成赣州客家传统村落水系分布图，并分析赣州客家传统村落与河流的关系（图3-7、表3-3、表3-4）。统计结果显示，绝大多数赣州客家传统村落沿水而建，比例高达92.86%，赣州18个县（市

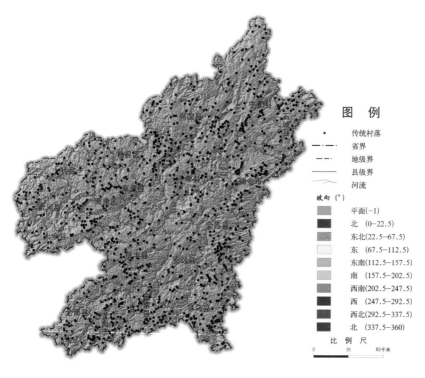

图3-6
赣州市客家传统村
落所处坡向分布图
（图片来源：自绘）

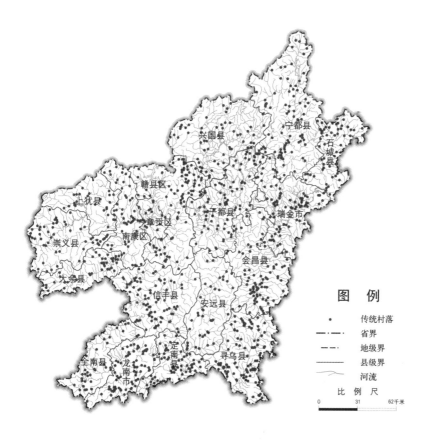

图3-7
赣州市客家传统村落
沿水系分布图
（图片来源：自绘）

区）中，安远县的样本村落全部沿水而建，13个县（市区）沿水而建的比例都在90%以上，其余4个比例也较高，均在80%以上。而且，村落与河道宽度较窄的河流关系较为密切，52.24%的传统村落选择在四级河流（河道宽度≤10米）沿岸建设，只有10.61%的村落分布在一级河流（河道宽度≥100米）沿岸。此外，45.38%的村落有河流绕村环转，41.35%的村落有河流从其一侧流淌而过。

赣州市客家传统村落沿河流等级统计表　　　　　　　　　表3-3

河流等级	一级（≥100米）	二级（≥50米且<100米）	三级（>10米且<50米）	四级（≤10米）	无
村落数量（个）	116	68	260	571	78
比例（%）	10.61	6.22	23.79	52.24	7.14

（资料来源：自绘）

赣州市客家传统村落河流流经形式统计表　　　　　　　　表3-4

河流流经形式	相邻	贯穿	环绕	无
村落数量（个）	452	67	496	78
比例（%）	41.35	6.13	45.38	7.14

（资料来源：自绘）

说明沿水营建村落是赣州客家传统村落较为普遍的特征。这是因为赣州平原地较少，水网密布，河流交错，总的来说村落离河流都不是特别远。又由于在大型河流沿岸容易发生水灾，洪水冲刷力较强，对村落带来的灾害较大，而小型河流不但洪水冲刷力较弱，对村落的破坏力较小，而且已经能够满足生产和生活用水需求，所以大部分村落位于小型河流沿岸。

3．村落物质形态属性因子分布特征

（1）村落布局的分布特征

对1093个传统村落的布局形式进行统计分析（图3-8、图3-9、表3-5），从分析数据中可知，村落布局采用最多的形式是条带式，数量有410个，占全部样本的37.51%；其次是散点式和集中式布局形式，两者数量非常接近，分别为284个、256个，分别占总数的25.98%、23.42%；再次是团块式和条层式布局形式，数量分别为71个、59个，占比为6.50%、5.40%；最少的是村围式布局形式，数量仅为13个，占比1.19%。

条带式布局在赣州分布广泛，在赣州的18个县（市区）均有分布，仅在信丰县和全南县分布较少；散点式布局与集中式布局在赣州大部分区域均有分布，但散点式布局主要位于赣州的边缘地带，尤其在赣州的南部和东部地区分布较多，集中式布局主要分布在赣州

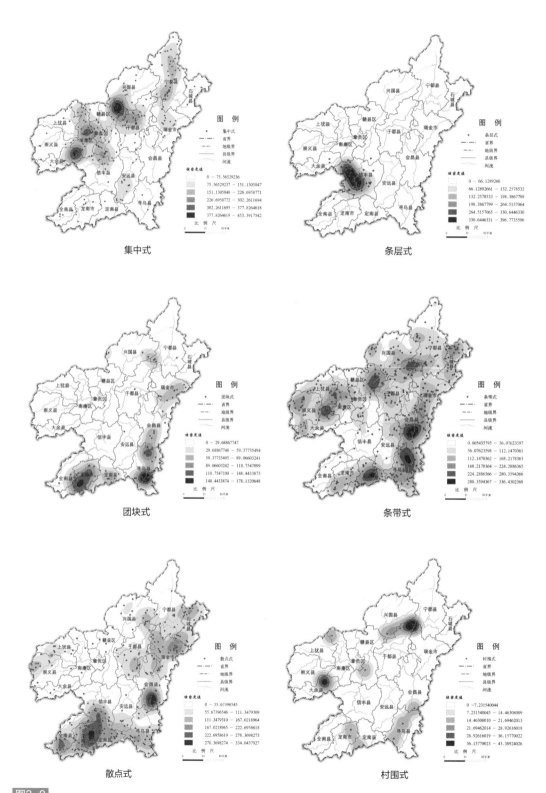

集中式　　　　　　　　　　　　条层式

团块式　　　　　　　　　　　　条带式

散点式　　　　　　　　　　　　村围式

图3-8

赣州市客家传统村落布局形式分布核密度图
（图片来源：自绘）

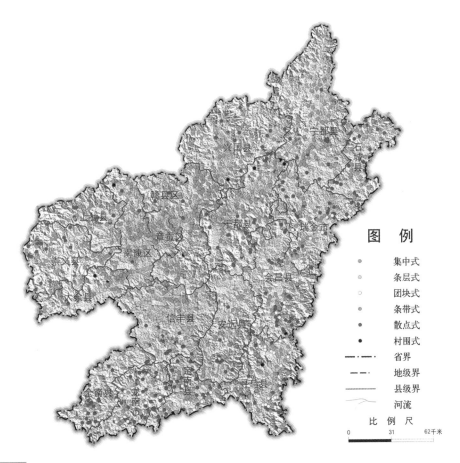

图3-9
赣州市客家传统村落布局形式分布图
（图片来源：自绘）

的北部，表现为由北向南逐渐减弱的态势；条层式布局分布区域则相对独立，地域性特征较强，主要位于赣州西部的信丰县；团块式布局分布范围相对较少，主要集中在与粤东北、闽西接壤的赣州南部、东部的区域；村围式布局在龙南市、寻乌县、会昌县、于都县、赣县区、南康区、大余县等多个县（市区）有出现，呈零星分布状态。

赣州市客家传统村落布局形式统计表　　表3-5

村落布局	集中式	条层式	团块式	条带式	散点式	村围式
村落数量（个）	256	59	71	410	284	13
比例（%）	23.42	5.40	6.50	37.51	25.98	1.19

（资料来源：自绘）

（2）民居类型的分布特征

1）总体格局

对赣州客家传统民居进行核密度计算与数据统计分析（图3-10、图3-11、表3-6），发现赣州客家传统民居在空间分布上呈现出"大共性、小分异"的总体特征。

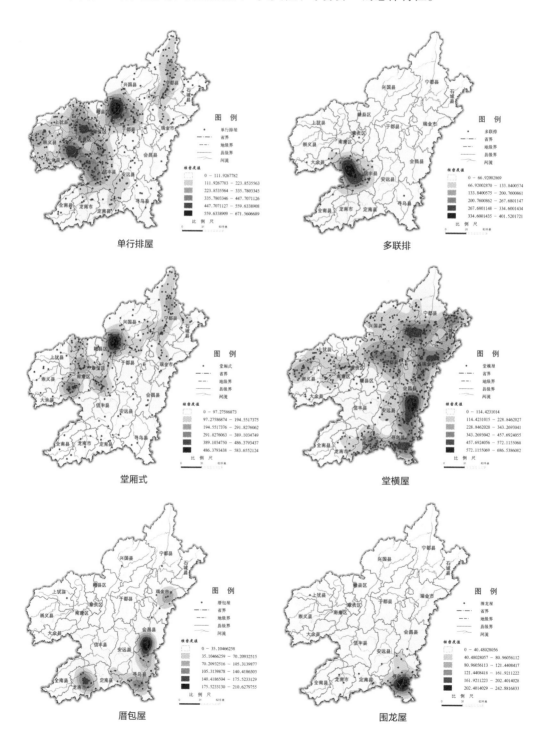

单行排屋　　　　　　　　　　　多联排

堂厢式　　　　　　　　　　　堂横屋

厝包屋　　　　　　　　　　　围龙屋

围屋

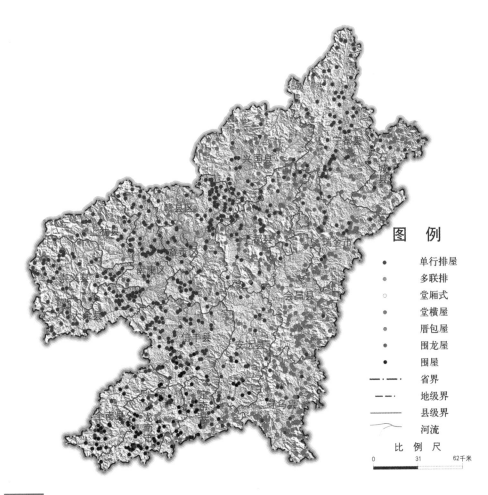

图3-10
赣州市客家传统民居分布核密度图
（图片来源：自绘）

图3-11
赣州市客家传统民居分布图
（图片来源：自绘）

①"大共性"格局

在1093个存在传统民居的村落中，含有堂横屋的村落数量最多，为668个，占总数的61.12%，覆盖赣州市域范围的大部分区域，其次是有单行排屋的村落，数量为520个，占比47.58%，在赣州市域范围内也广泛存在，这两者是体现赣州客家传统民居共性的类型。而保存有堂厢式、围屋的村落占有一定的比例，但数值不高，分别为25.16%、19.49%，较少的是保留有多联排、厝包屋、围龙屋的村落，各自仅占有6.04%、4.57%、3.11%，这些局部的民居分异没有影响民居的大共性。

赣州市客家传统民居数量统计表   表3-6

民居类型	单行排屋	多联排	堂厢式	堂横屋	厝包屋	围龙屋	围屋
村落数量（个）	520	66	275	668	50	34	213
比例（%）	47.58	6.04	25.16	61.12	4.57	3.11	19.49

②"小分异"格局

堂厢式、围屋、多联排、厝包屋、围龙屋在赣州客家村落中所占比例不高，分布范围较小，分布在赣州市域的边缘地区，地理环境特征明显。整体来看，这五类民居主要分布区域和集聚中心位置均不同，这是体现赣州客家传统民居文化局部分异的地方。堂厢式民居的分布表现为由北向南逐渐减弱的趋势，围屋主要分布在三南、寻乌县、信丰县的南部以及安远县的南部，呈现往信丰县、安远县、寻乌县方向逐渐减弱的态势，厝包屋主要出现在赣州的东南部以及南部地区，多联排主要分布在赣州西部的信丰县，围龙屋主要位于赣州东南部的寻乌县。

③相关关系

各类民居之间的相关关系是民居类型更深层次的空间形式。对赣州客家各类民居两两之间的关系进行统计分析（表3-7），发现不同类型民居同时出现在一个村落中的数量及比例均不同，也就是说不同类型民居之间的共存关系不同。其中作为"大共性"民居类型的堂横屋和单行排屋之间具有较多重合，两者均有的村落有222个，说明共存程度较高；其余五类民居相互之间重合较少，甚至无交集，表明共存程度很低；堂横屋分别与厝包屋、围龙屋、围屋仅在赣州最南端有小部分重叠区域，共存程度较低；单行排屋与多联排主要在信丰县有较多叠合；单行排屋、堂横屋均与堂厢式在赣州北部有重合范围，共存程度较大。

各民居类型相关关系分析表（单位：个；%）   表3-7

民居类型	单行排屋		多联排		堂厢式		堂横屋		厝包屋		围龙屋		围屋	
	数量	比例	数量	比例	数量	比例	数量	比例	数量	比例	数量	比例	数量	比例
单行排屋	520	100	65	12.48	255	47.22	228	23.75	7	1.24	3	0.54	29	4.12
多联排	65	12.48	66	100	5	1.49	2	0.27	0	0.00	0	0.00	3	1.09

续表

民居类型	单行排屋		多联排		堂厢式		堂横屋		厝包屋		围龙屋		围屋	
	数量	比例	数量	比例	数量	比例	数量	比例	数量	比例	数量	比例	数量	比例
堂厢式	255	47.22	5	1.49	275	100	125	15.28	7	2.20	3	0.98	13	2.74
堂横屋	228	23.75	2	0.27	125	15.28	668	100	39	5.74	28	4.15	66	8.10
厝包屋	7	1.24	0	0.00	7	2.20	39	5.74	50	100	5	6.33	17	6.91
围龙屋	3	0.54	0	0.00	3	0.98	28	4.15	5	6.33	34	100	11	4.66
围屋	29	4.12	3	1.09	13	2.74	66	8.10	17	6.91	11	4.66	213	100

（资料来源：自绘）

由此可知，"大共性"民居文化之间有一定程度的共存性，"大共性"民居文化可与多种"小分异"民居文化分别产生共存关系，而在"小分异"民居文化之间不容易出现共存现象。这些民居文化共存关系的存在，体现出"大共性"民居文化即主流文化的强势与控制力，而"小分异"民居文化即弱势文化的影响力较小，最终两种文化会达到一种动态平衡的状态。另外，在共存关系中，民居文化的共存程度表现不一。共存程度越大，说明主流文化对弱势文化的影响越大，反之，则说明弱势文化对主流文化的抵抗越大。

2）典型民居——围屋的分布特征

围屋作为客家独特的防御性民居，主要分布在赣州的南部。围屋包含诸多子类型，不同类型的围屋，其空间分布情况有所不同。

对有围屋这种民居类型的村落进行统计分析（表3-8、图3-12），可以看出，方形围屋占大多数，数量有178个，占比83.57%；较少的是含有不规则形围屋、环形围屋、围龙形围屋的村落，数量分别为46个、25个、18个，占比为21.60%、11.74%、8.45%。方形围屋在三南、信丰县的南部以及安远县的南部广泛分布，在寻乌县少量分布，在会昌、于都、石城三县零星分布，但在龙南市、定南县分布最为集中；不规则形围屋主要位于龙南市、定南县；环形围屋主要分布于龙南市、定南县以及寻乌县的少数几个村落；围龙形围屋则主要分布在寻乌县、龙南市和定南县的南部。

围屋数量统计表 表3-8

民居类型	方形围屋	环形围屋	围龙形围屋	不规则形围屋
村落数量（个）	178	25	18	46
比例（%）	83.57	11.74	8.45	21.60

（资料来源：自绘）

方形围屋中（表3-9、图3-13），含有套围的村落数量最多，为111个，占比62.36%；其次是有国字围的村落，数量为109个，占比61.24%；最少的是有口字围的村落，仅有12

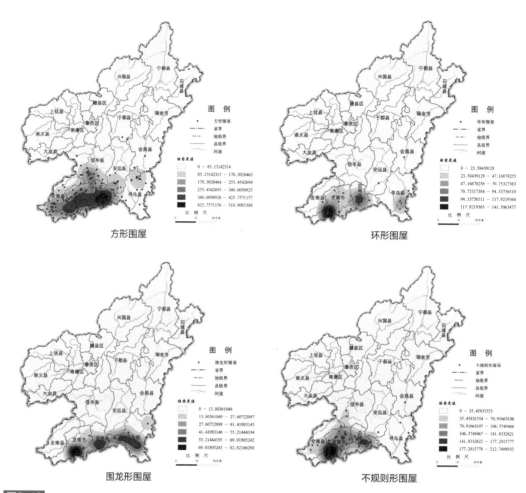

图3-12
各类型围屋分布核密度图
（图片来源：自绘）

个，占比6.74%。套围分布相对广泛，在三南、寻乌、信丰县南部、安远县南部、会昌县南部均有分布，主要集中在龙南市、定南县；国字围相对套围分布范围向西、向北偏移，在三南、信丰县的南部、安远县南部分布较多，在寻乌、会昌、于都、石城县零散分布，口字围分布范围相对较小且集中，主要位于定南县，在龙南市、全南县和安远县有零星分布。

方形围屋数量统计表　　　　　　　　　　　表3-9

方形围屋类型	口字围	国字围	套围
村落数量（个）	12	109	111
比例（%）	6.74	61.24	62.36

（资料来源：自绘）

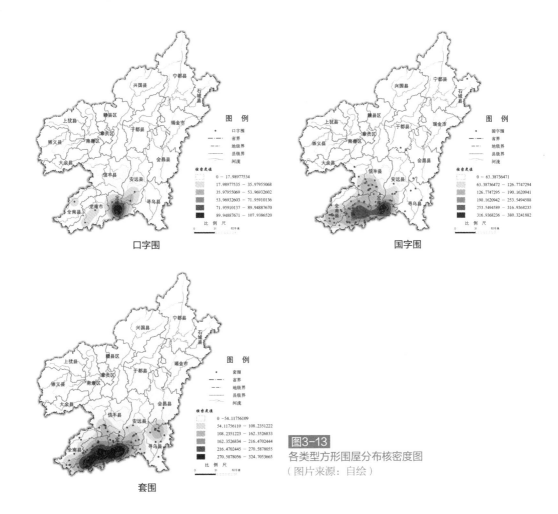

图3-13
各类型方形围屋分布核密度图
（图片来源：自绘）

（3）村落规模的分布特征

通过对1093个传统村落的规模进行统计分析（图3-14、表3-10、图3-15），发现赣州客家传统村落规模相差较大，最大的有60.82公顷（南康区唐江镇卢屋村），最小的只有0.14公顷（会昌县珠兰镇大西坝村）；村落规模平均值为4.26公顷，大多数村落规模为5公顷以下，比值达到74.66%，10公顷以上的村落很少，仅为8.97%。根据村落规模的统计数据，将村落规模分为小型（≤2公顷）、中型（>2公顷且<5公顷）、大型（≥5公顷）三个等级。

赣州市客家传统村落规模统计表　　　　　　　　　　　　　　表3-10

村落规模	小型（≤2公顷）	中型（>2公顷且<5公顷）	大型（≥5公顷）
村落数量（个）	404	412	277
比例（%）	36.96	37.70	25.34

（资料来源：自绘）

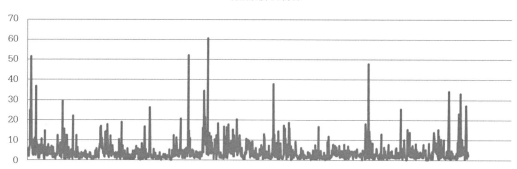

—— 村落规模（公顷）

图3-14
赣州市客家传统村落规模统计图
（图片来源：自绘）

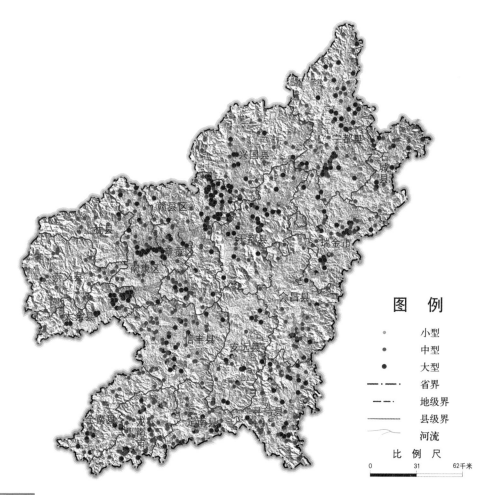

图3-15
赣州市客家传统村落规模分布图
（图片来源：自绘）

大型传统村落数量在赣州较少，共277个，占总数的25.34%，中、小型村落数量较多，两者相差无几，分别为412个、404个，占比为37.70%、36.96%。大型村落主要集中位于地势较为平坦的区域，如章贡区、南康区、兴国县、赣县区、大余县、信丰县等盆地，中型村落在赣州分布范围较广，小型村落则较多分布在偏远的山区地带。

（4）巷道形式的分布特征

将所有村落样本的巷道形式进行分类统计（图3-16、表3-11），通过数据分析得知，多数村落为无巷道形式，数量有679个，占样本总数的62.12%；其次是非规则网格状的巷道形式，数量有233个，占全部的21.32%；再次是较规则网格状巷道、线状巷道形式，数量较少，分别有109个、68个，仅占总体的9.97%、6.22%；极少数村落的巷道形式为规则网格状，数量仅有4个，占总量的0.37%。

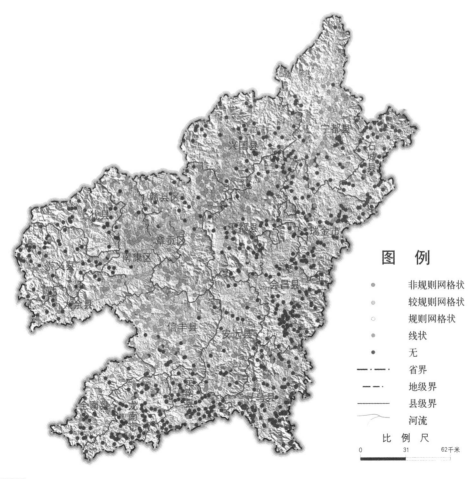

图3-16
赣州市客家传统村落巷道形式分布图
（图片来源：自绘）

赣州市客家传统村落巷道形式统计表　　　　表3-11

巷道形式	非规则网格状	较规则网格状	规则网格状	线状	无
村落数量（个）	233	109	4	68	679
比例（%）	21.32	9.97	0.37	6.22	62.12

（资料来源：自绘）

　　无巷道形式的村落在赣州分布最为广泛与普遍，在赣州所有的县（市区）均有出现，主要集中位于赣州的边缘地区；非规则网格状、较规则网格状巷道的村落主要分布在赣州的北部地区，呈现由北向南逐渐减弱的态势，非规则网状巷道覆盖范围比较规则网格状要广；线状巷道的村落分布范围具有较强的地域特征，主要集聚在赣州西部的信丰县；少数几个规则网格状巷道形式的村落则均位于大余县。

　　（5）村落环境要素的分布特征

　　对所有1093个样本的水塘数据进行统计分析（图3-17、表3-12），结果表明，有水塘

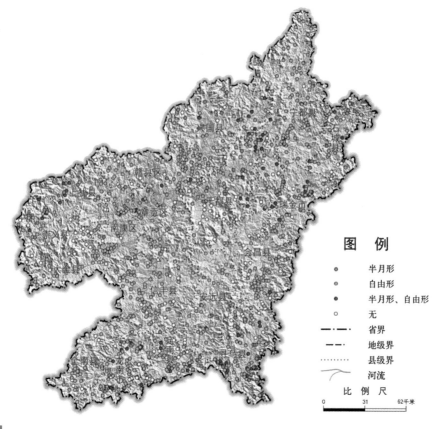

图3-17
赣州市客家传统村落水塘分布图
（图片来源：自绘）

的传统村落为917个，占总样本数的83.90%；无水塘的村落数量为176个，占比16.10%。可见，大部分村落都有水塘。在有水塘的村落中，只含自由形水塘的村落数量最多，为751个，占比68.71%；既有半月形又有自由形水塘的村落数量比只有半月形水塘的村落数量稍多，前者为90个，后者为76个，占比分别为8.24%和6.95%。

赣州市客家传统村落水塘统计表（来源：自绘）　　　　　表3-12

风水塘	有风水塘			无风水塘
	半月形	自由形	半月形、自由形	
村落数量（个）	76	751	90	176
比例（%）	6.95	68.71	8.24	16.10

有自由形水塘的村落在赣州广泛分布，含半月形水塘的村落分布具有明显的地域特征，主要分布在赣州的边缘地区。

4. 村落历史人文属性因子分布特征

（1）建村年代的分布特征

秦朝为统一祖国南疆，中原汉民始进入赣州；唐中后期中原汉民大规模进入赣州；宋末元初，人口流失严重；明初，人口稍微有所增加，后由于天灾人祸等因素，人口逐渐减少；明末清初，人口剧增，赣州客家居民点呈全面铺开之势。因此，以宋、元、明、清为主要时间节点对赣州客家传统村落建设年代的分布情况进行分析。

对所有样本的建村年代数据进行分析（图3-18、表3-13），结果表明，赣州客家传统村落在各个历史时期均表现出显著的集聚分布状态，但集聚程度却有所差异。从宋代至清代，集聚程度呈逐渐减小的趋势，聚集区域伴随着各个历史时期的变迁而不断演变。

1）宋代

宋代，传统村落集聚程度最高，但总体数量相对较少，主要集中在赣州东北部的宁都县、石城县以及赣州中部的赣县区。这一时期赣州尚处于比较荒僻的状态，其农业生产技术还处于较低的水平，一般地势平坦、土壤肥沃的冲积平原或河谷盆地地带较容易垦殖为农耕地，这些区域得到较早开发，也多为村落选址之处。然而，赣州地处江西的南端，地势多山，开发较江西其他地区晚，大部分土地仍尚未开发，地荒人稀。如南宋著名理学家真德秀所言："其南则赣、吉、南安，林峒邃密，跨越三路，奸人亡命之所出没[1]。"此外，赣州客家是个移民社会，由于地理位置上的原因，宁都县、石城县、赣县区等地是最早接纳北来汉民的重要区域，是客家先民早期集中聚居的地方，因此这些区域村落分布相对较为密集。

1　丁守和，陈有进，张跃铭，等. 中国历代奏议大典3[M]. 哈尔滨：哈尔滨出版社，1994。

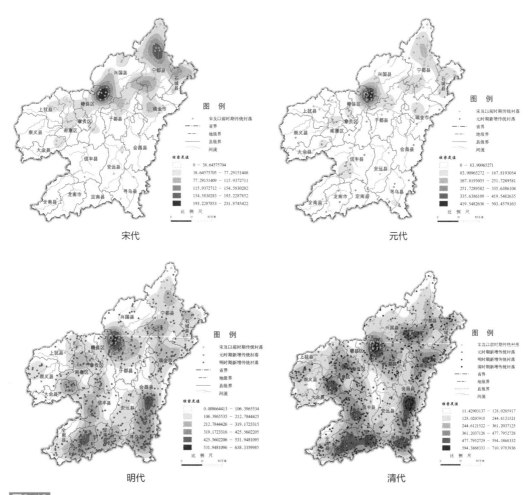

宋代   元代

明代   清代

图3-18
各时期赣州市客家传统村落分布核密度图
（图片来源：自绘）

各时期赣州市客家传统村落最邻近指数表   表3-13

时间段	村落数量（个）	最邻近指数	分布类型
宋代	114	0.666417	集聚型
元代	187	0.667278	集聚型
明代	683	0.686094	集聚型
清代	1093	0.712483	集聚型

（资料来源：自绘）

2）元代

元代，新增村落数量不多，村落点呈现往南迁移的趋势，并逐渐繁衍散布到赣州各地，集聚程度有所下降，集聚中心主要在赣州的中部地区，如赣县区、南康区等。在宋元之际，由于北方金人、元人的大举南侵，人口大规模向南往粤东、粤东北方向迁徙。又以赣州为文天祥抗元的主要战场，赣州惨遭蹂躏，如上犹县"元兵围犹，犹人不降，城陷屠焉，死者万有余人[1]。"而且这一历史时期，赣州社会非常动荡，盗贼叛乱不断（表3-14），如至元年间几乎每年都有地方动乱发生。至元末，赣州人口数量大幅减少，新的居民点增加较少。饶伟新先生指出，在明代以前，赣州经历了一个缓慢而曲折的开发过程[2]。

元代地方动乱年表

表3-14

时间	地点	时间	地点
至元十四年（1277年）	会昌、兴国、赣州等地	至元二十六年（1289年）	赣州等地
至元十五年（1278年）	赣州	至元二十七年（1290年）	南安
至元二十四年（1287年）	赣、汀二州	元贞二年（1296年）	兴国
至元二十四年（1287年）	赣粤边界	延祐二年（1315年）	宁都州
至元二十五年（1288年）	闽粤赣边界	至正十二年（1352年）	宁都
至元二十五年（1288年）	信丰	至正十八年（1358年）	赣州
至元二十六年（1289年）	兴国等地	至正二十四年（1364年）	赣州

（资料来源：据黄志繁. "贼""民"之间 12~18世纪赣南地域社会[M]. 北京：生活·读书·新知三联书店. 2006：84-85. 整理）

3）明代

明代，村落覆盖面显著扩大，总体数量剧增，尤其是赣州边际的山区一带增加较多，村落集聚程度相应降低，集聚核心出现在赣州多个区域，总体呈现小集中，大分散的集聚分布特征。自明初以来，赣州人口流失，地旷人稀，吸引了大批来自赣中籍，闽粤籍的移民群体，特别是明代中期以后，大量闽粤客家返迁入赣州。移民的徙入带动了蓝靛等经济作物的种植，赣州山区的农业垦殖则日渐扩展，山区得到开发，居民点不断增多，村落密集于山区，新的县治不断增设，如位于边界山区的定南县、长宁县（今寻乌县）、崇义县均为此时期内设立。谭其骧先生说过："一地方至于创建县治，大致即可以表示该地开发已臻成熟[3]。"

4）清代

清代，村落继续蓬勃发展，总体数量持续骤增，几乎遍布整个赣州，村落集聚程度也随之降低，集聚核心仍出现在赣州多个区域。清初，闽粤客家继续大规模进入赣州，把

---

1 吴宗慈，辛际周. 江西省古今政治地理沿革总略 八十三县沿革考略 甲集之一[M]. 江西省文献委员会，1947。
2 饶伟新. 明代赣南的移民运动及其分布特征[J]. 中国社会经济史研究，2000，（03）：36-45。
3 谭其骧. 浙江省历代行政区域——兼论浙江各地区的开发过程[A]. 谭其骧. 长水集 上[C]. 北京：人民出版社，1987：404。

新技术、新品种传入山区，使赣州农业结构发生了重大转变[1]。一方面促进了赣州烟叶、甘蔗、花生等经济作物区的形成，这些经济作物适合在河谷丘陵区栽种，从而有力带动了河谷丘陵区村落的生长；另一方面则是推动了赣州油茶、油桐、漆树等经济林区的大规模产生，经济林适宜在山地大面积种植，因而极大地促进了赣州山区村落的发展。清中后期以后，赣州人口密度已经相当之大，如较偏远的长宁县（今寻乌县）也"无地不垦，无山不种，户口益稠[2]"，而与江西省内其他平原丘陵区相比，人口密度差距已大为减小（表3–15）。

清时期赣州等地人口及人口密度

表3-15

地区	面积（平方公里）	清初（顺治年间）		乾隆四十七年		清后期（道光元年）	
		人口	人口密度（人/平方公里）	人口	人口密度（人/平方公里）	人口	人口密度（人/平方公里）
赣州	32128	69244	2.16	2861801	89.07	3229257	100.51
南安	6955	15734	2.26	551932	79.36	619042	89.01
抚州	10631	235483	22.15	1458572	137.20	1521430	143.11
临江	5598	63241	11.30	1114246	199.04	1270908	227.03
饶州	15933	253125	15.89	1440494	90.41	1778277	111.61

注：乾隆四十七年赣州人口数据包含宁都直隶州。
（资料来源：据曹树基. 明清时期的流民和赣南山区的开发[J]. 中国农史，1985，（04）：19-40. 整理）

（2）迁徙源地的分布特征

在对所有样本村落的迁徙源地统计分析之后得出（图3–19、表3–16），赣州内部迁徙的村落有730个，占总数的66.79%，其在赣州全境分布广泛，且各县（市区）均有分布。这种类型的迁徙一般是就近迁徙，迁徙主要是由于村落人口的增加，村落资源承载力受限制，导致村落分衍出一些支系向外扩散，另寻新址，从而形成新的村落。

迁徙源地为赣中北的村落有89个，占全部的8.14%，主要分布在与赣中北部接壤的赣州北部地区。其迁徙源地主要为吉安的泰和、万安、遂川、永丰、吉水、永新、安福等，抚州的金溪、乐安、南丰、广昌等，以及上饶，九江等地。该类型村落的迁徙路线主要有两条，一条是沿赣江而行进入赣州，另一条是沿抚河、信江、饶江进入赣州。

迁徙源地为福建的村落有109个，占总体样本的9.97%，主要分布在与福建相接的赣州东部，其次是赣州的南部，其多数来源于福建的上杭、长汀、宁化、武平等地。迁徙源地为广东的村落有135个，占比12.35%，主要分布在与广东交界的赣州南部以及赣州西北部，村落来源主要有广东的兴宁、梅县、平远、和平、连平、始兴、南雄、乐昌等地。从福建、

1　曹树基. 明清时期的流民和赣南山区的开发[J]. 中国农史，1985，（04）：19-40。
2　（清）沈镕经（修），刘德姚（纂）. 长宁县志（光绪）[M]. 台北：成文出版社，1976。

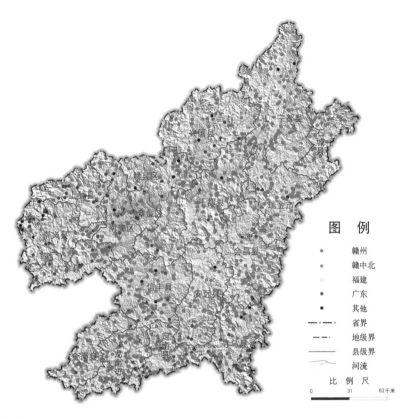

图3-19
赣州市客家传统村落迁徙源地分布图
（图片来源：自绘）

赣州市客家传统村落迁徙源地统计表　　　　　　　　　　表3-16

迁徙源地	赣州	赣中北	福建	广东	其他
村落数量（个）	730	89	109	135	30
比例（%）	66.79	8.14	9.97	12.35	2.75

（资料来源：自绘）

广东迁入赣州的主要途径有三路，一路是从福建的西北部跨武夷山而进入赣州，二路是从福建的西南部、广东的东北部进入赣州，三路是从广东的北部越大庾岭进入赣州。

除赣州内部、赣中北、福建、广东之外，迁徙源地归为"其他"类别的有位于江西北面的河南、山西、山东、江苏等地，有与江西东北面相连的浙江等地，与江西西面相邻的湖南等地，还有少数个别为四川、广西等地。这类村落数量不多，仅有30个，占样本总量的2.75%，较多分布在赣州的北部。

对迁徙源地为赣州内部的村落做进一步的研究，发现如果不断往上追溯迁徙源头，很多能够溯源到福建、广东以及中原地区。

综上分析可以发现，赣州北部受赣中北，以及江西北面、东北面、西面移民的影响较大，赣州南部受福建、广东移民的作用较大，赣州东部受福建移民的作用大，赣州西北部受广东移民影响较大。

（3）姓氏组成的分布特征

1）主要姓氏

通过对所有村落样本主要姓氏的分析发现（图3-20），有刘姓的村落数量最多，为123个，其次是有李姓和陈姓的村落，数量分别为76个和71个，较多的还有钟姓、黄姓、谢姓的村落，分别为66个、64个、53个，此外，有王、曾、赖、张、郭、朱、廖、肖、叶、温等姓氏的村落数量也较多。

单个姓氏的分布在小范围呈现局部聚集的特征，在赣州整个范围呈现分散的特征。如第2章所述，由于安全与防卫的需求，以及地理条件与生产技术的限制，历经千辛、辗转迁徙而来的姓氏家族选择聚族而居的居住方式。随着家族人口的不断扩张，家族支系则会向外迁移、拓展，在原有村落附近择址而建，以致单个姓氏在小范围内呈现局部聚集的特征。

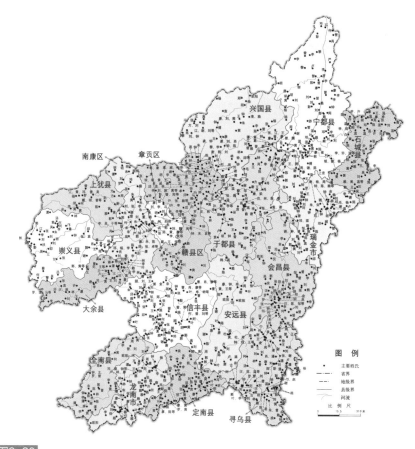

图3-20
赣州市客家传统村落主要姓氏分布图
（图片来源：自绘）

邻近同姓的村落，可能是同一世代的不同兄弟所建，也可能是不同世代的支系所建。同一姓氏家族在经过多代人的繁衍，数次迁移，不断向外播迁，其后代衍播各地，有迁居至同县（市、区）的其他地方，或者到达其他的县（市、区），故在大范围内单个姓氏呈现分散分布的状态。

如数量较多的李姓村落，在同一县的不同乡镇以及不同的县（市区）广泛分布，存在于赣县区的王母渡镇、五云镇、阳埠乡，崇义县的思顺乡、上堡乡，章贡区的沙石镇，南康区的三江乡、浮石乡，大余县的新城镇、黄龙镇、河洞乡，上犹县的黄埠镇、平富乡等，兴国县的兴莲乡，寻乌县的晨光镇，宁都县的东山坝镇、洛口镇、小布镇、固厚乡、田埠乡、湛田乡、东韶乡，于都县的铁山垅镇、禾丰镇、岭背镇、罗江乡、黄麟乡等，石城县的小松镇、屏山镇，瑞金市的日东乡，会昌县的筠门岭镇、西江镇、右水乡、洞头乡、富城乡，信丰县的小江镇、正平镇等，定南县的岭北镇，龙南市的里仁镇、九连山林场，全南县的大吉山镇、金龙镇、南迳镇、社迳乡等地方。

2）姓氏结构

统计结果显示（图3-21、表3-17），在所有村落样本中，大多数村落为单姓村，有960

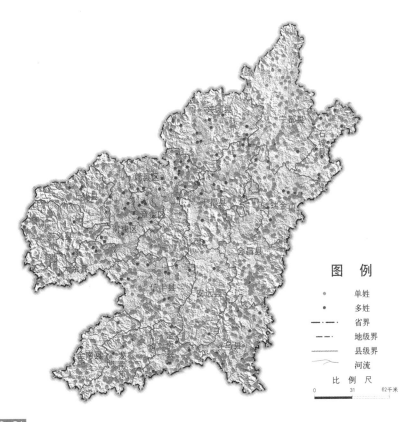

图3-21
赣州市客家传统村落姓氏结构分布图
（图片来源：自绘）

个，占全部样本的87.83%，少数为多姓村，只有133个，占比12.17%。赣州客家地区宗族制度发达，采取聚族而居的形式，以血缘和地缘为纽带，村落和宗族往往是重合在一起的，所以许多村落是单姓宗族村落。如赣县区白鹭乡的白鹭村、赣县区大埠乡的大坑村、南康区坪市乡的谭邦村、大余县左拨镇的云山村、兴国县兴莲乡的官田村、宁都县黄陂镇杨依村、于都县马安乡的上宝村，于都县葛坳乡的澄江村，瑞金市九堡镇的密溪村、瑞金市叶坪乡洋溪村、龙南市关西镇的关西村、寻乌县澄江镇的周田村等。

赣州市客家传统村落姓氏结构统计表

表3-17

姓氏结构	单姓	多姓
村落数量（个）	960	133
比例（%）	87.83	12.17

（资料来源：自绘）

3.2 赣州客家传统村落及民居文化因子相关性分析

上文对赣州客家传统村落及民居文化单项因子进行了分析，反映的是村落某一方面的文化特征。而传统村落是一个复杂而丰富的文化综合体，其诸多文化因子之间相互关联，相互影响，有机地联系在一起。探寻、挖掘文化因子之间的内在关系以及相互之间的影响机制，是对赣州客家传统村落及民居文化地理特征更深层次的研究。

相关分析是研究两个或两个以上变量之间的相关方向和相关密切程度的统计分析方法[1]。运用SPSS 22.0对1093个研究样本的3大类，10小类文化因子进行双变量相关分析（表3-18），统计结果显示，村落布局与民居类型、村落布局与巷道形式、民居类型与巷道形式、河流等级与河流流经形式之间紧密相关；村落布局与村落规模、民居类型与村落规模、民居类型与建村年代、村落规模与巷道形式之间有较强的相关性；村落布局与建村年代、民居类型与坡度、民居类型与河流等级、民居类型与水塘、民居类型与迁徙源地、村落规模与建村年代、巷道形式与建村年代之间有一定的关联性。下文选取这15组相关度较高的文化因子组做深入探讨与剖析。

---

1   孙静娟. 统计学[M]. 北京：清华大学出版社，2015。

表3-18

各文化因子相关性分析

文化因子		地形	坡度	坡向	河流等级	流经形式	村落布局	民居类型	村落规模	巷道形式	水塘	建村年代	迁徙源地	姓氏组成	相依系数
地形	值	—	0.349	0.094	0.364	0.160	0.324	0.399	0.253	0.329	0.198	0.157	0.119	0.058	值
		—	0.000	0.008	0.000	0.000	0.000	0.000	0.000	0.000	0.000	0.016	0.048	0.157	近似值Sig.
坡度	值	0.349	—	0.204	0.272	0.202	0.373	0.409	0.275	0.299	0.243	0.217	0.153	0.079	值
		0.000	—	0.000	0.000	0.000	0.000	0.000	0.000	0.000	0.000	0.002	0.131	0.139	近似值Sig.
坡向	值	0.094	0.204	—	0.111	0.062	0.085	0.194	0.053	0.095	0.112	0.086	0.060	0.025	值
		0.008	0.000	—	0.008	0.232	0.162	0.402	0.215	0.041	0.003	0.327	0.411	0.413	近似值Sig.
河流等级	值	0.364	0.272	0.111	—	0.715	0.273	0.414	0.284	0.318	0.178	0.274	0.131	0.059	值
		0.000	0.000	0.008	—	0.000	0.000	0.001	0.000	0.000	0.000	0.000	0.267	0.438	近似值Sig.
流经形式	值	0.160	0.202	0.062	0.715	—	0.163	0.339	0.142	0.162	0.186	0.207	0.150	0.027	值
		0.000	0.000	0.232	0.000	—	0.012	0.116	0.001	0.003	0.000	0.000	0.014	0.850	近似值Sig.
村落布局	值	0.324	0.373	0.085	0.273	0.163	—	0.776	0.511	0.783	0.262	0.440	0.231	0.107	值
		0.000	0.000	0.162	0.000	0.012	—	0.000	0.000	0.000	0.000	0.000	0.000	0.026	近似值Sig.
民居类型	值	0.399	0.409	0.194	0.414	0.339	0.776	—	0.581	0.755	0.435	0.571	0.496	0.228	值
		0.000	0.000	0.402	0.001	0.116	0.000	—	0.000	0.000	0.000	0.000	0.000	0.028	近似值Sig.
村落规模	值	0.253	0.275	0.053	0.284	0.142	0.511	0.581	—	0.527	0.581	0.400	0.174	0.105	值
		0.000	0.000	0.215	0.000	0.001	0.000	0.000	—	0.000	0.000	0.000	0.000	0.002	近似值Sig.
巷道形式	值	0.329	0.299	0.095	0.318	0.162	0.783	0.755	0.527	—	0.288	0.418	0.250	0.173	值
		0.000	0.000	0.041	0.000	0.003	0.000	0.000	0.000	—	0.000	0.000	0.000	0.076	近似值Sig.
水塘	值	0.198	0.243	0.112	0.178	0.186	0.262	0.435	0.581	0.288	—	0.224	0.165	0.050	值
		0.000	0.000	0.003	0.000	0.000	0.000	0.000	0.000	0.000	—	0.000	0.002	0.438	近似值Sig.
建村年代	值	0.157	0.217	0.086	0.274	0.207	0.440	0.571	0.400	0.418	0.224	—	0.294	0.093	值
		0.016	0.002	0.327	0.000	0.000	0.000	0.000	0.000	0.000	0.000	—	0.000	0.211	近似值Sig.
迁徙源地	值	0.119	0.153	0.060	0.131	0.150	0.231	0.496	0.174	0.250	0.165	0.294	—	0.069	值
		0.048	0.131	0.411	0.267	0.014	0.000	0.000	0.000	0.000	0.002	0.000	—	0.263	近似值Sig.
姓氏组成	值	0.058	0.079	0.025	0.059	0.027	0.107	0.228	0.105	0.173	0.050	0.093	0.069	—	值
		0.157	0.139	0.413	0.438	0.850	0.026	0.028	0.002	0.173	0.438	0.211	0.263	—	近似值Sig.

注：相依系数值介于0~1之间，值越接近于1，表明变量间相关性越大。
（资料来源：自绘）

1．村落布局与民居类型的相关性分析

从村落布局与民居类型的相关分析可知（表3-19），民居作为村落的最基本要素，以及村落的主体部分，其与村落布局形式之间有着很强的关联性。每种村落布局形式都有与之相对应的最为主要的民居类型，集中式、村围式这两种布局形式中占据较高比例的民居类型是单行排屋、堂厢式；条层式村落布局以单行排屋、多联排为主；散点式、团块式布局最主要的民居形式是堂横屋、围屋；条带式布局占比较高的民居类型是堂横屋、单行排屋。

村落布局与民居类型相关关系分析表（单位：个；%）　　　　表3-19

村落布局 / 民居类型	集中式		条层式		团块式		条带式		散点式		村围式	
	数量	比例	数量	比例	数量	比例	数量	比例	数量	比例	数量	比例
单行排屋	256	44.06	59	50.43	1	0.96	164	25.91	27	7.50	13	41.93
多联排	11	1.89	50	42.73	0	0.00	3	0.47	1	0.28	1	3.23
堂厢式	178	30.64	4	3.42	3	2.89	69	10.90	9	2.50	12	38.71
堂横屋	113	19.45	0	0.0	49	47.12	314	49.61	188	52.22	4	12.90
厝包屋	5	0.86	0	0.00	8	7.69	15	2.37	22	6.11	0	0.00
围龙屋	3	0.52	0	0.00	9	8.65	9	1.42	13	3.61	0	0.00
围屋	15	2.58	4	3.42	34	32.69	59	9.32	100	27.78	1	3.23

（资料来源：自绘）

1）集中式、村围式布局与单行排屋、堂厢式

集中式布局是赣州客家传统村落采取较多的布局形式。在256个集中式布局的村落中，全部村落都有单行排屋，有178个村落含有堂厢式这种类型，其他民居类型也有出现，但数量较少。单行排屋、堂厢式单体规模不大，建筑自身内部向心特征较弱，随着家族人口的增加，有着强烈宗族观念的客家人在建村时，通常以本族祠堂为核心，其他建筑围绕着本族祠堂建筑在其周边进行布置，整个村落形成内部联系紧密，总体形态较为紧凑的集中式布局。村围式布局村落数量极少，仅为13个。其出于安全的需要，以整个村落为一体，将村落围起进行设防，形成防御性村落，村内就是一处普通的集中式布局村落。

2）条层式布局与单行排屋、多联排

数据库中的59个条层式布局村落全部都有单行排屋，有50个样本村落采用了多联排，其余5种民居类型，仅有堂厢式、围屋在条层式布局村落中有出现，但村落数量极少，仅为4个。条层式布局村落基本由多联排、单行排屋这两种民居类型组合而成。村落通常以多联排建筑为核心，多联排、单行排屋建筑通过横向并联、纵向串联，形成以横向线状巷道为主要交通骨架的层层相叠的布局形式，横向结构特征明显。

3）散点式、团块式布局与堂横屋、围屋

堂横屋、围屋是客家典型聚居建筑，宅祠合一，具有较强向心性，通常规模较大。如

第2章所述，聚族而居是赣州客家人的主要生活方式，同一家族数代居住在一栋大型建筑里是很普遍的现象。当家族人口扩张，不能满足家族需求时，一般会在老屋附近择址而建新屋。因为单栋建筑规模较大，村落建筑数量则会相应减少，往往一个村落由一栋或若干栋邻近堂横屋或围屋所组成。当地形较为复杂，或村落规模较小时，建房用地会比较零散，建筑之间距离较大，从而形成多栋建筑散落布置的散点式布局；当地势较为平坦，或村落规模较大时，建筑之间距离较小，进而形成多栋大型建筑聚合而成的团块式布局。

4）条带式布局与堂横屋、单行排屋

从上文村落布局分布特征可知，条带式布局的村落数量最多。赣州山地多，平原少，土地资源紧张，为了留出更多耕地，又不被水淹，多数村落选择靠山而居，村落建筑顺应山脚等高线成条带式布局。此外，赣州河流水系发达，村落建筑沿水系成条带式布局也是较多的选择。可见，村落建筑易形成沿山川、水系而建的条带式布局。这种类型的布局形式中，堂横屋占比要远远高于其他民居类型，其次较多的民居类型是单行排屋。这是因为堂横屋、单行排屋是赣州客家民居的主流形式。而且，堂横屋自身为层层扩张的发展模式，各自较为独立，在地形的限制下，堂横屋建筑较易形成沿山水之势依次排开的条带式布局形式。

2. 村落布局、民居类型与其他因子的相关性分析

（1）村落布局与村落规模

从村落布局与村落规模的相关分析可以得出（表3-20、表3-21），集中式布局的村落规模普遍较大，大型村落所占比例最多，小型村落少有出现，平均规模高达8.96公顷，为各类村落布局形式之最；其次规模较大的是团块式布局村落，多数为大、中型，中型村落占有比例较多于大型，平均规模达到5公顷；条层式、条带式布局村落规模偏小，多数为中、小型村落，平均规模分别为3.19公顷、3.22公顷，其中条层式布局村落中，中型村落占比最多，条带式布局村落中，中、小型村落比例不相上下；村落规模最小的是散点式布局村落，小型村落占比最多，大型村落占比仅为3.17%，平均规模仅有1.75公顷；村围式布局村落数量很少，各类村落规模比例较为均衡。

村落布局与村落规模相关关系分析表（单位：个；%）　　　　表3-20

村落规模＼村落布局	集中式		条层式		团块式		条带式		散点式		村围式	
	数量	比例	数量	比例	数量	比例	数量	比例	数量	比例	数量	比例
小型	8	3.12	15	25.43	13	18.31	169	41.22	194	68.31	5	38.46
中型	89	34.77	35	59.32	36	50.70	167	40.73	81	28.52	4	30.77
大型	159	62.11	9	15.25	22	30.99	74	18.05	9	3.17	4	30.77

（资料来源：自绘）

各类型村落平均规模统计表   表3-21

村落布局	集中式	条层式	团块式	条带式	散点式	村围式
村落平均规模（公顷）	8.96	3.19	5.00	3.22	1.75	4.99

（资料来源：自绘）

（2）村落布局与巷道形式

从村落布局与巷道形式的相关分析来看（表3-22），集中式、村围式这两类布局形式的村落多为有巷道形式，其中非规则网格状巷道为最多，占比分别为69.14%和61.54%，也有部分村落为较规则网格状巷道，占比分别为29.30%和38.46%，条层式布局村落全部为有巷道形式且均为线状巷道形式；团块式、条带式布局村落多为无巷道形式，占比分别为87.32%和81.22%；散点式布局村落全部为无巷道形式。

村落布局与巷道形式相关关系分析表（单位：个；%）   表3-22

巷道形式 ＼ 村落布局	集中式		条层式		团块式		条带式		散点式		村围式	
	数量	比例	数量	比例	数量	比例	数量	比例	数量	比例	数量	比例
非规则网格状	177	69.14	0	0.00	9	12.68	39	9.51	0	0.00	8	61.54
较规则网格状	75	29.30	0	0.00	0	0.00	29	7.07	0	0.00	5	38.46
规则网格状	4	1.56	0	0.00	0	0.00	0	0.00	0	0.00	0	0.00
线状	0	0.00	59	100.00	0	0.00	9	2.20	0	0.00	0	0.00
无	0	0.00	0	0.00	62	87.32	333	81.22	284	100.00	0	0.00

（资料来源：自绘）

（3）村落布局与建村年代

对村落布局与建村年代进行相关分析（表3-23），统计数据表明，宋代以集中式布局为主，所占比例为66.67%，远高于其他村落布局形式；元代，仍以集中式布局为主，但相较于宋代，比例有所下降，为45.20%，而条带式布局上升到26.03%；明代，以条带式布局为多，占比为39.72%，较多的还有散点式、集中式布局，占比分别为23.39%、20.56%；清代，以条带式、散点式布局为主，散点式略低于条带式，占比分别为42.19%、37.32%；从宋代至清代，集中式布局在各个时期占比逐渐下降，条带式、散点式布局占比逐步上升，条层式布局数量呈逐步增加的趋势；从宋代至明代，团块式布局数量、占比均逐渐增多，明代达到最高值，而后又下降；村围式布局出现时期较早，宋代数量已有不少。

村落布局与建村年代相关关系分析表（单位：个；%）　　　　表3-23

建村年代 村落布局	宋代		元代		明代		清代	
	数量	比例	数量	比例	数量	比例	数量	比例
集中式	76	66.67	33	45.20	102	20.56	45	10.98
条层式	1	0.88	7	9.59	25	5.04	26	6.34
团块式	2	1.75	7	9.59	49	9.88	13	3.17
条带式	21	18.42	19	26.03	197	39.72	173	42.19
散点式	8	7.02	7	9.59	116	23.39	153	37.32
村围式	6	5.26	0	0.00	7	1.41	0	0.00

（资料来源：自绘）

（4）民居类型与村落规模

对民居类型与村落规模进行相关分析（表3-24），结果显示，有单行排屋、堂厢式的村落规模一般较大，以大、中型村落为主，大型村落所占比例最多，其中有单行排屋的村落，大、中型村落占比差不多，含堂厢式的村落，大型村落占比稍高于中型村落；其次是含有厝包屋、围龙屋、多联排、围屋的村落，中型村落均占有最多比例，其中有厝包屋、围龙屋的村落中，大型村落占比稍低于中型村落，有多联排的村落，中型村落占比远高于大、小型村落，有围屋的村落中，中、小型村落占比不相上下；规模最小的是含有堂横屋的村落，小型村落占比多于中型村落。

民居类型与村落规模相关关系分析表（单位：个；%）　　　　表3-24

民居类型 村落规模	单行排屋		多联排		堂厢式		堂横屋		厝包屋		围龙屋		围屋	
	数量	比例	数量	比例	数量	比例	数量	比例	数量	比例	数量	比例	数量	比例
小型	95	18.27	13	19.70	25	9.10	298	44.61	9	18.00	8	23.53	82	38.50
中型	210	40.38	40	60.60	103	37.45	215	32.19	23	46.00	15	44.12	85	39.90
大型	215	41.35	13	19.70	147	53.45	155	23.20	18	36.00	11	32.35	46	21.60

（资料来源：自绘）

（5）民居类型与巷道形式

对民居类型与巷道形式进行相关分析（表3-25），统计数据表明，有单行排屋、堂厢式的村落以非规则网格状巷道为主，有单行排屋的村落，较多的还有较规则网格状、无巷道形式，含堂厢式的村落，较多的巷道形式还有规则网格状巷道；含有多联排的村落多数为线性巷道，没有规则网格状的巷道形式，其他三类巷道形式占比不多；具有堂横屋、厝包屋、围龙屋、围屋的村落以无巷道形式为最多，其中有厝包屋、围龙屋的村落，非规则网格状巷道占比较少，其余三类巷道形式没有出现，有堂横屋、围屋的村落，没有出现规则网格状巷道形式，其余三类巷道形式占比较少。

民居类型与巷道形式相关关系分析表（单位：个；%）   表3-25

巷道形式 ＼ 民居类型	单行排屋		多联排		堂厢式		堂横屋		厝包屋		围龙屋		围屋	
	数量	比例	数量	比例	数量	比例	数量	比例	数量	比例	数量	比例	数量	比例
非规则网格状	223	42.88	8	12.12	155	56.37	113	16.91	7	14.00	4	11.76	22	10.33
较规则网格状	108	20.77	6	9.09	71	25.82	39	5.84	0	0.00	0	0.00	1	0.47
规则网格状	4	0.77	0	0.00	1	0.36	0	0.00	0	0.00	0	0.00	0	0.00
线状	68	13.08	50	75.76	6	2.18	3	0.45	0	0.00	0	0.00	4	1.88
无	117	22.50	2	3.03	42	15.27	513	76.80	43	86.00	30	88.24	186	87.32

（资料来源：自绘）

（6）民居类型与建村年代

对民居类型与建村年代进行相关分析（表3-26），可以看出，建村年代为宋代、元代的村落，占比最多的是单行排屋，较多的还有堂厢式、堂横屋；建村年代为明代、清代的村落，占据最高比例的是堂横屋，较多的民居类型还有单行排屋，围屋占有比例也不少；从宋代至清代，单行排屋、堂厢式所占比例呈下降趋势，堂横屋占比呈上升趋势，围屋占有比例明清时期比宋元时期高出很多，其在明代达到最高值，而后有所下降。

民居类型与建村年代相关关系分析表（单位：个；%）   表3-26

建村年代 ＼ 民居类型	宋代		元代		明代		清代	
	数量	比例	数量	比例	数量	比例	数量	比例
单行排屋	99	37.64	52	34.90	216	26.12	153	26.06
多联排	2	0.76	6	4.03	30	3.63	28	4.77
堂厢式	92	34.98	39	26.17	98	11.85	46	7.84
堂横屋	63	23.96	36	24.16	300	36.27	269	45.83
厝包屋	3	1.14	3	2.01	33	3.99	11	1.87
围龙屋	0	0.00	4	2.69	22	2.66	8	1.36
围屋	4	1.52	9	6.04	128	15.48	72	12.27

（资料来源：自绘）

（7）民居类型与水塘

对民居类型与水塘进行相关分析表明（表3-27），在半月形水塘的村落中，堂横屋这类民居数量最多，占比达63.81%，远远高于其他民居类型。在半月形、自由形水塘的村落，堂横屋数量也是最多的，占有比例达49.69%，远超过其他民居类型。此外，在有围龙屋这类民居的村落中，含有半月形水塘的村落在半数以上。由以上数据分析可知，半月形水塘和堂横屋、围龙屋之间有着较为密切的关系。

民居类型与水塘相关性分析表（单位：个；%）　　　　　表3-27

民居类型 ＼ 水塘	半月形		自由形		半月形、自由形		无	
	数量	比例	数量	比例	数量	比例	数量	比例
单行排屋	16	15.24	402	30.76	29	17.79	73	29.08
多联排	0	0.00	57	4.36	0	0.00	9	3.59
堂厢式	2	1.90	233	17.82	16	9.82	24	9.56
堂横屋	67	63.81	413	31.60	81	49.69	107	42.63
厝包屋	2	1.90	35	2.68	8	4.91	5	1.99
围龙屋	7	6.67	15	1.15	11	6.75	1	0.40
围屋	11	10.48	152	11.63	18	11.04	32	12.75

（资料来源：自绘）

（8）民居类型与迁徙源地

对民居类型与迁徙源地进行相关分析（表3-28），可知，迁徙源地为福建、广东的村落，堂横屋所占比例最多，其次是单行排屋，围屋也占有一定的比例，其余四类民居占比较少；迁徙源地为赣中北的村落，单行排屋所占比例最多，其次是堂厢式，堂横屋占比也较多，厝包屋没有出现，其余三类民居占比较少。

民居类型与迁徙源地相关关系分析表（单位：个；%）　　　　　表3-28

民居类型 ＼ 迁徙源地	赣州		赣中北		福建		广东		其他	
	数量	比例	数量	比例	数量	比例	数量	比例	数量	比例
单行排屋	321	27.13	72	43.11	39	21.91	64	27.00	24	39.34
多联排	37	3.13	12	7.19	6	3.37	9	3.80	2	3.28
堂厢式	184	15.55	41	24.55	18	10.11	20	8.44	12	19.67

续表

迁徙源地 民居类型	赣州		赣中北		福建		广东		其他	
	数量	比例	数量	比例	数量	比例	数量	比例	数量	比例
堂横屋	450	38.04	36	21.56	81	45.51	85	35.87	16	26.23
厝包屋	30	2.54	0	0.00	5	2.81	10	4.22	5	8.20
围龙屋	14	1.18	2	1.20	6	3.37	12	5.06	0	0.00
围屋	147	12.43	4	2.39	23	12.92	37	15.61	2	3.28

（资料来源：自绘）

（9）民居类型与坡度

对民居类型与坡度进行相关分析之后可知（表3-29），各种民居类型都主要分布在缓坡区域，在0°~5°范围内分布最多，远高于其他坡度范围，并且随着坡度的增加，数量均逐步递减；各类民居在0°~5°、5°~10°、10°~15°三个坡度范围内均有分布，而在15°~20°范围内，只出现单行排屋、堂厢式、堂横屋这三类民居，在20°~25°范围内，仅分布有单行排屋这类民居。可见，规模较大的民居不易出现在坡度较陡的区域。

民居类型与坡度相关关系分析表（单位：个；%）　　　　　表3-29

民居类型 坡度（°）	单行排屋		多联排		堂厢式		堂横屋		厝包屋		围龙屋		围屋	
	数量	比例	数量	比例	数量	比例	数量	比例	数量	比例	数量	比例	数量	比例
0~5	354	68.08	58	87.88	210	76.36	362	54.19	37	74.00	25	73.53	151	70.89
5~10	115	22.11	6	9.09	52	18.91	230	34.43	11	22.00	5	14.71	51	23.94
10~15	43	8.27	2	3.03	11	4.00	67	10.03	2	4.00	4	11.76	11	5.17
15~20	5	0.96	0	0.00	2	0.73	9	1.35	0	0.00	0	0.00	0	0.00
20~25	3	0.58	0	0.00	0	0.00	0	0.00	0	0.00	0	0.00	0	0.00

（资料来源：自绘）

（10）民居类型与河流等级

对民居类型与河流等级进行相关分析后得出（表3-30），各类民居与河道宽度较窄的河流关系较为密切，沿四级河流（河道宽度≤10米）所建的数量最多，其次在三级河流（河道宽度＞10米且＜50米）沿岸分布较多。

民居类型与河流等级相关关系分析表（单位：个；%）　　表3-30

河流等级 \ 民居类型	单行排屋		多联排		堂厢式		堂横屋		厝包屋		围龙屋		围屋	
	数量	比例	数量	比例	数量	比例	数量	比例	数量	比例	数量	比例	数量	比例
一级	88	16.92	11	16.67	54	19.64	63	9.43	7	14.00	4	11.77	14	6.57
二级	33	6.35	3	4.54	16	5.82	40	5.99	5	10.00	2	5.88	12	5.63
三级	115	22.12	13	19.70	69	25.09	156	23.35	16	32.00	7	20.59	60	28.17
四级	243	46.73	32	48.48	121	44.00	361	54.04	20	40.00	19	55.88	117	54.93
无	41	7.88	7	10.61	15	5.45	48	7.19	2	4.00	2	5.88	10	4.70

（资料来源：自绘）

3. 其他因子之间的相关性分析

（1）村落规模与建村年代

在对村落规模与建村年代的相关分析中发现（表3-31），宋代，以大型村落为主，占比达60.53%，远高于中、小型两类村落所占比例；元代，村落仍以大型为主，但比例有所下降，减少到52.05%，中型村落比例有所上升，小型村落占比稍有下降；明代，中型村落所占比例最多，小型村落稍低于中型村落，相较于宋、元时期大型村落下降较多，而小型村落上升较多；清代，小型村落占比最多，较多的还有中型村落，大型村落占比很少；从宋代至清代，大型村落所占比例逐步减少，小型村落占比在元代稍有下降，但总体呈上升趋势。综上，建村年代较早的村落一般规模较大。

村落规模与建村年代相关关系分析表（单位：个；%）　　表3-31

村落规模 \ 建村年代	宋代		元代		明代		清代	
	数量	比例	数量	比例	数量	比例	数量	比例
小型	14	12.28	6	8.22	160	32.26	224	54.63
中型	31	27.19	29	39.73	203	40.93	149	36.34
大型	69	60.53	38	52.05	133	26.81	37	9.03

（资料来源：自绘）

（2）巷道形式与建村年代

在对巷道形式与建村年代的相关分析中得出（表3-32），宋代，村落以有巷道形式为主，其中以非规则网格状巷道为最多；元代，村落仍以有巷道形式为主，但占比有所下降，其中非规则网格状巷道亦为最多；明、清时期，村落主要为无巷道形式；从宋代至清代，村落有巷道形式呈下降趋势，无巷道形式呈上升趋势。总之，建村年代较早的村落，一般为有巷道形式，且多为非规则网格状巷道。

巷道形式与建村年代相关关系分析表（单位：个；%）   表3-32

建村年代 / 巷道形式	宋代		元代		明代		清代	
	数量	比例	数量	比例	数量	比例	数量	比例
非规则网格状	64	56.14	31	42.46	103	20.77	35	8.54
较规则网格状	28	24.56	10	13.70	43	8.67	28	6.83
规则网格状	0	0.00	1	1.37	2	0.40	1	0.24
线状	1	0.88	8	10.96	31	6.25	28	6.83
无	21	18.42	23	31.51	317	63.91	318	77.56

（资料来源：自绘）

（3）村落规模与巷道形式

在对村落规模与巷道形式的相关分析数据中可看到（表3-33），小型村落绝大多数为无巷道形式，占比高达92.33%，没有规则网格状巷道形式，其余三类巷道形式占比很低；中型村落占比最多的仍为无巷道形式，相比小型村落下降到59.22%，其余四类巷道形式均有上升；大型村落占比最多的为有巷道形式，其中非规则网格状巷道形式占比最多，比例为54.51%。总的来说，大型村落多为有巷道形式，且以非规则网格状为最多，中、小型村落多为无巷道形式。

村落规模与巷道形式相关关系分析表（单位：个；%）   表3-33

村落规模 / 巷道形式	小型		中型		大型	
	数量	比例	数量	比例	数量	比例
非规则网格状	6	1.48	76	18.45	151	54.51
较规则网格状	8	1.98	49	11.89	52	18.77
规则网格状	0	0.00	1	0.24	3	1.09
线状	17	4.21	42	10.20	9	3.25
无	373	92.33	244	59.22	62	22.38

（资料来源：自绘）

（4）河流等级与流经形式

通过对河流等级与流经形式的相关分析可知（表3-34），在各种河流流经形式中，均以河道宽度较窄的河流为主，四级河流（河道宽度≤10米）所占比例均为最多，其次是三级河流（河道宽度＞10米且＜50米），其中流经形式为贯穿的河流，绝大多数为四级河流，占比高达95.52%。

河流等级与流经形式相关关系分析表（单位：个；%）　　表3-34

河流等级 ＼ 流经形式	相邻		贯穿		环绕		无	
	数量	比例	数量	比例	数量	比例	数量	比例
一级	53	11.73	0	0.00	63	12.70	0	0.00
二级	34	7.52	0	0.00	34	6.85	0	0.00
三级	111	24.56	3	4.48	146	29.44	0	0.00
四级	254	56.19	64	95.52	253	51.01	0	0.00
无	0	0.00	0	0.00	0	0.00	78	100.00

（资料来源：自绘）

3.3 影响赣州客家传统村落及民居文化地理特征形成的因素

赣州客家传统村落及民居文化地理特征的形成，是受历史时期特定的自然、社会人文环境共同作用的结果。从历史演变过程中村落、民居文化的基本特点中探寻促使村落、民居文化生成的影响因子，以此为脉络主线，抓住影响村落、民居在历史长河中文化地理特征形成的关键因素。中原汉人的数次大规模迁徙和中原文化是客家村落及民居文化的根源；赣州特殊的自然环境以及当时的农耕生产条件是基本所在；文化的传播以及文化的创新因素导致区域差异性的出现；宗族文化是村落、民居形态特征形成的内在因素。

1. 源头：移民迁徙与中原文化因素

移民迁徙，是人类为了生存而做出的选择。中原汉人为了躲避战乱，追求安定的生活，从中原地区陆续南下，进入赣闽粤结合区与地方土著不断融合，并逐渐稳定下来，从而形成了汉民族的一个支系——客家民系。赣州客家，来源于中原汉人的历次大迁徙，保留、继承了许多古代中原汉民族文化风格，具有以中原汉民族文化为主体的文化特征。赣州客家村落与中原汉人的大规模迁徙、中原文化是紧密联系在一起的。

（1）移民迁徙因素

赣州客家是在历次人口迁徙中所形成的，村落的形成源自于客家先民的规模性迁徙，不同时期的人口迁入与不同的迁徙路径直接导致了赣州不同区域传统村落的形成源流有所不同，具体表现在建村年代、迁徙源地、姓氏分布等方面。宁都县、石城县一带以及赣县区域村落开基时间较早，村落来源多为自北南迁的北来汉民所建，最古老的姓氏出现在宁都县、石城县；赣州边际山区一带多为明清时期所建村落，村落来源多为闽粤返迁的客家。

其一，客家先民为躲避战乱被迫从中原地区不断南迁，渡过鄱阳湖后，溯赣江而行，或者从鄱阳湖沿抚河、信江等进入赣州，最开始主要进入赣州东北部的宁都、石城县一带。这一带地处偏远，群山环绕，对躲避战乱的移民来说，是避乱求生存较好的地方，对外来移民有较大的吸引力，故而成为赣州客家早期聚居之地。如第2章所述，至今有谱牒所载赣州最古老的姓氏为晋代迁入石城的郑氏与晋代迁入宁都的赖氏。此外，据《客家民系的发祥地——石城》记载："（石城）主要姓氏在宋代以前就基本迁入[1]。"据《早期客家摇篮——宁都》记载："从现有姓氏的族谱和迁入的始祖茔墓考证，宁都客家主要姓氏基本上是唐宋时期迁入的[2]。"

赣县区地处赣江源头，赣江是南北交通的黄金水道，通过赣江水路，可与中原地区联系，赣县由于地理位置上的特殊优势，是客家先民较早抵达的地方，是南迁汉民进入赣州的一个重要节点，因此也成为赣州客家较早的聚居地。冯秀珍教授在《赣县在客家族群中的特殊地位》一文中讲道：赣县是最早接纳南迁汉人的重要一站，是早期客家民系形成的发祥地之一，在整个客家民系的形成中发挥了特有的历史作用，在客家民系的发展史上占有重要的地位[3]。刘劲峰先生在《从若干历史资料看赣县在客民系形成史上的作用》一文中写道："由于大批移民的南迁，使得赣县，最迟到唐宋时期，其经济、文化面貌已经发生了根本性的变化，包括生产技术在内的中原先进文化已在这里占据了主导的地位[4]。"

其二，明末清初，闽粤地区客家人口发展壮大，人满为患，并且受到一些战乱的影响，闽粤客家为生计所迫，便开始向外迁徙，寻找新的发展机遇。此时，赣州受到几十年战乱的影响，已是地广人稀的状态，而且赣州又是客家民系的摇篮地，对闽粤客家具有较大吸引力，于是大量闽粤客家返迁入赣州。罗勇教授在其所著的《客家赣州》中指出这一时期闽粤客家进入赣州的主要途径有三条："闽西的宁化、清流、长汀、连城等县客家越武夷山而西进至石城、宁都、兴国、瑞金、会昌、于都、赣县等县；闽西的武平、上杭等县及粤东的平远、蕉岭、梅县、大埔等县客家越筠门岭而北进至寻乌、定南、全南、龙南、安远、

1   温涌泉. 客家民系的发祥地——石城[M]. 北京：作家出版社，2006。
2   赖启华. 早期客家摇篮——宁都[M]. 香港：中华国际出版社，2000。
3   冯秀珍. 赣县在客家族群中的特殊地位[A]. 赣县政协文史资料编纂委员会编. 赣县与客家摇篮[C]. 合肥：黄山书社，2006：13-24。
4   刘劲峰. 从若干历史资料看赣县在客民系形成史上的作用[A]. 赣县政协文史资料编纂委员会编. 赣县与客家摇篮[C]. 合肥：黄山书社，2006：40-45。

会昌、信丰等县；粤东的五华、兴宁、龙川、长乐等县客家则越大庾岭进入大余、崇义、南康、上犹等县[1]。"闽粤客家在返迁入赣州时，平坦、肥沃的土地已被"老客家"所占领，"新客家"多数在山区开垦荒地，或者为人佃耕，主要集中在赣州周围的山区地带，如赣州的南部、西北部以及东部区域。

（2）中原文化因素

中原汉民由于历史原因辗转迁入南方蛮夷荒芜之地，被迫适应当地的地域环境，在赣州形成了极具地域特色的村落、民居文化景观。解析赣州客家地区七种民居类型的建筑空间形态，发现其具有明显的中原文化特征。

1）堂横屋

堂横屋是赣州客家传统村落中的主流民居形态文化，集聚核心主要位于赣州东北部以及东南部，与闽西、粤东北接壤的区域。堂横屋延续了古代中原地区大型向心围合的合院式建筑形式。

唐中后期至北宋是客家民系的孕育期，这一时期大量中原汉人迁入赣闽边区，进入赣州，则最早定居于赣州东北部的宁都、石城一带，而后进一步迁徙到闽西、粤东北，最终以赣南、闽西、粤东北三角地带为大本营。客家先民在新迁徙地为了安全、生产的需要采取大家族聚族而居的方式，这种大型向心围合式建筑在唐代已出现[2]。

2）共同的组成部分与相似的空间布局

第一，各类传统民居中间部位都有一个方形堂屋式的基本空间单元，它是民居建筑的公共空间。这一方形堂屋式结构深受中原文化的浸染，与考古遗址发掘的黄河流域氏族聚落的居住习惯相近似。例如，在6000年前西安半坡遗址的原始村落的房屋群中，位居中心的是一座大型方形房屋，据推测是氏族公共活动场所；又如，离该遗址不远的临潼姜寨，也发掘了6000年前的原始村落，在每个氏族房屋群中，都有一个用于氏族集会、祭祀和游乐的方形大屋子，与半坡遗址的方形大房子功能相似[3]。这种原始氏族聚落的布局形式与赣州客家传统民居的居住结构极为相似。各类民居以堂屋式结构为空间核心，根据不同的生存区域及环境，在此基础上不断加以拓展与演变，从而构成丰富多样的民居形态（图3-22）。

第二，传统民居大都为中轴对称的空间布局形式，各类民居以方形堂屋所在位置为中轴线，形成左右对称的空间格局（图3-23）。这些民居建筑遵循中轴对称原则，方形堂屋在中轴线的中心位置，充分体现了建筑空间秩序井然、有条不紊的布局特点，彰显出强烈的等级分明、伦理有序的思想。而这一思想源于中原文化的传统礼制思想，强调的是秩序与和谐、宗法与等级制度。

1　罗勇. 客家赣州[M]. 南昌：江西人民出版社，2004。

2　肖旻. "从厝式"民居现象探析[J]. 华中建筑，2003，（01）：85-93。

3　丘桓兴. 客家人与客家文化[M]. 北京：中国国际广播出版社，2011。

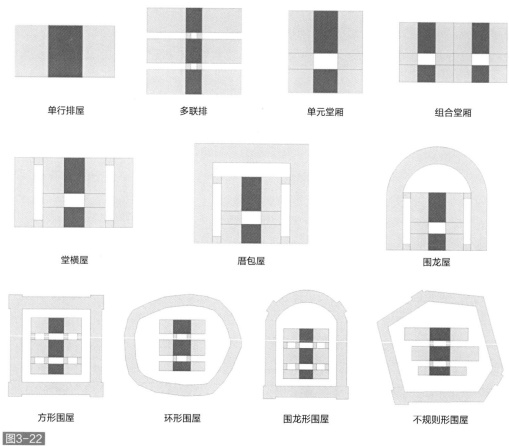

图3-22
各类民居方形堂屋组构方式
（图片来源：自绘）

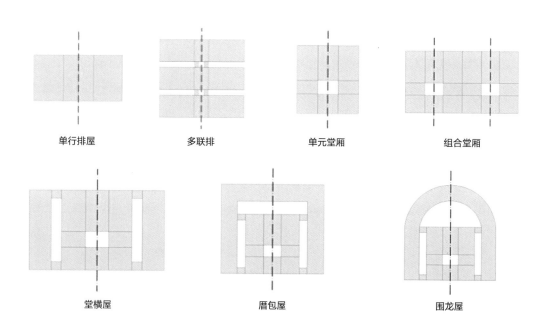

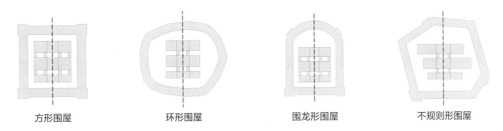

方形围屋　　　　　　环形围屋　　　　　　围龙形围屋　　　　　　不规则形围屋

图3-23
各类民居中轴对称的空间布局
（图片来源：自绘）

可见，形态各异的客家传统民居具有同质性，表现为方形堂屋式的基本空间单元和中轴对称的空间布局，且这种民居营建思想源于传统的中原文化。在同一客家文化区中，赣州地区出现不同种类的民居建筑，但这些民居有着相似的空间结构，相同的文化本质，只是呈现出来的外在物质形态有所不同。同一种文化可以衍生出多样化的民居形式，通过不同民居形态中相同本质的空间结构来体现同一种地域文化。

2．基本：自然环境与农耕生产因素

村落是人类适应、改造自然的产物，是在当地特定的自然环境下经过历史发展演变而逐渐形成。在传统自给自足小农经济社会，村落的形成和发展在很大程度上依赖于自身所处的自然环境，自然条件的优劣对农业生产规模以及村落文化景观特征起着决定性的作用。充分利用自然，因地制宜，可耕作用地充足，农业生产可以自给是传统社会人们选择居住地的根本准则。生产技术水平反映了人类改造自然环境的能力，其与农业生产以及村落面貌息息相关、密不可分。

（1）土地资源因素

赣州"八山半水一分田，半分道路和庄园"，从一定程度上描述了赣州土地资源的稀缺性。赣州耕地面积占总面积的比值不超过10%，人均耕地占有量少，不足1亩。从方志中也可以了解到赣州耕地资源稀少的情况，如，明嘉靖《崇义县志》云："众山壁立，南郊略广，山多田少，路如鸟道，水清而激[1]。"又如，《南安府志》载："南安，无广谷平原，生谷之土，多崎岖幽辟[2]。"在传统农业社会时期，土地是最重要的、基本的生产资料，村民依靠土地为生。土地资源对村落的选址、分布、布局、规模等的影响作用是十分明显的。

赣州土地资源极其有限，丘陵平原数量不多，这部分土地土质肥沃，广阔而平坦，水资源充足，通常被先开垦利用，成为较早开发的地方，村落规模普遍较大，此类村落地形优势非常明显，村落内部结构相对整齐，道路走向较为平直，村落分布密度较高。相对于

1　（明）王廷耀（修），郑乔（纂）. 崇义县志（嘉靖）[M]. 崇义：江西省崇义县办公室，1987：10。
2　赣州地区志编撰委员会编. 南安府志 南安府志补正（重印本）[M]. 赣州：赣州印刷厂，1987：93。

平原来说，赣州盆地数量更多，正如罗勇教授所说："（赣闽粤边区）没有北方那样广袤而又适宜的耕作的良田熟地和灌溉系统，有的只是丘陵密布和溪水纵横而成的无数个大小不等的盆地[1]。"丘陵盆地、山谷盆地面积相对狭小，但是地势相对比较平坦，土质较为肥沃，多有水系从中穿过，具有相对较好的农耕价值，因此也成为大多数赣州客家村落所在之处。

在土地资源非常紧张的情况下，为了留出更多平整、肥沃的土地用于农业耕作，又要避免水淹，除位于丘陵平原的少数村落，绝大多数赣州客家村落是倚山而建，这可以通过往山上建和沿山而建两种方式来解决。赣州客家传统村落选择了沿山而建，村落没有继续往坡度过大的山上进行建设，而是大都选择沿山边的缓坡而建。一方面是因为在坡度更陡的用地上建设，工程技术难度大。另一方面是因为赣州客家来自北方汉民的南迁，村落深受中原文化的影响，多采用北方的平地木构营建技术，没有采用吊脚楼形式，故村落不往山上建，而是尽量靠近山边，沿山体呈线性延展。

土地是赖以生存的基础，可以耕种的土地数量与村落规模有着十分紧密的关系。由于生产力水平以及耕作半径的限制，一定的耕地资源只能滋养一定数量的村落人口，如果村落规模过大，则会出现人多地少的矛盾，土地资源极大的制约着村落规模的扩张。由于地形、耕地资源的限制，赣州客家村落规模通常不大，以5公顷以下的中、小型村落为主。当土地资源受限，不足供应，则需迁往他处，另觅新的生存空间。

（2）水资源因素

水资源是直接影响农耕生产与生活用水的关键要素，对于村落的生存、发展至关重要。村落与水之间的关系是村落营建时要考虑的重要问题。赣州溪水密布，河流纵横，村落的选址、分布等与水资源有着重大关系。

赣州山地多，平原少，水系河流发达，村落离河流都不会太远，绝大多数村落都是沿河流而建设。在沿水而居的位置选择上，村落多选择在小型河流（河道宽度≤10米）沿岸进行建设。

村落选址多位于河流附近，不仅可以提供足够的日常生活用水，而且可以方便取水灌溉，满足农业生产灌溉的需求，为农业耕作提供有力保障，保证农业的长期稳定发展。如果离水较远，则挖水塘蓄水，以备农业耕作或生活之需。

村落在选址时，还会充分考虑洪涝灾害问题，防止水患灾害。赣州雨量充沛，春、夏降雨集中，每年4~6月为汛期，容易引发水灾。1994年出版的《赣州地区志》有记："（赣州）水灾见于史料的最早年份是晋太元八年（383年），截至1949年解放计1566年期间，共发生较典型水灾151年次。按范围区分，全区性水灾11年次，大部分地区水灾40年次，局部地区水灾100年次[2]。"如，在南康，"东晋太元八年（公元383年）三月大水，平地五尺；太

1　罗勇，龚文瑞. 客家故园[M]. 南昌：江西人民出版社，2007。
2　江西省赣州地区志编撰委员会编. 赣州地区志[M]. 北京：新华出版社，1994。

元十八年（公元393年）六月大水，深五尺[1]"；"万历十一年（1583年），赣州大水；四十四年（1616年）五月，初一、二、三霖雨不止，一夜水高数丈；初四日灌县城，东北街市及濒河室庐，六乡田禾皆没，男妇溺死无数，屋宇连栋蔽江而下[2]"；在崇义，"清道光十四年（1834年）五月，大水淹没田庐甚多[3]"。经过深入调查研究，发现村落沿水而居，多选择在小溪流附近，是因为不仅可以依靠河流进行农业灌溉，利用天然水源便利日常生活，而且更重要的是在小型河流周边，洪水冲刷力较弱，破坏力度较小，不容易发生水灾。

对同样具备山、水条件的村落而言，就其与河流、山体的距离进行分析，发现村落与山的依附关系更加强烈，其多沿山体态势发展，而不会因为与水的距离较远放弃依山而建。山体距离河流较远，村落距离河流也相应较远，反之亦然。故村落往往是依山而筑，前面的土地用作耕种，离水较远的村落则通过水塘蓄水等方式来解决水的问题。

（3）日照因素

中国古代村落选址时往往争取南向，这与日照关系十分密切。中国绝大部分地区地处北回归线以北，太阳总是位于南边的天空，朝南的房屋基本是向阳的，便于采纳阳光。冬季，朝南的房屋可以接受到充足的日照，阳光可以照射到屋内深处，冬天气温较低，通过日照可以提高室内气温，抵御天气的寒冷，同时阳光具有杀菌的作用，可以提高卫生条件，保持健康；夏季，太阳高度角增大，屋内接收到的太阳光照射相对较少。因此，南向房屋，冬暖夏凉，光线充足，舒适宜居，南向是自古以来传统村落选址比较偏好的朝向。

赣州位于北回归线以北，阳坡面自然是村落选址时的首选。但是，赣州多山地丘陵，受地形条件、耕地资源、建筑用地等因素的限制，村落所处坡向比较自由，不仅限于南向，呈现多样化。对赣州客家传统村落进行日照分析，发现山体阳面的村落可以获取充足的阳光，但是位于山体阴面的村落，通常倚靠的是低矮的缓丘，村落的日照、采光并没有因为山体的遮挡而受到影响，而在山体较陡的阴坡面，阴影时间较长的区域，往往没有村落分布。日照的确影响了村落的分布，村落所处坡向不会牺牲日照，争取阳坡面是大多数村落的选择，而位于阴坡面的村落，会因地制宜的选址，以确保村落能够获取足够的日照。

（4）生产技术因素

生产技术水平对村落的分布产生重大影响，在不同的历史时期，村落选址位置表现出一定的差异性。盆地、平原是良好的农业耕作用地，得到较早的开发，是较好的聚居之地。但是随着农业生产技术的逐步提高，人口的不断增加，大量的山地、丘陵被垦辟，出现了山田、梯田，可用于耕作的土地范围逐渐扩大，固定的居民点也扩展到这些区域。赣州在唐代、宋代、元代已有约三分之一的村落位于山谷盆地，位于丘陵盆地的村落数量最多，而明代位于山谷盆地的村落已大大超过其他两类地形的村落数，清代所建村落中有超过半

1　南康县志编纂委员会编. 南康县志[M]. 北京：新华出版社，1993。
2　赣县志编撰委员会编. 赣县志[M]. 北京：新华出版社，1991。
3　崇义县编史修志委员会编. 崇义县志[M]. 海口：海南人民出版社，1989。

数位于山谷盆地，尤其明清时期以后位于山谷盆地的村落显著增加，大量村落在梯田周围集聚（表3-35）。

赣州市客家传统村落所处地形统计表（单位：个）　　　　　表3-35

地形 ＼ 建村年代	东晋	南朝	唐代	五代十国	宋代	元代	明代	清代
山谷盆地	2	0	7	1	31	20	218	206
丘陵盆地	0	0	10	1	39	38	182	137
丘陵平原	0	1	6	0	16	15	96	67

（资料来源：自绘）

　　唐代，江西土地的垦辟已经向山地、丘陵推进了，山田得以利用，山地、丘陵的开发促使耕地面积大大增加。宋代，江西梯田耕种已经具有相当高的水平了，梯田在江西诸多地方皆有出现。如，南宋范成大之《骖鸾录》载："（袁州今江西宜春）岭阪上皆禾田，层层而上，至顶，名梯田[1]。"又如，绍兴十六年（1146年），曾任袁州知州的张成已说："江西良田多占山冈，上资水源以为灌溉，而罕作池塘以备旱暵[2]。"再如，北宋王安石在《抚州通判厅见山阁记》中说道："抚之为州，山耕而水蒔……为地千里，而民之男女以万数者五六十，地大人众如此[3]。"赣州在北宋时期有关于梯田的一些记载，如北宋孔平仲在《题赣州嘉济庙祈雨感应》中云："高田流满入低田，万耦齐耕破晓烟[4]。"元初，邓文原在《五龙岭[5]》中描述道："洒空飞雨至，乃在半山间。粳稻绿如云，白水行碛湾[6]。"

　　明代以前，赣州处于十分荒僻的景象，土地还没得到大规模开发。明中期以前，主要种植水稻、小麦等作物；明清时期，随着移民的徙入，蓝靛、烟叶、甘蔗、花生、花卉等经济作物及其种植技术相继进入赣州，油茶、油桐、漆树等经济林木在赣州大规模栽培，从而带动了赣州山区大规模的开发。

　　明中期以后，由于纺织业对染料的需要，蓝靛的需求量迅速增加，而此时赣州社会处于一个相对稳定的状态，蓝靛业得到蓬勃发展，至明后期，蓝靛已成为赣州大宗外销的商品。据明天启《赣州府志》所记："（赣州）城南人种蓝作靛，西北大贾岁一至汛舟而下，州人颇食其利[7]。"蓝靛的种植适宜于在山地进行，从而促进了赣州山区村落的发展。烟叶约

1　（宋）范成大. 骖鸾录[M]. 北京：中华书局，1985。
2　（清）徐松（辑）. 宋会要辑稿1-7[M]. 北京：中华书局，1957。
3　（宋）王安石. 临川先生文集[M]. 北京：中华书局，1959。
4　（宋）孔文仲等（著），孙永选（校点）. 清江三孔集[M]. 济南：齐鲁书社，2002。
5　五龙岭指大庾岭、骑田岭、都庞岭、萌渚岭、越城岭或称南岭，在江西、湖南、两广之间。其中，大庾岭在今江西大余县的南部，与广东南雄接壤。
6　黄林南. 赣南历代诗文选[M]. 南昌：江西人民出版社，2013。
7　（明）余文龙等（修），谢诏（纂）. 赣州府志·土产[M]. 天启元年刻本。

于明代后期传入赣州，至康熙、乾隆时，赣州已经是一个规模较大的烟叶种植区。方志中有关于大量种植烟叶的记载，如赣州府"属邑遍种之[1]"；宁都州"无地不种[2]"；瑞金"连阡累陌，烟占其半[3]"；兴国"兴邑种烟甚广，以县北五里亭所产为最[4]"；大庾"种谷之田半为种烟之地[5]"；等等。自康熙始，甘蔗种植迅速发展起来，赣州成为一个较大的甘蔗产区。据方志载，雩都"濒江数处，一望深青，种之者皆闽人，乘载而去者，皆西北江南巨商大贾，计其交易，每岁裹镪不下万金[6]"；南康"近产糖蔗，岁煎糖可若千万石[7]"；大庾"种蔗不种麦，效尤处处是[8]"；宁都"州治下乡多种以熬糖，农家出糖多者可卖数百金[9]"；等等。花生种植于清初传入赣州，很快得到推广，成为外销的重要商品。如，在瑞金"向皆南雄与南安产也，近来瑞之浮四人多种之，生殖繁茂，一亩可收二三石，田不烘而自肥，本少而利尤多[10]"；在龙南"邑境沙土所种，胜于他处，称西河花生，运于广[11]"；等等。入清后，花卉也是赣州重要的商品作物。据清乾隆《赣州府志》载："兰花出闽中者为最，其次莫如赣，种类不一，四季皆花，为江淮所重，舟载下流者甚多，赣人以此获利[12]。"清初，由于移民的垦殖，油茶、油桐、漆树等成为重要的林产品，得到大规模的种植。如，在安远，"邑多山，人力勤，北乡多出……垦土时茶子桐子并植，桐子一年即荣……三年茶树长，伐桐树[13]。"烟叶、甘蔗、花生、花卉等经济作物适宜在河谷丘陵种植，油茶、油桐、漆树等经济林木适合在山地发展，从而促进了山地、丘陵村落的发展。到清代，赣州人口众多，改变了以往荒僻的景象。例如，在石城，清初已经是"人稠而土窄了[14]"。

3．差异：文化传播与文化创新因素

文化的局部分异往往发生在一个文化区的边缘地带。边缘地带容易受到周边地区文化的影响，边缘地带与周边地区的距离较为接近，通过文化传播，与周边文化不断交流、接触，彼此逐步融入、渗透、整合，在文化景观上表现出周边文化影响的痕迹。此外，边缘地带还容易发生文化创新，边缘地带是充满发展机遇的地域，新文化较容易发展起来。正如唐晓峰先生所言："在文化发展过程中，边缘是不能忽略的，它可能成为新一轮的文化创

---

1 （清）魏瀛（修），鲁琪光，钟音鸿等（纂）．赣州府志·风俗[M]．同治十二年刻本。
2 （清）郑祖琛，刘丙，梁栖鸾（修），杨锡龄等（纂）．宁都直隶州志·土产[M]．道光四年刻本。
3 （清）蒋方增（修），廖驹龙等（纂）．瑞金县志·艺文志[M]．道光二年刻本。
4 （清）梅雨田，崔国榜（修），金益谦，蓝拔奇（纂）．兴国县志·土产[M]．同治十一年刻本。
5 （清）余光璧（修）．大庾县志·物产[M]．乾隆十三年刻本。
6 （清）李祐之（修），易学实等（纂）．雩都县志·物产[M]．康熙元年刻本。
7 （清）申毓来（修），宋玉朗（纂）．南康县志·土产[M]．康熙四十九年刻本。
8 （清）蒋有道，朱文佩（修），史珥（纂）．南安府志·卷二一[M]．乾隆三十三年刻本。
9 （清）郑祖琛，刘丙，梁栖鸾（修），杨锡龄等（纂）．宁都直隶州志·土产[M]．道光四年刻本。
10 （清）郭灿（修），黄天策，杨于位（纂）．瑞金县志·物产[M]．乾隆十八年刻本。
11 （清）王所举，石家绍（修），徐思谏（纂）．龙南县志·物产[M]．道光六年刻本。
12 （清）窦忻（修），林有席（纂）．赣州府志·物产[M]．乾隆四十七年刻本。
13 （清）董正（修），刘定京（纂）．安远县志·物产[M]．乾隆十六年刻本。
14 （清）王士倧（修），刘飞熊等（纂）．石城县志·风俗[M]．乾隆十年刻本。

新源地[1]。"

（1）文化传播因素

文化传播导致了赣州不同区域传统村落民居形态特征出现差异性。文化传播伴随着人口迁徙，以人作为文化载体，将文化从迁徙源地带到迁徙目的地，从而使目的地的文化形态表现出源地的某些特征。

首先，赣州北部易受到江西北部乃至北方文化的影响。赣州北部开发普遍比南部要早。赣州秦时已在今赣州西北部的大余、南康之间设置了南壄县，西汉时在赣州北部增设雩都县、赣县两县，三国时已在雩都县设置一级行政机构，至唐末已有一郡七县，此时的郡治及七个县治基本位于赣州的北部地区。由此得知，在客家民系形成以前，赣州北部汉化程度已较高。此外，便利的交通为赣州与江西北部乃至北方的密切交流提供了有利条件。途经今赣州大余县的梅关古道，自秦始便是沟通中原、岭南之间的重要通道，唐以后发展成为全国南北交通大动脉至关重要的一部分。因此，赣州北部受到江西北部乃至北方文化的影响非常大，其民居形态更容易靠近江西北部发达地区。唐末五代至北宋，中国世家大族式家族组织彻底瓦解，个体小家庭模式开始普遍化[2]。在江西北部，民居以天井式为主，较好地适应了这一家族制度，赣州北部受到江西北部民居文化的影响，在民居平面布局思想上更贴近江西北部民居，出现较多堂厢式民居。

其次，赣州西部与广东北部相邻。乌迳古道连接了赣州的信丰和广东的韶关，其有千百年历史，为粤盐赣粮的重要运输通道，便捷的交通使得两地交流更加频繁，在民居形态上则表现为具有显著的趋同性。如，两地都出现大量的多联排建筑。

再次，赣州东南部与广东梅州毗邻。两地之间的沟通多通过赣州寻乌至广东梅州的多条古道相连接，这些古道为赣粤之间较为繁忙的交通运输通道，来往物资相当丰富，交流十分频繁，寻乌的风俗、语言与梅州非常接近，可见，赣州东南部受到梅州影响较大，在民居上表现为出现较多的围龙屋。从围龙屋的空间分布来看，与梅州接壤的寻乌东南部数量最多，且最为集中；而在会昌、安远、定南与寻乌交界处只有少量围龙屋出现。

（2）文化创新因素

由于特定的地理、历史环境等因素的影响，处于赣州边缘地域的赣州南部发展出一种独特的民居形态文化——具有强烈防御性的围屋民居，其与福建土楼、广东围龙屋共同构成了客家民居的代表。

赣州南部的三南、寻乌、信丰、安远等县，位于赣州边缘山区，与广东东北部、福建西南部接壤，生存环境相当恶劣。《赣州府志》有记："赣州据江右上游，境接四省，中包万山、峻岭、遂谷、盘涧、郁林、人迹罕及，为巨寇之渊薮。旧所辖十县，虽入版籍，而

---

1   唐晓峰. 文化地理学释义——大学讲课录[M]. 北京：学苑出版社，2012。
2   徐扬杰. 中国家族制度史[M]. 武汉：武汉大学出版社，2012。

安远、石城、龙南当盗贼出没之冲，犹受其患[1]。"这一地域离统治中心赣州府较远，官府较难控制，建立县治时间较晚，尤其是与广东、福建交界的定南、寻乌、全南三县在明清时期才建立县治。

明清时期，该地域盗贼蜂起，动乱不止，发生频繁，社会局势动荡不安。关于这一时期的社会动荡情况方志中有很多记载。根据万幼楠先生的统计，自明正德元年至清同治十二年，清同治《赣州府志》记载的兵火便有148起，其中起源或波及三南、安远、寻乌一带围屋较多县的兵火有92起，平均每四年有一起[2]。明后期动乱纷起，此起彼伏。如，《龙南县志》记载："有明之季、奸宄不靖，兵燹蹂躏，几无宁岁[3]。"又如，《新建定南县记》云："赣治以南、信丰、安远、龙南三邑之间高砂、下历二堡，与岭东岑冈接壤，皆重峦复岭，盘谷邃峒，顽犷之徒，多负险裂据，自相犄角为三巢。弘治以来、累剿累叛、反侧不定者……[4]。"为了加强军事镇压，增加对这一区域的控制，相继新建定南、长宁（今寻乌）等县。如，《寻乌县志》有记：明弘治年间至明万历三年的80多年中，造反活动持续不断，造反平息后，都御史以"该地是赣、闽、粤相接地带，地处万山之中，又离安远县治三百余里，对该地域的管理鞭长莫及"为由，奏请分置县，为确保该地域的长治久安，翌年析安远15堡建县，取长宁久安之义，定名长宁县，后改为寻乌县[5]。清初的"抗清战争""三藩之乱"等战乱对赣州产生了很大影响，造成局面非常混乱，矛盾空前激化，社会严重失序。

除此之外，明末清初，大量闽粤客家迁回赣州，人口剧增，加剧了争夺生存空间的矛盾，引发大规模的宗族械斗。有着强烈宗族观念的客家人喜讼好斗。如史料所云："赣南为闽粤毗连之区，其士气浇薄不能文，民情强悍，习于斗，健于讼，耻于奉法，风气之败坏久已[6]。"他们为了本姓宗族的利益，诸如山水田产，家庭关系，钱债等，与其他姓氏宗族产生各种纠纷时，往往不顾身家性命，务必求胜。

这一地域自然环境险恶，地理位置又偏僻，加上大量移民的徙入、连年的兵火战乱、频发的宗族械斗等因素，造成匪贼频繁出没其间，社会动荡不安的动乱局面。而这里是远离统治力量的边缘地域，官府往往鞭长莫及，百姓为了防御，寻求自保，围屋这种带有强烈防御性的民居便逐渐形成。不少姓氏族谱中有关于建造围屋为防御的记载，如族谱上有"筑楼以为保家计[7]"，"加紧造好围屋防贼[8]"之类的描述。

（3）文化整合因素

文化传播的结果导致了不同文化的互动、交融，从而促使了文化整合的形成。文化整

1　赣州地区志编撰委员会编. 赣州府志（重印本）下[M]. 赣州：赣州印刷厂，1986。

2　万幼楠. 赣南围屋研究[M]. 哈尔滨：黑龙江人民出版社，2006。

3　龙南县志编修工作委员会. 龙南县志[M]. 北京：中共中央党校出版社，1994。

4　赣州地区志编撰委员会编. 赣州府志（重印本）下[M]. 赣州：赣州印刷厂，1986。

5　寻乌县志编纂委员会编. 寻乌县志[M]. 北京：新华出版社，1996。

6　（清）李象鹃. 棣怀堂随笔·卷五[M]. 同治十三年刻本。

7　龙南《桃川赖氏八修族谱·福之公传》。

8　安远《颍川堂陈氏族谱·建造东生围详记》。

合是由于不同区域文化的接触、碰撞，通过相互吸收、彼此融合而形成一种新质文化的现象[1]。赣州最南端的民居形态文化通过不同文化的互动与交流，逐渐融合为一个整体。不同民居文化元素融合于一栋建筑之中，从而组成了一种新的民居组合方式。

赣州的围屋受到围龙屋的影响，出现了围龙形围屋，其兼具围屋与围龙屋的特点（图3-24），外围为前方后圆的围合体，比围龙屋围合性更强，在后围与核心体之间有"化胎"，外围设有枪眼、瞭望孔、炮楼等防御性设施，具有很强的防御性。如龙南市杨村镇乌石围（图3-25），建于明万历年间，从平面布局上看，与围龙屋很类似，具有围龙屋的基本构成

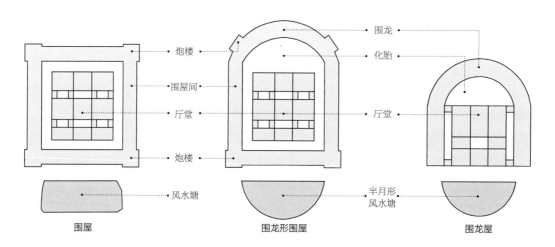

图3-24
民居文化整合示意图
（图片来源：自绘）

左侧炮楼

化胎

围龙

图3-25
龙南市杨村镇乌石围
（图片来源：自摄）

1　周尚意，孔翔，朱竑. 文化地理学[M]. 北京：高等教育出版社，2004。

要素，但与围龙屋又有些区别，乌石围外围为一圈闭合的前方后圆围合体，围合性比围龙屋更强，并在外围围合体设有炮楼、枪眼等设施，以增加防御性能，围内是以厅为主的方形建筑体，这与赣州防御性民居围屋相类似。这一形制在后期所建围屋中也得到了延续，如寻乌县晨光镇司马第，始建于清末，也为围龙形围屋。

文化整合使多元文化更好的渗透与融合，繁荣了该区域的文化。赣州最南端的民居形态文化充分体现了文化整合特色。

4. 内在：宗族文化因素

赣州客家宗族组织十分发达，宗族结构是传统村落社会秩序建构的根基。人与人之间的关系被宗法伦理关系所约束，宗族结构成为村落内部组织系统，深刻地影响着村落物质空间的形成，直接控制着村落内在空间结构的发展。

如第2章所述，赣州客家具有更为强烈的宗族观念与严密、完善的宗族组织的社会结构。客家村落是以血缘、地缘关系相关联而形成的同宗族共居体。祠堂是宗族内聚力的纽带，是人们精神活动的中心，是村落社会形态的象征，在村落社会结构中占据极其重要的位置。宗族是以宗祠、房祠、支祠为多层次的布局结构，由血缘关系派生的这一结构与村落、民居内在空间结构存在着相应的对应关系。

对于集中式、村围式布局的村落，其主要建筑类型为堂厢式、单行排屋，建筑单体规模不大，通常为宅祠分离，祠堂独立设置，村落中祠堂建筑的规模、等级最高。村落的布局以宗祠为中心，其下的几个房祠、支祠为次中心，宗祠、房祠、支祠为各层次空间的控制中心，各支派的住宅往往簇拥在各支派所属祠堂的周围，形成层次分明、内向聚集性的空间结构。宗族的社会关系网络带来了村落内在空间结构的演变，村落内部以各自所属祠堂为核产生的空间单元各不相同，生成的空间序列变化较为丰富，形成的建筑物之间的距离比较狭窄，产生了狭窄的巷道空间，村落大致形成网格状巷道形式，村落规模普遍较大。

对于条层式布局的村落，其主要建筑类型为多联排、单行排屋。多联排建筑规模比较大，为宅祠合一，中间位置为厅堂，是具有祠堂性质的礼制空间，敬奉着列祖列宗，是家族的核心，其体量、等级为最高；周围用房以厅为核心，向两侧横向拓展，表现出强烈的家族性。整个村落则以多联排建筑为核心，多联排、单行排屋通过横向、纵向的排列组合，形成层层相叠的横向特征显著的条层式布局形式。这种内在的村落空间秩序，以横向直线状巷道为主的方式来组织空间布局，形成的村落规模为中型的居多。

堂横屋、厝包屋、围龙屋、围屋等大型聚居建筑，集家、祠于一体，中心是厅堂，是具有祠堂性质的堂，供奉着祖先，是家族凝聚的核心，其体量规模、等级最高，次厅、普通用房不能逾越；厅周围的房是众多家庭的生活用房，环绕着中心厅堂进行布置，表现出对祖先的崇敬；整栋建筑即以厅堂为核心进行拓展，组织建筑空间，形成具有向心性、围合性、秩序性的大家族共同居住的生活空间。有些建筑起初只是小家庭供奉散祖的祖堂，随着人口的不断繁衍，从家族分支出去者会在老屋周边重新选址建新屋，祖堂则升级为家族的祠堂。由于这些建筑单体规模较大，村落建筑数量则相应减少，通常一栋或若干栋建筑便构成了一个村落。村落往往由一条交通性道路将大部分建筑串接起来，大部分村落内部没有巷道。村落建筑受地形的限制，多沿山水之势依次排开形成条带式布局形式，或者呈稀疏散落的散点式分布状态，这两类村落规模均普遍较小，又或者为多栋大型建筑聚合而成的团块式布局，形成的村落规模一般较大。

村落布局、民居形态均强调祠堂的位置，祠堂处于空间核心的位置，是村落、民居内部的组织系统，对村落、民居内在空间结构具有决定性的作用，对村落的维持、发展起到关键作用。这种核心观反映了宗族强烈的内聚力、向心力，村落、民居的这种空间结构也是社会结构的反映。

此外，宗族还具有排他性，是一种血缘认同群。在赣州客家村落，宗族组织比较发达，其与村落常常是重叠在一起的。据乾隆《赣州府志》载："诸县大姓多者数千人，少者数百人，聚族而居。族有祠，祠有祭，祭或以二分，或以清明，或以冬至，族之人皆集，尊卑长幼亲疏秩然而不敢乱[1]。"由此可见，同姓家族总是趋向于共同居住，或者说是聚族而居，单个村落往往趋向于单姓宗族村落。对于相邻的一些村落来说，通常是相同姓氏的村落相邻近，有同姓从邻近村落的就近迁移，也有同姓从较远的地方迁徙过来的，从而形成了同姓村落连片聚居的特征。

小结

本章建立在上一章赣州客家传统村落及民居文化地理数据库构建的基础上，运用ArcGIS软件，对赣州客家传统村落及民居的3大类，10小类文化因子以地图的方式精确、直观表达出村落、民居的空间位置，定量分析赣州客家传统村落及民居文化的时空分布格局与历史演化特征；利用SPSS软件，选取出两者之间相关性较强的文化因子进行关联性分析，探究其之间的相关关系；最后结合赣州地区的自然、社会人文因素，深入挖掘并揭示传统村落及民居文化特征形成与发展的内在规律与动力机制。

（1）赣州客家传统村落及民居文化分布特征总结（表3–36）

1　（清）窦忻（修），林有席（纂）. 赣州府志·风土[M]. 乾隆四十七年刻本。

赣州客家传统村落及民居文化地理特征总结表　　　　表3-36

类别			特征与规律
村落分布			村落分布疏密有致，为集聚分布状态，存在多个集聚核心，"核心—边缘"结构明显，集聚核心多位于赣州边际区域
地理环境属性因子	村落所处地貌特征	地形	村落位于山谷盆地、丘陵盆地的数量较多，位于丘陵平原的相对较少
		坡度	村落主要位于缓坡区域中，随着坡度增加，村落数量骤减
		坡向	山体的阴阳两面均有村落分布，其比值约为1：1.40
	村落与河流关系	河流等级	绝大多数村落沿水而建，村落与河道宽度较窄的河流关系较为密切，半数以上选择在四级河流（河道宽度≤10米）沿岸建设，其次较多的是三级河流（河道宽度＞10米且＜50米）沿岸
		河流流经形式	流经形式为相邻、环绕的居多，贯穿的较少
村落物质形态属性因子	村落布局		①条带式数量最多；其次是散点式、集中式，两者数量接近；再次是团块式、条层式；最少的是村围式 ②条带式在赣州分布广泛；散点式主要位于赣州边缘地带，尤其在赣州南部和东部地区分布较多；集中式主要分布在赣州北部；条层式主要位于赣州西部的信丰县；团块式主要集中在与粤东北、闽西接壤的赣州南部、东部的区域；村围式呈零星分布状态
村落物质形态属性因子	民居类型		①总体格局 在空间分布上呈现出"大共性、小分异"的总体特征。单行排屋和堂横屋是体现赣州客家传统民居大共性的类型。小分异主要体现在堂厢式、围屋、多联排、厝包屋、围龙屋五类民居在赣州客家村落中所占比例不高，分布范围较小，分布在赣州市域边缘地区，主要分布区域和集聚中心位置均不同 ②相关关系 "大共性"民居文化之间有一定程度的共存性，"大共性"民居文化可与多种"小分异"民居文化分别产生共存关系，而在"小分异"民居文化之间不容易出现共存现象 ③围屋 有方形围的村落占八成以上，有不规则形围、环形围、围龙形围的村落数量较少。方形围比其他类型围屋的分布范围要广。在有方形围的村落中，含有套围、国字围的村落数量差不多，均为六成以上，最少的是有口字围的村落，数量不到一成。套围分布相对广泛，国字围相对套围分布范围向西、向北偏移，口字围分布范围相对较小且集中
	村落规模		①中、小型村落数量在赣州较多，两者相差无几，大型村落数量最少 ②大型村落主要位于地势较为平坦的区域，中型村落在赣州分布范围较广，小型村落较多分布在偏远山区地带
	巷道形式		①多数村落为无巷道形式，其次是非规则网格状巷道形式，少量村落为较规则网状巷道、线状巷道形式，极少数村落为规则网格状巷道 ②无巷道形式的村落在赣州分布最为广泛与普遍，非规则网格状、较规则网格状巷道均主要分布在赣州的北部地区，线状巷道主要集聚在赣州西部的信丰县，少数几个规则网格状巷道村落均位于大余县

续表

类别		特征与规律
	村落环境要素 （水塘）	①八成以上村落有水塘，多数为自由形，半月形较少 ②自由形水塘在赣州广泛分布，半月形水塘分布具有明显的地域特征，主要分布在赣州边缘地区
历史人文属性 因子	建村年代	①村落在宋、元、明、清时期均表现出显著的集聚分布状态，但集聚程度却有所差异 ②宋代，村落集聚程度最高，但总体数量相对较少，主要集中在赣州东北部的宁都县、石城县以及赣州中部的赣县区 ③元代，新增村落数量不多，村落点呈现往南迁移的趋势，并逐渐繁衍散布到赣州各地，集聚程度有所下降，集聚中心主要在赣州中部地区，如赣县区、南康区等 ④明代，村落覆盖面扩大，总体数量剧增，尤其是赣州边际山区一带增加较多，村落集聚程度相应降低，集聚核心出现在赣州多个区域 ⑤清代，村落继续蓬勃发展，总体数量持续骤增，几乎遍布整个赣州，村落集聚程度也随之降低，集聚核心仍出现在赣州多个区域
	迁徙源地	①赣州内部迁徙的村落数量最多，在赣州广泛分布 ②其次是源自广东、福建、赣中北的村落，其数量差不多。来自广东的村落主要分布在赣州南部、西北部，来自福建的村落主要分布在赣州东部、南部，来自赣中北的村落主要分布在赣州北部 ③数量最少的是源于江西北面、东北面、西面等的村落，其较多分布在赣州的北部
	姓氏 组成 / 主要 姓氏	①有刘姓的村落数量最多，其次是有李姓和陈姓的村落，较多的还有钟、黄、谢等姓氏的村落 ②单个姓氏呈现小范围聚集分布，大范围分散分布的特征
	姓氏 组成 / 姓氏 结构	大多数村落为单姓村，少数为多姓村

（资料来源：自绘）

（2）赣州客家传统村落及民居文化因子相关性分析总结（表3-37）

赣州客家传统村落及民居文化相关性分析总结表　　　　　　表3-37

相关性较强的 文化因子组	相关性特征
村落布局与民居类型	①与集中式、村围式布局联系最紧密的民居类型是单行排屋、堂厢式 ②条层式布局以单行排屋、多联排为主 ③散点式、团块式布局最主要的民居形式是堂横屋、围屋 ④条带式布局占比较高的民居类型是堂横屋、单行排屋

相关性较强的 文化因子组	相关性特征
村落布局与村落规模	①集中式布局村落规模普遍较大 ②其次规模较大的是团块式布局村落 ③条层式、条带式布局村落规模偏小 ④散点式布局村落规模最小 ⑤村围式布局村落数量很少，各类村落规模比例较为均衡
村落布局与巷道形式	①集中式、村围式布局村落多为有巷道形式，其中非规则网格状巷道为最多；条层式布局村落全部为有巷道形式且均为线状巷道形式 ②团块式、条带式布局村落多为无巷道形式，散点式布局村落全部为无巷道形式
村落布局与建村年代	①宋代和元代，以集中式为主；明代，以条带式为最多，较多的还有散点式、集中式；清代，以条带式、散点式为主，散点式略低于条带式 ②从宋代至清代，集中式占比逐渐下降，条带式、散点式占比逐步上升，条层式数量逐步增加 ③从宋代至明代，团块式数量、占比均逐渐上升，明代达到最高值，而后又下降 ④村围式布局出现时期较早，宋代数量已有不少
民居类型与村落规模	①有单行排屋、堂厢式的村落规模一般较大 ②其次是含有厝包屋、围龙屋、多联排、围屋的村落 ③规模最小的是含有堂横屋的村落
民居类型与巷道形式	①有单行排屋、堂厢式的村落以非规则网格状巷道为主 ②含有多联排的村落主要为线性巷道 ③具有堂横屋、厝包屋、围龙屋、围屋的村落以无巷道形式为最多
民居类型与建村年代	①建村年代为宋代和元代的村落，占比最多的是单行排屋，较多的还有堂厢式、堂横屋 ②建村年代为明代和清代的村落，占比最高的是堂横屋，较多的还有单行排屋，围屋占有比例也不少 ③从宋代至清代，单行排屋、堂厢式占比呈下降趋势，堂横屋占比呈上升趋势，围屋占有比例明清时期比宋元时期高出很多，其在明代达到最高值，而后有所下降 ④多联排、厝包屋、围龙屋在各个时期占有比例均不多
民居类型与水塘	在有半月形水塘和有半月形、自由形水塘的村落，堂横屋占比最多，远高于其他民居类型，半月形水塘和堂横屋、围龙屋关系较为紧密
民居类型与迁徙源地	①迁徙源地为福建、广东的村落，堂横屋所占比例最大，其次是单行排屋，围屋也占有一定的比例 ②迁徙源地为赣中北的村落，单行排屋所占比例最多，较多的还有堂厢式、堂横屋
民居类型与坡度	①各种民居类型都主要分布在缓坡区域，在0°~5°范围内分布最多，随着坡度的增加，数量均逐步递减 ②各类民居在0°~5°、5°~10°、10°~15°三个坡度范围内均有分布；而在15°~20°范围内，只有单行排屋、堂厢式、堂横屋有出现；在20°~25°范围内，仅有单行排屋呈现。可见，规模较大的民居不易出现在坡度较陡的区域

相关性较强的文化因子组	相关性特征
民居类型与河流等级	各类民居与河道宽度较窄的河流关系较为密切，均沿四级河流（河道宽度≤10米）所建最多，其次在三级河流（河道宽度＞10米且＜50米）沿岸分布较多
村落规模与建村年代	①宋代和元代，以大型村落为主；明代，中型村落占比最多，较多的还有小型村落；清代，小型村落占比最多，较多的还有中型村落 ②从宋代至清代，大型村落占比逐步减少，小型村落占比在元代稍有下降，但总体呈上升趋势 ③综上，建村年代较早的村落一般规模较大
巷道形式与建村年代	①宋代和元代，村落以有巷道形式为主，且以非规则网格状巷道为最多；明代和清代，村落主要为无巷道形式 ②从宋代至清代，村落有巷道形式呈下降趋势，无巷道形式呈上升趋势 ③综上，建村年代较早的村落，一般为有巷道形式，且多为非规则网格状巷道
村落规模与巷道形式	大型村落多为有巷道形式，且以非规则网格状为最多，中、小型村落多为无巷道形式
河流等级与流经形式	在各种河流流经形式中，均以河道宽度较窄的河流为主，四级河流（河道宽度≤10米）占比最多，其次是三级河流（河道宽度＞10米且＜50米）

（资料来源：自绘）

（3）赣州客家传统村落及民居文化地理特征形成的影响因素

赣州客家传统村落及民居文化地理特征的形成，受到当地特殊的自然、社会人文环境的影响。

首先，赣州客家是中原汉人历次大迁徙的产物，赣州客家村落、民居带有诸多中原文化特征，赣州不同区域的村落形成源流的不同源自于历次人口的迁徙时间与迁徙路的不同，赣州客家民居空间形态带有显著的中原文化印记，移民迁徙与中原文化是本源因素。

其次，在传统农耕社会，土地资源非常重要，是和村民紧紧捆绑在一起的，水资源是关系村落生存与发展的重要因素，日照对农村的生产与生活具有约束作用，生产技术水平对村落选址存在很大的制约因素，赣州特定的土地资源、水资源、日照等自然条件以及生产技术水平是影响村落选址、分布、布局、规模等的根本因素。

再次，一个文化区的边缘地带容易与周边地区文化发生碰撞、渗透、交融以及整合，表现出周边文化影响的痕迹。此外，边缘地带还容易发展、创造出新的文化形态。文化传播与文化创新因素导致赣州客家传统村落民居形态出现局部的分异。

最后，赣州客家宗族组织非常发达，客家村落是以血缘、地缘关系为纽带的同宗族共居体。宗族组织的社会结构决定着村落、民居内在空间结构。祠堂是维系宗族内聚力的纽带，在村落中的位置极其重要。祠堂处于村落、民居空间的核心位置，是村落、民居内部空间的组织系统，对村落的维持、发展起到关键作用。宗族具有强烈的内聚性，也具有排他性，以致同姓宗族总是趋向于共居，单个村落大都呈现单姓宗族村。邻近村落相同姓氏较多，呈现同姓村落连片聚居的特征。

04

赣州客家传统村落及
民居文化区划

- 文化区的概念、类型及区划
- 赣州客家传统村落及民居文化区划的确定
- 各文化区文化景观特征及其成因分析
- 小结

赣州客家传统村落及民居文化景观十分丰富，多样化的村落、民居文化在地理空间上形成了各具特色的区域空间。借助区域的概念，对村落、民居进行分区研究，划分出不同的文化区，能够直观揭示村落、民居文化景观在空间上的分布结构与形态差异规律。文化区及其划分是文化地理学研究的重要内容。本章是研究的进一步推进，也是研究的必然结果，建立在上一章基础上，是对上一章赣州客家传统村落及民居文化因子空间分布的归纳与概括。

侯军俊在其硕士学位论文《赣文化时空演替和区划研究》中，将江西文化分为五个文化区：赣北——赣西北文化区、赣东北文化区、赣中——赣西文化区、赣东文化区和赣南文化区[1]。本书所指赣州地区范围即为上述中的赣南文化区范围，也与赣南区系范围一致。由此可见，从省域层面来看，赣州地区具有共同的文化属性，相似的文化特质。本章在此基础上，从更小的范围（赣州地区层面）来进行文化区划研究，从相似中进一步寻找差异性，将文化区进一步细分。

本章通过制定相应的文化区划原则、方法，从而划分出赣州范围内客家传统村落及民居不同的文化区；进而梳理出各文化区的文化景观特征，并探索各文化区的形成原因，揭示各文化区的形成机制。

4.1　文化区的概念、类型及区划

1．文化区的概念与类型

文化区是指具有一定共性的文化特征在空间上分布的地理区域，所属地理空间单位在政治、历史、社会、经济等方面具有独特、统一的功能。文化区这一术语最早于1895年由美国人类学家梅森（Otis Mason）提出。1922年，美国人类学家威斯勒（Clark Wissler）重新对这一概念进行了阐述。他认为一种特质文化综合体是集中或成片分布的，同类文化的分离将会构成地理区域，文化区可以根据非常相似或基本相同的文化特质来进行划分；一个文化区可以分为边缘的和中心的，文化中心是该区域文化类型的标本，是产生新文化的发源地，然后向各个方向扩散；边缘区缺少中心地带所共有的某些文化特质，显示了中心地带所没有的其他特质，它们的真正发源地是在邻近的文化区域，特质综合体在边缘地带以减弱形态显示[2]。

文化区一般可分为形式文化区、功能（或机能）文化区和乡土（或感觉）文化区[3]（表4-1）。形式文化区是根据某一种或多种相互关联的文化特征的差异而划分出的空间区域。基于一种或多种文化要素而划分，文化具有一致性，有明确的核心区，文化特征

1　侯军俊. 赣文化时空演替和区划研究[D]. 南昌：江西师范大学，2009：43-59。

2　（美）克拉克·威斯勒（Clark Wissler）（著）；钱岗南，傅志强（译）. 人与文化[M]. 北京：商务印书馆。

3　周尚意，孔翔，朱竑. 文化地理学[M]. 北京：高等教育出版社，2004。

在核心区最为典型，并向周围地带逐渐减弱，文化区边界线模糊。如，语言文化区、宗教文化区、民族文化区等。本章传统村落及民居文化区就是属于此类文化区。功能文化区，亦称机能文化区，是受政治、经济或社会等职能影响的地域范围。按照独特的功能而划分出来，文化特征不完全一致，有位置明确的功能中心，中心位于实现某种功能作用的组织所在地，边界线一般较明确。如，省、市、县等各级行政区，一个教区，一个农场等。乡土文化区，也叫感觉文化区，是人们对区域文化的一种认同而产生的文化区域，是人们的一种区域意识。该类文化区域的文化特征缺乏一致性，没有功能中心，边界线不明确。如北方文化、南方文化等。三种文化区形成机制不一样，但也有可能会有重叠。

三种文化区特征比较　　　　　　　　　　表4-1

文化区	划分依据	文化一致性	中心	边界	实例
形式文化区	文化特征的差异	相对一致性	集中的核心区、特征鲜明	模糊的边界	语言文化区、民族文化区
功能文化区	功能上的效用性和差异性	不完全一致	位置明确的功能中心	一般有较明确的边界	各级行政区、教区
乡土文化区	人们的一种区域意识、区域认可	缺乏一致性	无功能中心	无明确边界	北方文化、南方文化

（资料来源：自绘）

2. 文化区划原则与方法

对于文化区划的研究，目前已取得较为丰硕的成果，为传统村落及民居文化区的划分奠定了基础。其中，王会昌先生在《中国文化地理》一书中，将中国分为东部农业文化区和西部游牧文化区两个独立的一级文化区，以及4个二级文化区（文化亚区），15个三级文化区（文化副区），其对文化区划研究具有重大意义[1]。司徒尚纪先生的《广东文化地理》一书，探讨了区划基本原则以及区划体系，并将广东省分为4个文化区，10个文化亚区，是文化区划研究的典范[2]。周振鹤先生主著的《中国历史文化区域研究》一书，对中国历史时期的语言、宗教、风俗等进行区域性划分，亦开展了一些区域的文化地理研究，对历史文化区划的研究具有重要意义[3]。胡兆量先生等编著的《中国文化地理概述》一书，讨论了文化区界限、文化区划原则等内容，将中国分为9个一级文化区，25个二级文化区[4]。李孝聪先生

1　王会昌. 中国文化地理[M]. 武汉：华中师范大学出版社，1992。
2　司徒尚纪. 广东文化地理[M]. 广州：广东人民出版社，1993。
3　周振鹤. 中国历史文化区域研究[M]. 上海：复旦大学出版社，1997。
4　胡兆量，阿尔斯朗，琼达，等. 中国文化地理概述[M]. 北京：北京大学出版社，2001。

在《中国区域历史地理》一书中，展示了中国8个宏观大区的分区研究[1]。涉及文化区划的研究还有很多，如苏秉琦先生将中国新石器时代考古学文化分为六大区系[2,3]，李伯谦先生将中国青铜文化在二里头文化时期分为四区六支[4]，李学勤先生将中国青铜器时代文化分为七个文化圈[5]等。

此外，关于聚落、建筑的区划研究，也有不少成果。如，王文卿先生等人关于中国传统民居的分区研究，在《中国传统民居构筑形态的自然区划》一文中，从自然要素的视角出发，对中国传统民居构筑形态进行了气候分区、地形分区、材料分区[6]；在《中国传统民居的人文背景区划探讨》一文中，从人文视角入手，探讨了传统民居人文区划的原则，对中国传统民居进行了物质文化要素区划、制度文化要素区划、心理文化要素区划和综合人文区划[7]。朱光亚先生在《中国古代建筑区划与谱系研究》一文中，从建筑本体入手，将中国古代建筑分为12个建筑文化圈[8]。翟礼生先生等人著的《中国省域村镇建筑综合自然区划与建筑体系研究——江苏、贵州和河北三省的理论与实践》一书，探讨了村镇建筑区划的原则、方法等内容，将江苏省村落建筑分为5个地区，10个亚地区，贵州省分为5个地区，13个亚地区，河北省分为4个地区，10个亚地区[9]。余英先生在《中国东南系建筑区系类型研究》一书中，提出了中国东南系建筑区系划分原则，从历史、地域、民系、类型等角度，将其分为5个文化区，每个文化区划分出文化核心区、文化亚区[10]。刘沛林教授等人在《中国传统聚落景观区划及景观基因识别要素研究》一文中，探讨了聚落景观区划的基本原则、方法、边界等问题，将全国聚落景观分为3个大尺度的景观大区，14个景观区，76个景观亚区[11]。还有戴志坚教授将福建民居分为六大区域[12]，张晓虹教授将陕西民居分为三大民居区域[13]，林琳教授等人将广东地域建筑划分为三个大区域和一个特别区[14]等研究成果。

以上关于文化区划的研究，对本章传统村落及民居文化区的划分具有重要的启发作用，

1 李孝聪. 中国区域历史地理[M]. 北京：北京大学出版社，2004。

2 苏秉琦，殷玮璋. 关于考古学文化的区系类型问题[J]. 文物，1981，（05）：10-17。

3 苏秉琦. 中国文明起源新探[M]. 北京：三联书店，1999。

4 李伯谦. 中国青铜文化的发展阶段与分区系统[J]. 华夏考古，1990，（02）：82-91。

5 李学勤. 走出疑古时代[M]. 沈阳：辽宁大学出版社，1994。

6 王文卿，周立军. 中国传统民居构筑形态的自然区划[J]. 建筑学报，1992，（04）：12-16。

7 王文卿，陈烨. 中国传统民居的人文背景区划探讨[J]. 建筑学报，1994，（07）：42-47。

8 朱光亚. 中国古代建筑区划与谱系研究初探[A]. 陆元鼎，潘安. 中国传统民居营造与技术[C]. 广州：华南理工大学出版社，2002：5-9。

9 翟礼生. 中国省域村镇建筑综合自然区划与建筑体系研究：江苏、贵州和河北三省的理论与实践[M]. 北京：地质出版社，2008。

10 余英. 中国东南系建筑区系类型研究[M]. 北京：中国建筑工业出版社，2001。

11 刘沛林，刘春腊，邓运员，等. 中国传统聚落景观区划及景观基因识别要素研究[J]. 地理学报，2010，65（12）：1496-1506。

12 戴志坚. 福建民居[M]. 北京：中国建筑工业出版社，2009。

13 张晓虹. 文化区域的分异与整合——陕西历史文化地理研究[M]. 上海：上海书店出版社，2004。

14 林琳，任炳勋. 广东地域建筑的类型及其区划初探[J]. 南方建筑，2005，（01）：10-13。

提供可资借鉴的思路与方法。

文化区是客观存在的，文化区划是对文化区的一种主观认识。在具体划分时，由于研究者的视角不同、区划目的不同、区划所依据的原则和选取的指标也有所不同，导致文化区划方案也不尽相同。

综合以上分析，结合考虑赣州客家传统村落及民居文化景观特征，文化区的基本概念，以及文化区划的基本要求，重点遵循以下基本原则：

1）发生统一性原则。每个区域空间单元的历史发展具有共同性，成因具有一致性。在同一区域，传统村落、民居文化景观具有相类似的发展过程，以及相同或相近的发展程度。

2）相对一致性原则。区域内部文化景观相似程度较大而差异较小，以区别于其他文化区。在区划时应注意传统村落及民居文化景观在区域内部特征的相对一致性，而非绝对一致性。

3）区域共轭性原则。文化景观在空间分布上具有明显的地域性，分布基本相连成片，各个文化区都是相对独立的地域空间单元，在区划时应保持传统村落、民居文化景观在地域空间上的连续性、独立性和完整性。

4）综合性原则与文化主导性原则。传统村落、民居文化景观是在各种自然、社会人文要素作用下经过长期发展过程而形成的，各个文化因子之间不是相互独立的，而是相互联系的，一个因子特征的变化会影响到与它相关的因子的变化，以致影响到区域总体特征的变化，区划时应考虑各个文化因子的综合特征；而每个文化因子对区域特征所起的作用是不同的，应选取对区域特征起主导作用的因子，即主导因子，作为区划的主要标准，其他因子则起到辅助、修订的作用。

5）行政区原则。传统村落及民居文化区属于形式文化区。形式文化区的边界线是比较模糊的，在文化区的边缘地带容易受到文化交互作用的影响，出现文化渗透、融合现象，相邻文化区之间有较为宽阔的过渡地带。在划定具体文化区时，要进行全面划分，划出明确的界限，往往行政区成为重要的参照依据。由于传统社会长期的中央集权体制，政府驻地是行政、文化、经济等中心，同一个行政区内，自然环境类似，文化特征差异不大，文化区边界与行政边界有着很强的关联性，两者相似度很高，也就是说行政边界精度越高，文化区边界划分越细。为了降低文化区划时的主观性，在进行文化区划时，文化区边界具体精确到县（市区）级、乡镇级行政边界。

6）层次性原则。文化区按层次划分为中心区与边缘区，两者共同构成一个完整的空间系统。每个文化区有反映区域文化特征的文化中心，以村落点状要素的密度分布重心为中心。

关于文化区划的方法，目前有比较系统的研究。如，卢云先生在《文化区：中国历史发展的空间透视》一文中，归纳总结出四种划分方法，分别为描述法、叠合法、主导因素法、历史地理法[1]。刘沛林教授等人在《中国传统聚落景观区划及景观基因识别要素研究》一文中,采用主导因子法、多因子综合法、地理相关分析法作为中国传统聚落景观区系划分的基本方法[2]。

　　文化区是根据文化的相似性、差异性进行划分的,以一组相类似的文化为主导的区域。在进行传统村落及民居文化区的划分时,最重要的原则是相对一致性原则。因为在同一个文化区中,完全一样的村落、民居基本不存在,只有从众多村落及民居中寻找出共性特征,而且一个文化区所共有的主体特征是其他相邻文化区所缺少的。控制一个文化区特性的主要是文化因子。本书的主要研究内容是传统村落及民居,通过前几章对各个文化因子的详细解析,可以发现村落布局和民居类型这两个因子是村落及民居文化景观的内在要素,能够反映赣州各地村落及民居文化景观特征,是最能体现各个文化区差异的文化因子,成为最直接的文化景观识别因子,因此这两个因子可作为文化区划分时的主要参照因子,即主导因子,其他文化因子则起到辅助、参考作用。此外,将多个重要的、具有代表性的文化因子,利用叠合法进行空间范围的叠合分析,可以较直观得出文化区域的大致范围与空间格局。而村落及民居是历史的产物,用历史地理法可以探求区域文化形成、发展、交流等过程,有助于了解村落及民居文化时空分布情况。因此,主导因子法、多因子综合法、叠合法、历史地理法等是本章文化区划分的重要参考方法。

4.2　赣州客家传统村落及民居文化区划的确定

　　在划定传统村落及民居文化区时,基于上述区划原则、方法,先以村落布局、民居类型这两个主导因子对文化区进行初步划分;然后,根据文化的相似性、差异性对文化区进一步细分;最后,以自然地物、行政区等边界对文化区详细边界进行最终确定。

1. 以主导因子为依据的初步划分

　　根据上一章中村落布局、民居类型这两个主导因子的相关性分析,归纳、总结出六种最常见的村落模式:"集中式—单行排屋、堂厢式""村围式—单行排屋、堂厢式""条层式—单行排屋、多联排""散点式—堂横屋、围屋""团块式—堂横屋、围屋""条带式—堂横屋、单行排屋"。此外,还有一些其他村落布局与民居类型的组合方式,主要有两种:"散点式—单行排屋、堂厢式""条带式—围屋、厝包屋"。通过ArcGIS10.2,对这八种村落模

1　卢云. 文化区:中国历史发展的空间透视[A]. 中国地理学会历史地理专业委员会. 历史地理 第九辑[C]. 上海:上海人民出版社,1990:81–92。
2　刘沛林,刘春腊,邓运员,等. 中国传统聚落景观区划及景观基因识别要素研究[J]. 地理学报,2010,65(12):1496–1506。

图4-1
赣州客家传统村落模式图
（图片来源：自绘）

式空间分布情况进行分析，生成村落模式分布图（图4-1）。分析发现，各类村落模式有着相应的分布区域，呈现出一定的分区规律。再运用ArcGIS10.2分析工具（Analysis Tools）中的创建泰森多边形[1]（Create Thiessen Polygone）功能，生成传统村落模式Voronoi图（图4-2），其较为明确、直观地展示出八种村落模式的大致分布区域，由此得出赣州客家传统村落及

1　吴风华在《地理信息系统基础》一书中指出："荷兰气候学家A. H. Thiessen提出了一种根据离散分布的气象站的降雨量来计算平均降雨量的方法，即将所有相邻气象站连成三角形，作这些三角形各边的垂直平分线，于是每个气象站周围的若干垂直平分线便围成一个多边形。用这个多边形内所包含的一个唯一气象站的降雨强度来表示该多边形区域内的降雨强度，并称这个多边形为泰森多边形……泰森多边形可用于定性分析、统计分析、邻近分析。例如，可以用离散点的性质描述泰森多边形区域的性质，可用离散点的数据来计算泰森多边形区域的数据。"利用ArcGIS，基于泰森多边形，可以将点状的分布转换为整体连续的面状区域，能够简单直观的计算出点的覆盖区域。

图4-2
赣州市客家传统村落模式Voronoi图
（图书来源：自绘）

图4-3
文化区的大致分区图
（图片来源：自绘）

民居文化区的大致分区（图4-3）：以"集中式—单行排屋、堂厢式"与"条带式—堂横屋、单行排屋"为主的文化区，位于赣州地区的中部，包括大余县、南康区、章贡区、赣县区、兴国县、于都县、宁都县北部、安远县的北部；以"条层式—单行排屋、多联排"为主的文化区，主要分布在赣州西部的信丰县；以"散点式—堂横屋、围屋"为主的文化区，分布在赣州地区的南部，包括三南、信丰县的南部以及安远县的南部；以"条带式—堂横屋、单行排屋"与"散点式—堂横屋、围屋"为主的文化区，位于赣州地区的东部以及西北部，包括赣州东部的寻乌县、会昌县、瑞金市、石城县、宁都县的南部，以及赣州西北部的崇义县和上犹县。

2. 以相似性和差异性为依据的局部细分

村落及民居文化景观具有相似性与差异性，是文化区划的基础。在上述文化区大致分区的基础上，准确把握村落及民居文化特征的相似性与差异性，对各文化区做进一步的划分（图4-4）。

以"集中式—单行排屋、堂厢式"与"条带式—堂横屋、单行排屋"为主的文化区的划分。该片区主要由单行排屋、堂横屋、堂厢式等组成了集中式、条带式布局村落，

图4-4
文化区的进一步细分图
（图片来源：自绘）

还分布有少量的以堂横屋、单行排屋、堂厢式等形成的散点式布局村落，而以堂横屋形成的团块式布局村落，以单行排屋、堂厢式、堂横屋形成的村围式布局村落，以及以单行排屋、堂厢式、多联排形成的条层式布局村落数量非常少。该区域村落大多数为有巷道的形式，且以非规则网格状巷道居多，也有比较多的无巷道形式。依据文化景观的相似性，该区域仍被划分为以集中式、条带式布局为主的单行排屋、堂横屋、堂厢式民居文化区。

以"条层式—单行排屋、多联排"为主的文化区的划分。该片区以单行排屋、多联排等形成的条层式布局村落为主，还有少量的由围屋组成的散点式布局村落，而以单行排屋、堂厢式、多联排等形成的集中式布局村落，以及主要由单行排屋等构成的条带式布局村落很少。该区域村落的巷道多数为线状形式。根据文化景观的相似性，该区域被划分为以条层式布局为主的单行排屋、多联排民居文化区。

以"散点式—堂横屋、围屋"为主的文化区的划分。该片区以围屋、堂横屋等形成的散点式布局村落为主，同时还夹杂着部分由围屋、堂横屋等组成的条带式布局村落，少量的由围屋、堂横屋等构成的团块式布局村落，以及由单行排屋、堂厢式、围屋等组成的集中式布局村落，还有零星的由单行排屋、堂厢式、堂横屋、围屋组成的村围式布局，以及由单行排屋、多联排、围屋组成的条层式布局村落。该区域村落主要为无巷道形式。遵循文化景观的相似性原则，该区域仍被划分为以散点式布局为主的围屋、堂横屋民居文化区。

以"条带式—堂横屋、单行排屋"与"散点式—堂横屋、围屋"为主的文化区内部的划分。在赣州西北部的崇义、上犹，主要以单行排屋、堂横屋等形成了条带式、散点式布局村落，而以单行排屋、堂厢式、堂横屋形成的集中式布局村落数量很少。在寻乌一带，大多由堂横屋、围龙屋、围屋等构成了条带式、散点式布局村落，其次这些民居类型还构成了一些团块式布局村落，另外还有极少数的由单行排屋、堂横屋、围屋等构成的集中式布局村落，以及由单行排屋、堂厢式等构成的村围式布局村落。该片区的其他区域多以堂横屋等形成的条带式、散点式布局村落为主，还有少量的由堂横屋等形成的团块式布局村落以及由堂横屋、堂厢式、单行排屋等形成的集中式布局村落，而由单行排屋、堂厢式、堂横屋形成的村围式布局村落数量极少。这三个区域都以条带式、散点式布局为主，形成的村落多为无巷道的形式，但是，这三个区域是由不同的民居类型形成的条带式、散点式布局村落，形成的村落规模也有所不同。在崇义、上犹一带民居类型主要为单行排屋、堂横屋，村落规模以中小型为主，小型稍多些；在寻乌的民居类型则主要为堂横屋、围龙屋、围屋，村落规模也以中小型为主，但中型稍多些；而在会昌、安远北部、瑞金、石城、宁都的南部，民居类型以堂横屋为主，村落规模多为小型。根据文化景观的差异性，这三个区域需划分开。赣州西北部的崇义、上犹，是以条带式、散点式布局为主的单行排屋、堂横屋民居文化区；寻乌一带是以条带式、散点式为主的堂横屋、围龙屋、围屋民居文化区；在会昌、瑞金、石城、宁都的南部，是以条带式、散点式为主的堂横屋民居文化区。

3. 各文化区详细边界的确定

通过以上两个步骤，已大致完成赣州以民居类型为主导的客家传统村落及民居文化区的区划，再结合自然地物、行政区等边界对文化区的详细边界进行划分确定。

一方面，以县（市区）级、乡镇级行政区为边界，以上述每个文化区中主要村落模式分布点密集的区域为中心区。依据文化传播的特性，邻近中心区的村落点归为该文化区，离中心区较远的极少数村落点则视为误差而忽略。

另一方面，在传统社会，由于交通技术水平有限，高耸绵长的山脉对文化传播具有较强的地理阻隔作用，如果山脉与行政边界重合，阻隔作用则会进一步强化；河流是天然的交通孔道，在古代交通体系中占有重要的位置，一条河流的流域往往形成同一的文化形态，河流是物流、人流和技术流的主要运输渠道，故河流对文化交流起到较大的推动作用。安远南部的火焰寨、九龙嶂、仙姑嵊、狮头石等山脉，与凤山乡、镇岗乡北面的行政边界重合，对围屋文化的边界有限定；安远南部的镇江河，流经凤山乡、镇岗乡、孔田镇、鹤子镇等，然后注入定南的九曲河，对围屋文化由南向北的扩散具有推进作用。寻乌西北部的十五排、桠髻钵、高口嵊等山脉，与寻乌西面的行政边界重合，对围龙屋文化的边界有限定。宁都东南部的武夷山余脉，与田埠乡西北面的行政边界重合，对堂横屋文化的边界有限定，宁都南部的琴江，源于石城，流经固村镇、长胜镇、黄石镇，汇入梅川，对堂横屋的文化向宁都南部的延伸起到促进作用。信丰南部的桃江，源于全南，流经龙南，进入信丰，对围屋由南向北的延伸起到推进作用。

由此，最终确定赣州客家传统村落及民居文化区分为六个文化区。文化区的名称，应该反映其在文化体系中的地理区位和文化特点，以主要或典型文化特征为优先，定义该区域村落、民居类型。因此，确定文化区的名称由"地理区位+村落布局+民居类型"组成，文化区的划分结果如下（图4-5）：

Ⅰ 赣州中部集中式、条带式+单行排屋、堂横屋、堂厢式文化区

Ⅱ 赣州西部条层式+单行排屋、多联排文化区

Ⅲ 赣州南部散点式、条带式+围屋、堂横屋文化区

Ⅳ 赣州东部条带式、散点式+堂横屋文化区

Ⅴ 赣州东南部条带式、散点式+堂横屋、围龙屋、围屋文化区

Ⅵ 赣州西北部条带式、散点式+单行排屋、堂横屋文化区

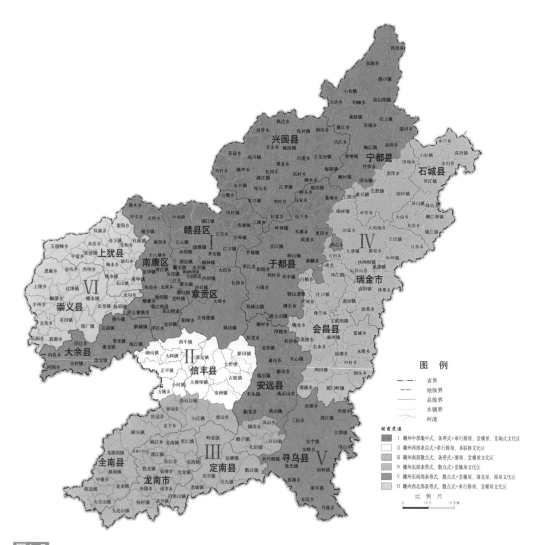

图4-5
赣州客家传统村落及民居文化区划图
（图片来源：自绘）

4.3　各文化区文化景观特征及其成因分析

1. 赣州中部集中式、条带式+单行排屋、堂横屋、堂厢式文化区

（1）基本概况

该区域位于赣州的中部，东邻会昌县、瑞金市以及宁都南部的田埠乡、固厚乡、固村镇、长胜镇、黄石镇、对坊乡，东北与抚州宜黄县、南丰县、广昌县接壤，东南与寻乌交界，南连信丰县、广东南雄市以及安远南部的鹤子镇、镇岗乡、凤山乡、三百山镇，西毗上犹县、崇义县、广东仁化县，北与吉安遂川县、万安县、泰和县、青原区、永丰县和抚州乐安县接壤。具体范围包括大余县、南康区、章贡区、赣县区、兴国县、于都县、宁都

的北部（除宁都南部的田埠乡、固厚乡、固村镇、长胜镇、黄石镇、对坊乡）以及安远的北部（除安远南部的鹤子镇、镇岗乡、凤山乡、三百山镇、孔田镇）。其面积为17636平方公里，占赣州地区总面积的44.78%。

区域内山峦起伏，河流纵横，是相对较为平坦的一个区域。赣县区地势东南高，中部、北部低，山地主要分布在东南、西南、东北、西北区域，中部、北部多丘陵。南康区地势南北高，中部低，西部高，东部低，山地主要分布在北部、南部，由南、北部向中、东部倾斜，其间有较为广阔的河谷平地。大余县西、北、南地势高，东部、中部地势平缓，由西北向东倾斜，山地主要分布在县境西部、北部、南部的边缘，形成三面环山，朝东敞开的较为平坦开阔的区域。章贡区地势由东南、西北向中部倾斜，中部是较为平坦广阔的区域。兴国县东、北、西三面环山，地势自东北向中南倾斜，山地主要分布在东部、北部、西部，丘陵遍布广大地域，平原主要分布在中部、南部。于都县四周群山环抱，由东、南、北部向中、西部倾斜，山地主要分布在南部、西北部，平原主要分布在贡水、梅川等河流沿岸，丘陵分布在山地与平原之间的广大地域。宁都县北部东、西、北三面环山，由北向南倾斜，山地主要分布在东部、北部、西部，丘陵广泛分布，平原主要分布在梅川及其支流两岸。安远县北部，南高，向北倾斜，东、西高，向中间倾斜，山地主要分布在南部、东部、西部以及西北部，丘陵广布，低丘谷地主要位于濂水沿河地区。最高点位于宁都县东韶乡的凌云山，海拔1454.9米，最低点在赣县区湖江镇张屋村，海拔82米。

区域内河网密布，主要河流有赣江、章水、贡水、平江、桃江、上犹江、梅川、青塘河、会同河、黄陂河、小溪河、濊江、瀲江、平固江、濂水、安远水、大脑河、龙布河等。桃江源于全南县，经龙南市、信丰县，在赣县区的王母渡镇进入该区域，经赣县区的王母渡镇、大埠乡、大田乡注入贡水。平江源于兴国县、宁都县交界处，流经兴国县，在赣县区的南塘镇进入该区域，在赣县区的江口镇注入贡水。濊江，源于兴国县的东北部，在兴国县城汇入平固江；瀲江，源于兴国县的北部，在兴国县城汇入平固江；平固江由濊江、瀲江在兴国县城东南汇合而成，进入赣县区，汇入贡水。安远水源于九龙嶂，流经安远县欣山镇后汇入濂水；大脑河源于安远县高云山乡，在安远县重石乡汇入濂水；龙布河源于安远县双芫乡，在安远县田心镇汇入濂水；濂水源于九龙嶂，自南流向北，在安远县长沙乡出县界，进会昌县汇入贡水。青塘河，流经宁都县青塘镇、赖村镇，进入于都县汇入梅川；会同河，源于宁都县湛田乡，在宁都县城汇入梅川；黄陂河，源于宁都县蔡江乡，在宁都县东山坝镇汇入梅川；梅川，源于宁都县肖田乡，从瑞金市过境入于都县，在于都县城汇入贡水。小溪河，源于安远县，在于都县祁禄山镇进入于都，流经祁禄山镇、小溪乡、新陂乡、罗江乡汇入贡水。上犹江源于湖南汝城县，流经崇义县、上犹县，进入南康区，汇入章水。章水源于崇义县，流经大余县、南康区，进入章贡区，汇入赣江。贡水源于石城县，流经瑞金市、会昌县、于都县，在赣县区的江口镇进入该区域，经赣县区的茅店镇、梅林镇进入章贡区，汇入赣江。章水、贡水在章贡区汇成赣江，流经赣县区的储潭镇、湖江镇、沙地镇，然后进入吉安的万安县。

　　该区域交通较为便利，运输主要靠水路。水路主要有赣江、章水、贡水、平江、桃江、上犹江、梅川、濂水、青塘河、会同河、黄陂河、潋江、濊江、平固江等。沿赣江向北可至鄱阳湖，入长江；沿上犹河上溯可达上犹县、崇义县。沿贡水上溯经赣县区、于都县，可至会昌县、瑞金市。沿平江上溯可至兴国县等地；沿桃江上溯可至信丰县等地。沿梅川上溯经都县、瑞金市，可至宁都县。梅川支流青塘河、会同河、黄陂河等，皆可通船筏。沿濂水上溯经会昌县、于都县，可至安远县。溯潋江而上，可至兴江乡。溯濊江可至崇仙乡；顺平固江经埠头乡、龙口镇，可至章贡区，入赣江。水路与陆路联合，交通甚是便利。如，梅关古道，是水陆联运要道，是中原联接岭南以及海外各国的交通走廊。

　　（2）文化中心区与边缘区

　　该文化区的中心区位于赣县区、章贡区、南康区、大余县、宁都北部、于都中北部和兴国西南部，边缘区位于兴国东北部、宁都南部和安远北部。

　　（3）文化景观特征

　　该文化区的村落建村年代较早，多在宋元及以前，较多唐宋以前中原南迁汉人迁此，或北方汉民早期迁至赣中北后，再迁至此区域。大多数为单姓村落。村落所处地形多为丘陵盆地，其次是山谷盆地，丘陵平原也占有一定的比例。村落所处坡度多为0°~5°，其次是5°~10°，少数为10°~15°，其余范围很少。阳坡、阴坡皆有村落分布，阳坡村落远多于阴坡村落。绝大部分村落沿水而建，且以四级河流（河道宽度≤10米）为主，河流流经村落形式大都为绕村环绕、一侧相邻。

　　民居类型主要为单行排屋、堂横屋、堂厢式，多联排、厝包屋、围屋数量很少；村落布局以集中式、条带式为主，还有少量的散点式布局，其他类型则很少（图4-6）。形成的村落以有巷道为主，其中非规则网格状巷道最多，其次是无巷道形式，较规则网格状巷道也占有一定的比例。村落规模以大型（≥5公顷）为最多，中型（≤2公顷）村落比大型村

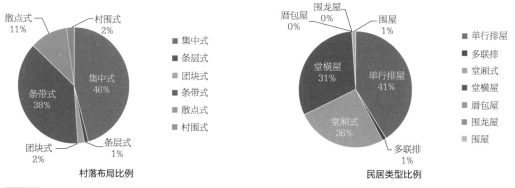

図4-6
｜区村落布局及民居类型比例
（图片来源：自绘）

落稍少一些。大多数村落都有水塘，自由形水塘占比最多。

（4）代表村落

白鹭村位于赣县区白鹭乡，地处赣县区东北角。其所在的白鹭乡东北与兴国县永丰乡相邻，南接赣县田村镇，西毗万安涧田乡，有一脚踏三县之称。

该村建立已有880余年，开基祖是唐代著名宰相钟绍京第16代孙——钟舆，其祖籍为河南颖川郡。全村99%以上是钟氏同族宗亲，为单姓村落。相传，南宋绍兴六年（1136年），钟舆放鸭游牧于此地，时天色已晚，便露宿河边，夜里梦见白鹭栖息于此，并受其点化，而定居该地，遂从兴国县竹坝村迁居于此，并将村落命名为"白鹭"。

村落北靠后龙山，南面是农田，农田前面有鹭溪河，其从东边绕村而过，然后由东向西流淌，发源于兴国永丰乡，注入万安县境内赣江（图4-7）。

平面图

航拍图

图4-7
赣县区白鹭村
（图片来源：自绘；自摄）

村落整体上规模较大，传统建筑数量众多，多为明清时期所建。据《钟氏族谱》（民国三年）载，白鹭村当时具有一定规模的堂屋、祠宇69座[1]。现保存较好的建筑有40余栋，其中省级文保单位建筑4栋，县级文保单位建筑6栋。村落建筑种类多样，有民居、祠堂、私塾、戏台、庙宇、店铺等。其中祠堂数量比较多，如世昌堂、洪宇堂、恢烈公祠、佩玉堂、兰善堂、王太夫人祠等，宗祠、房祠或支祠达20余处，其中世昌堂为钟氏宗祠，其余为房祠或者支祠（图4-8）。

村落以这些宗祠、房祠或支祠为不同层次空间的控制中心，形成层次分明、等级序列

1　张嗣介. 赣县白鹭村聚落调查[J]. 南方文物，1998，（01）：79-91。

洪宇堂 　　　　　　　　　　　　　王太夫人祠

葆中堂 　　　　　　　鼎福堂 　　　　　　　书箴堂

图4-8
白鹭村传统建筑
（图片来源：自摄）

严谨的集中、紧凑的整体空间布局。建筑与建筑之间距离较小，形成的巷道较为狭窄，巷道空间高宽比很大（图4-9）。巷道蜿蜒曲折，纵横交错，错综复杂，为非规则网格状巷道形式。村落巷道基本保存了明代时期的历史格局，主要巷道用卵石铺砌而成。

　　村落民居类型主要为单元堂厢、组合堂厢、单行排屋。村内的佩玉堂（图4-10），是该文化区中具有代表性的单元堂厢类型，是省级文物保护单位。其建于清末光绪年间，基地面积约514.2平方米，砖木结构，中间设有一天井，布局较为简单，装饰极为精良，小巧别致。该建筑有二层，二楼不住人，作为杂物储存间，空间很高，隔热良好。兰善堂（图4-11），是该文化区中组合堂厢较为典型的例子，是县级文物保护单位。其建于清乾隆年间，基地面积约785.4平方米，为二层建筑，砖木结构，共有四个天井，面阔较宽，横向设有三个天井。该建筑右侧本来有花园，现已废。东侧门临街，西侧门通往仓库和花园。相对而言，整栋建筑装饰较为简单。

　　（5）成因分析

　　这一区域的移民多来自赣中北，该区域以江西中部、北部的移民文化为强势文化。

图4-9
白鹭村巷道
（图片来源：自摄）

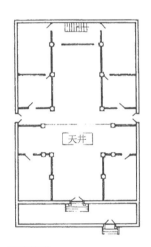

图4-10
白鹭村佩玉堂平面图

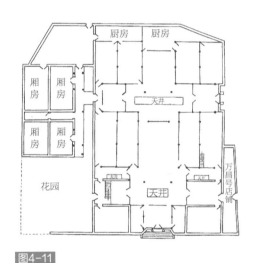

图4-11
白鹭村兰善堂平面图

（图4-10、图4-11图片来源：张嗣介. 赣县白鹭村聚落调查[J]. 南方文物，1998（01）：79-91）

　　境内山地主要分布在各个县（市区）的边缘部分，平原主要分布在主要河流两岸，在各个县（市区）都有较为平坦开阔的区域，丘陵广布，分布在山地与平原之间。所以村落多位于丘陵盆地，丘陵平原也有不少。这一区域有较多地势较为平坦的区域，土地肥沃，是赣州开发较早的地区。在客家民系形成以前，这一区域汉化程度已较高。

　　途径大余县、南康区、章贡区、赣县区的梅关古道，由大余县北上沿章水、赣江，入鄱阳湖、长江，至中原地区，南下越梅关，下浈水至南雄市，入北江可至广州、南洋。便利的交通使得这一区域与赣州以北的联系更加紧密，该区域易受到江西北部乃至北方文化的影响，出现较多适合小家庭模式的堂厢式民居形式。堂厢式规模不大，向心性不强，村落祠堂一般独立设置，拥有强烈宗族观念的客家人，在营建村落时，以祠堂为核心，其他建筑围绕祠堂布置，形成结构紧凑的集中式布局形式。集中式布局村落规模普遍比较大，形成的巷道一般为非规则网格状形式，在地势平坦的区域分布较多。

该区域东部的贡水、梅川对堂横屋文化由东向西扩散具有显著的推进作用。堂横屋集聚核心主要分布在该区域的东部，堂横屋多分布在丘陵、山地地带，其为宅祠合一的大型聚居建筑，地形条件在一定程度上决定了村落的用地情况，堂横屋较容易沿山、水延伸方向呈线性布局，少数呈现稀疏散落的散点式布局形式。

该文化区堂横屋受堂厢式民居的影响，堂横屋有向组合堂厢屋形式过渡的痕迹，堂横屋两旁的从厝"巷"更倾向于围绕天井展开的"室内空间"，从厝分化为具有向心性的厅房空间。

2. 赣州西部条层式+单行排屋、多联排文化区

（1）基本概况

该区域位于赣州的西部，东邻安远县，南连信丰南部的崇仙乡、铁石口镇、小江镇、虎山乡，西毗广东南雄市，北接大余县、南康区、赣县区。具体范围包括信丰北部的油山镇、西牛镇、大阿镇、正平镇、嘉定镇、古陂镇、大桥镇、新田镇、安西镇、大塘埠镇、小河镇、万隆乡。其面积有2219平方公里，占赣州地区总面积的5.64%。

区域内以丘陵为主，四周高，中间低，东部、西北部为中低山脉，西部、南部、北部为低山丘陵，中部多为低丘平地，桃江两岸是冲积平原，是较平坦开阔的一个区域。最高点位于油山镇的油山，海拔1073米，最低点在西牛镇五羊村，海拔135米。

区域内主要河流有桃江、古陂河、西河、小河河等。桃江源于全南县，纵贯南北，将该区域分为河东、河西两片，在赣县区注入贡水。古陂河，源于金盆山板嶂，流经新田镇、大桥镇、古陂镇、大塘埠镇、嘉定镇，汇入桃江。西河，源于油山山麓，流经油山镇、大阿镇、嘉定镇，汇入桃江。小河河，发源于广东南雄市，流经万隆乡、小河镇，汇入桃江。

该区域区位雄要，古代有5条驿道经此北来南往，但是道路比较曲折陡峭，往北货运主要靠水路。水路主要有桃江、古陂河、西河等。沿桃江上可至龙南市，下可至章贡区，入赣江。沿古陂河上可至古陂镇，沿西河上可至大阿镇。水陆联运的乌迳古道，是粤盐赣粮的重要运输通道。

（2）文化中心区与边缘区

该文化区的中心区位于信丰县中西部的大部分区域，边缘区主要位于该区域东北部的新田镇、大桥镇、古陂镇、嘉定镇、西牛镇一带。

（3）文化景观特征

该文化区村落多建于明清时期，较多从赣中北迁来此地，还有一些来自广东、福建的移民。大多数为单姓村落。位于丘陵平原的村落数量最多，其次是丘陵盆地，位于山谷盆地的数量非常少。大多数村落所处坡度在0°~5°之间，位于5°~10°与10°~15°的村落很少。村

落在阳坡、阴坡均有分布，阳坡分布数量比阴坡分布数量稍多些。大多数村落选择沿水而建，且较多为四级河流（河道宽度≤10米），主要流经形式为绕村环绕、一侧相邻。

民居类型以单行排屋、多联排为主，堂厢式、围屋、堂横屋数量很少；村落布局以条层式布局为主，还有少量的集中式布局，条带式、散点式布局数量不多（图4-12）。村落以线性巷道的形式为主。村落规模适中，以中型村落（＞2公顷且＜5公顷）为主。大多数村落都有水塘，且为自由形水塘。

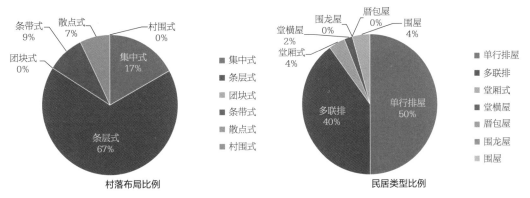

图4-12
Ⅱ区村落布局及民居类型比例
（图片来源：自绘）

（4）代表村落

正平村位于信丰县正平镇，地处信丰县西部。其所在的正平镇东邻嘉定镇，东南与小河镇接壤，南连万隆乡，西毗乌迳镇，北与油山镇、大阿镇交界。

该村始建于明朝时期，是以刘氏形成的单姓村落。刘氏从本地老子龙坑迁此建村。村落位于较为平坦、开阔之地，周围是农田，一条小溪从村落的西边流过，北面不远处有树木郁葱的山，西面、南面有许多自由形的水塘，可谓田园风光秀丽，风景优美。

村落主要民居类型为多联排、单行排屋，整个村落以刘氏厅厦为核心，多联排、单行排屋建筑通过串联、并联形成了条层式的空间形态格局，以横向巷道为主要的交通组织方式（图4-13）。

村落中的刘氏厅厦为该文化区中较为典型的多联排建筑类型，其坐北朝南，天井相对应处为厅，以厅为核心向两侧拓展，强调横向结构。

（5）成因分析

这一区域来自赣中北的移民较多，受到江西中部、北部移民的影响比较大。

沟通信丰与广东南雄的乌迳古道开通时间较早，如明嘉靖《南雄府志》载："乌迳路，通江西信丰，陆程二日，水程三、四日，抵赣州大河。庾岭未开，南北通衢也[1]。"乌迳古道

___
1 广东省地方史志办公室辑. 广东历代方志集成·南雄府部（一）·（嘉靖）南雄府志[M]. 广州：岭南美术出版社，2007。

平面图   卫星影像

图4-13
信丰县正平村
（图片来源：自绘；Google Earth）

以信丰九渡圩码头为中转站，南上经西河、入桃江、入贡水，出赣江，北下转陆路达广东乌迳镇，顺浈水至南雄市。这条古道对文化的渗透、交流具有十分显著的促进作用，有利于形成同一的村落、建筑文化，从而使得两地的村落、建筑文化具有很大的趋同性，如都出现了较多的多联排建筑，以及由多联排、单行排屋组成的条层式村落布局形式。而且多联排的集聚核心位于靠近广东南雄的信丰西部，远离信丰西部的地域，多联排数量则逐渐减少。

由于该文化区东北部受到相邻文化区Ⅰ区的影响，出现由单行排屋、堂厢式组成的集中式布局，以及由单行排屋、堂横屋等组成的条带式布局。由于该文化区的南部受到相邻文化区Ⅲ区的影响，有出现一些围屋，以及由围屋形成的散点式布局形式。

境内的山地、丘陵主要分布在边缘地带，中部多低丘平地，缓坡宽谷，阡陌农田，位于中部的桃江纵贯南北，桃江及其支流两岸是平原，村落多处于丘陵平原之中。该区域地形较为平坦、开阔，村落用地条件较为宽裕，宅祠合一、规模较大的多联排建筑比较适合这里的地形条件，形成的村落规模也比较大。

3. 赣州南部散点式、条带式+围屋、堂横屋文化区

（1）基本概况

该区域位于赣州的南部，大部分边界与广东接壤，东邻寻乌县，南倚广东龙川县、和平县、连平县，西毗广东始兴县，西北接广东南雄市，西南连广东翁源县，北靠信丰北部的万隆乡、小河镇、大塘埠镇、安西镇以及安远北部的新龙乡、欣山镇。具体范围包括龙南市、定南县、全南县全境，信丰南部的崇仙乡、铁石口镇、小江镇、虎山乡以及安远南部的鹤子镇、镇岗乡、凤山乡、三百山镇、孔田镇。其面积有5715平方公里，占赣州地区总面积的14.51%。

区域内群峰连绵，沟壑纵横，以丘陵、山地为主。最高点位于龙南九连山镇的黄牛石，海拔1430米。龙南市地势四周高中间稍低，西南高东北低，山地主要分布在龙南市的西南

部、东部、西北部，丘陵分布在山地的外围，分布范围广泛，桃江、渥江、濂江等河流两岸分布有一些带状河谷小平原。全南县地势西南高东北低，山地主要分布在西部、南部、中部，中部山地崛起，将全县分成南北两片。在桃江、黄田江两岸有小块河谷平原，丘陵界于山地与平原谷地之间。定南县地势北、西、东三面崛起，中南部稍低，山地主要分布在县境东部、中北部、西南部，河谷平原面积很小，丘陵盆地分布在山地到河谷平原的广大地域。信丰南部四周高中间低，山地主要分布在东南部，丘陵广布，桃江两岸有一些河谷平原。安远南部，北高，向南倾斜，东、西边缘高，向中间倾斜，山地主要分布在北部、东部、西部，丘陵分布较广，低丘谷地主要位于镇江河沿岸地区。

　　区域内主要河流有桃江、渥江、濂江、太平江、黄田江、月子河、九曲河、老城河、下历河、镇江河、新田河、龙迳河等。渥江，源于龙南市武当山下，在龙南市城汇入桃江。濂江，源于龙南市关西镇，在龙南市区汇入桃江。太平江，源于九连山麓，在龙南市程龙镇汇入桃江。月子河，源于定南县岭北镇，流进龙南，汇入濂江。黄田江，发源于雪峰山，先自南向北流入广东始兴县，在始兴县下窖村折回信丰县，再自西向东，在全南县社迳乡注入桃江。龙迳河，发源于定南县，流经信丰县虎山乡、小江镇、铁石口镇，汇入桃江。桃江，源于全南县的西南部，自西向东，在龙南市程龙镇进入龙南，然后向北折回，在全南县龙下乡进入全南，再自南向北，在信丰县崇仙乡流入信丰，在赣县区汇入贡水。新田河源于三百山，在孔田镇汇入镇江河。镇江河源于三百山，自东北流向西南，在孔田镇纳入新田河，从鹤子镇出县界，汇入定南县九曲河。下历河源于定南县历市镇，在定南县天九镇流入九曲河。老城河源于定南县岿美山镇，流经老城镇，沿江西、广东的分界线东流，流入九曲河。九曲河在定南县龙塘镇入定南，流经鹅公镇、天九镇，先后汇入下历河、老城河等河流后，进入广东龙川，汇入东江。镇江河、新田河、九曲河、下历河、老城河皆属东江水系。

　　该区域交通甚是不便。陆路崎岖难行，运输主要靠水路。水路主要有桃江、黄田江、渥江、濂江、九曲河等。逆桃江上行至龙南市、全南县，沿桃江下行可至信丰县、章贡区等地，逆黄田江上行可至陂头镇，渥江、濂江皆有通航能力；沿镇江河、九曲河可至广东龙川。

　　（2）文化中心区与边缘区

　　该文化区的中心区位于龙南市、全南县中南部大部分区域以及定南县西部，边缘区位于信丰的南部、安远的南部、全南县的北部和定南县的东部。

　　（3）文化景观特征

　　该文化区村落建村年代一般较晚，多为明清时期，这一时期较多闽粤客家返迁入这一带。绝大多数为单姓村落。村落多位于山谷盆地，丘陵盆地的村落数量也较多，极少数位于丘陵平原。多数村落所处坡度位于0°~5°之间，位于5°~10°与10°~15°的村落为少数，极少数位于15°~20°。村落在阳坡、阴坡皆有分布，阳坡村落要多于阴坡村落。绝大多数村落选择沿水而建，以四级河流（河道宽度≤10米）为主，流经形式以绕村环绕、一侧相邻为主。

　　民居以围屋数量为最多，其次是堂横屋，也包括一些单行排屋，其他类型较少；村落布局以散点式布局为最多，其次是条带式布局，还有一些团块式布局，其他类型数量较少（图4-14）。大多数村落呈现无巷道的形式。村落规模不大，以中型（＞2公顷且＜5公顷）、小型（≤2公顷）村落为主，中型比小型稍多一些。大多数村落都有水塘，自由形水塘数量最多，半月形水塘数量也有一些。

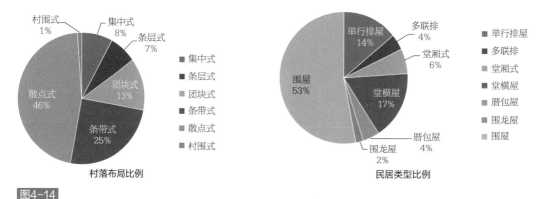

图4-14
Ⅲ区村落布局及民居类型比例
（图片来源：自绘）

（4）代表村落

　　关西村位于龙南市关西镇中部，地处龙南市东北隅。其所在的关西镇西连龙南镇，北靠里仁镇，东北与定南县岭北镇相邻，东南与定南县历市镇接壤，西南与汶龙镇相接。距县城20公里。

　　该村是以徐氏形成的单姓村落。关西徐氏属东海堂支。据《徐氏族谱》载，南宋理宗嘉熙丁酉年（1237年），徐姓从江西万安皂口徙泰和辗转迁入关西。关西徐姓始祖徐云彬，其与兄云兴，同在朝中为官，是宋朝大学士，因在官场受排挤而弃官南逃。传说，云彬之子有翁，是个货郎，迫于生计，挑货去广东和平时路过关西燕，发现此地山水秀丽，景色宜人。不久全家从泰和迁居关西下燕，然后从下燕顺水往东发展，十一世到了田心、老围等地。

　　村落四周群山环抱，位于山系间一片开阔的河谷盆地之中，有关西河、下燕溪等河流流过，可谓山环水抱，天然形胜（图4-15）。

　　村落民居类型主要为方形围屋、不规则形围屋等，多栋大型聚居建筑围屋自由散落的分布在山脚下的河谷盆地，呈散点式分布，围屋建筑之间距离较大，没有成型的巷道空间。村落围屋建筑主要有关西新围、西昌围（关西老围）、鹏皋围（坎下围）、田心围等，形成了一个较大的围屋群落。这一围屋群作为赣州围屋代表之一被列入《中国世界文化遗产预备名单》（图4-16）。

　　关西新围属于方形围屋中的国字围，是全国重点文物保护单位，是赣州围屋中最具代表

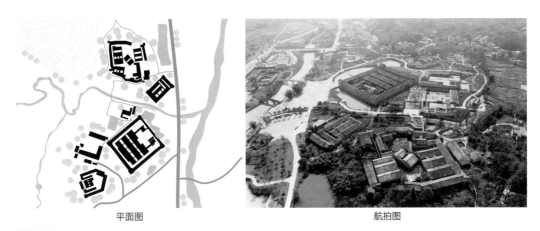

平面图　　　　　　　　　　　　　　航拍图

图4-15
龙南市关西村
（图片来源：自绘；自摄）

龙南关西新围　　　　　　　　　　龙南关西老围

龙南鹏皋围　　　　　　　　　　　龙南田心围

图4-16
关西村围屋
（图片来源：自摄）

性的精品围屋民居之一。它是一座规模宏大，防御功能完备，设计精美，构造精良，保存最完整，功能最为齐全的围屋建筑，该建筑为清朝名绅徐名钧所建，始建于清嘉庆三年（1798年），于道光七年（1827年）完工，历时近30年建成。关西新围平面呈长方形，坐西南朝东北，短边约83米，长边约93米，有东、西两座大门，东大门为正大门。外围是一圈四面围合的围屋建筑，有三层，外墙高约7米。底层墙体用三合土夹卵石版筑而成，厚约90米；二层外墙为带内壁柱的土筑土墙，厚约50米；三层为阁楼层，用厚青砖砌成，厚约35厘米。围内设有外走马和内走马，围屋朝外没有窗户，外墙上设有枪眼。围屋四角各建有1个高大的炮楼，均比围屋外墙要高，东侧大门口的两个炮楼比外墙高约1米，其余两个炮楼要高出约2米，形成前低后高之势。围屋中间是三进式的豪华大宅，有十四个天井，以中间祠堂为主轴线，两边各有一条次轴线，装饰较四周围屋建筑更精美。在中心主体建筑前面有一块大门坪，在大门坪前面还有花园、边房等建筑用房。整个平面布局严谨，序列分明，空间丰富。此外，在关西新围西门口旁边还设有小花洲、梅花书院、马厩等（图4-17、图4-18）。

西昌围属于不规则形围屋，是县级文物保护单位，是该文化区中不规则形围屋的典型代表。其也叫关西老围，是相对于关西新围而言的。因为西昌围修建在先，村民称先建的西昌围为老围，后建的围屋为新围。关西老围位于关西新围西门左侧几十米处，老围地势高于新围，建于明末清初时期，由几代人逐渐建设发展而成，占地约5257平方米。该建筑外围一圈围屋随地形而形成不规则形，围内也呈不规则形。外围围屋外墙的底层为三合土夹卵石筑墙，上层为青砖砌成，上端设有枪眼，三座炮楼布置在易受攻击的位置。围内以祠堂为中心，祠堂是围内最华丽的一栋，其余建筑立孝公堂、六大伙厅、三房后裔住房、观音厅等则围绕祠堂而建。围内各栋建筑朝向不一样，建设时间也不一样，立孝公堂建设时间最早，为明代末年，祠堂建于清雍正九年。关西老围没有统一规划布局，围内的建筑先建，后来出于安全的需要，而建外围围屋、围门、炮楼等。相传，关西老围建在徐氏风水宝地蛤蟆形

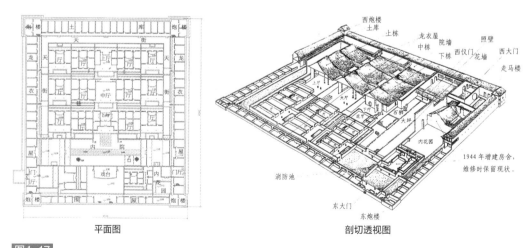

平面图　　　　　　　　　　　　剖切透视图

图4-17
关西新围

（图片来源：中华人民共和国住房和城乡建设部编. 中国传统民居类型全集 中[M]. 北京：中国建筑工业出版社，2014）

| 东大门 | 围内大门坪 | 围内主体建筑入口 |

| 炮楼 | 梅花枪眼 | 檐部装饰 | 窗棂 |

图4-18
关西新围细节图
（图片来源：自摄）

| 祠堂 | 立孝公堂 | 六大伙厅 |

图4-19
西昌围内各建筑
（图片来源：自摄）

上，围屋的形状也如同蛤蟆，祠堂是蛤蟆的心脏，两座大门是蛤蟆的两只眼睛[1]（图4-19）。

（5）成因分析

该文化区体现了闽粤客家移民文化的强势作用，明末清初时期，大批量的闽粤客家返迁入这一区域。

该地域在明清时期战乱频发，动乱不止，同时，由于此段时间大批闽粤客家的迁入，造成土地资源的不足，新、老客矛盾的加剧，而且，这一带自然环境险恶，地理位置偏僻，远离行政中心，官府较难控制，因而这一地域产生了防御性极强的、多个家庭密集型聚居的围屋民居建筑。

---

1 张贤忠. 关西围[M]. 关西：龙南县关西镇人民政府，2004。

该文化区东部受到邻近文化区的辐射作用，出现较多堂横屋建筑，而且堂横屋的分布呈现由东向西逐渐减弱的趋势，堂横屋的集聚核心出现在定南的东部。

龙南市北部、定南县北部、全南县中部的山脉地形，将其与赣州北部地区分割开来，对围屋向北发展具有一定的阻隔作用，使得围屋主要分布在三南地区，核心主要聚集在龙南、定南一带。安远县南部的镇江河、信丰县南部的桃江对围屋文化由南向北扩散具有一定的促进作用，使得在信丰县南部、安远县南部有一些围屋分布。

全南县中部山地崛起形成一道屏障，把县境分成南北两片，对围屋文化向北扩散起到一定的阻隔作用，在全南县以北围屋分布很少，北部地势相对较为平坦，有黄田江、桃江与信丰南部相连，受信丰县北部多联排文化的影响，出现了一些多联排民居。

境内群峰耸立，重峦叠嶂，多为丘陵、山地。村落多处于山谷盆地之中，其次是丘陵盆地。围屋是集居、祠、堡于一体的建筑，堂横屋是宅祠合一的建筑，这些建筑的规模、体量一般较大，村落建筑数量则会比较少。通常一个村落仅由一栋或几栋建筑所构成。大体量的建筑通常呈稀疏散落的分布，或沿山、水延伸方向呈线性布局，还有一些呈现出多个建筑团块聚集的布局形态。形成的村落一般为无巷道形式，村落规模普遍不大。

4. 赣州东部条带式、散点式+堂横屋文化区

（1）基本概况

该区域位于赣州的东部，地处赣州、抚州、福建交界处，东邻福建宁化县、长汀县、武平县，南连寻乌县，西毗安远县、于都县，西北接宁都北部的赖村镇、田头镇、竹窄乡、梅江镇、会同乡、湛田乡，北靠抚州广昌县。具体范围包括会昌县、瑞金市、石城县全境以及宁都南部的田埠乡、固厚乡、固村镇、长胜镇、黄石镇、对坊乡。其面积有7757平方公里，占赣州地区总面积的19.70%。

区域内峰峦重叠，以丘陵、山地为主。会昌县四周高，中间低，由东南向西北倾斜，山地主要分布在东部、西南部，丘陵主要分布在中部、西北部，盆地散布于广大丘陵地域。瑞金市东、北、西三面高峻，逐渐向中、西南方向倾斜，山地主要分布在东北部、东部、东南部、西部，丘陵主要分布在中部、西北部，岗地平原主要分布在绵江、梅川两岸。石城县四周山岭环绕，中西部地势较低，自东北向西南倾斜，山地主要分布在东北部、东部、东南部以及西北部，丘陵主要分布在北部、中部、中南部，盆地河谷主要分布在琴江下游两岸。宁都县南部东北高西南低，自东北向西南倾斜，山地主要分布在东北部，丘陵分布较广，平原主要分布在琴江及其支流沿岸。该区域最高点位于石城县东南部的鸡公崠，海拔1390米，最低点在会昌县的白鹅峡，海拔140米。

区域内主要河流有琴江、固厚河、绵江、梅川、湘水、贡水、濂水等。琴江，源于石城县高田镇，从宁都县固村镇进入宁都，流经固村镇、长胜镇、黄石镇，注入梅川。固厚河，源于石城县，在宁都县田埠乡入宁都，流经田埠乡、固厚乡、长胜镇，注入梅川。梅川，源

于宁都县，流经瑞金市瑞林镇，进入于都县。绵江，源于石城县，在瑞金市日东乡进入瑞金，从谢坊镇流入会昌县，在会昌县文武坝镇汇入湘水。湘水，源于寻乌县，自南流向北，从会昌县筠门岭镇进入会昌，在会昌文武坝镇与绵江汇合。濂水，源于安远县，流经会昌县晓龙乡、于都县靖石乡、会昌县庄埠乡、庄口镇，汇入贡水。贡水，由湘水、绵江在会昌县文武坝镇汇合而成，在会昌县庄口镇纳入濂水，流入于都县、赣县区，在章贡区汇入赣江。

该区域多崎岖小道，交通以水路为主。水路主要有梅川、固厚河、琴江、绵江、湘水、贡水、濂水等。梅川支流固厚河和琴江可通船筏；沿梅川上溯可至宁都县，下行可至于都县；沿湘水可直航至筠门岭；沿绵江从会昌县城可至瑞金；濂水可通船；贡水是会昌县至章贡区的水上要道。

（2）文化中心区与边缘区

该文化区的中心区位于会昌县中北部大部分区域，瑞金市中南部大部分区域，石城县中南部大部分区域，以及宁都南部固厚乡、长胜镇、固村镇一带。边缘区位于石城县北部的小松镇、丰山乡一带，瑞金市北部的岗面乡、九堡镇、黄柏乡、叶坪乡一带，宁都南部黄石镇、对坊乡一带，以及会昌县南部清溪乡、筠门岭镇一带。

（3）文化景观特征

该文化区的村落建村年代较早，多在宋元及以前，这一时期主要为赣中北的移民迁至此地；此外，还有大量村落建村年代较晚，多在明清时期，这一时间段较多为福建客家返迁至此区域。绝大多数为单姓村落。村落所处地形以山谷盆地为最多，其次是丘陵平原、丘陵盆地。村落所处坡度在0°~5°之间最多，其次是5°~10°，少数位于10°~15°，极少数位于15°~20°。村落在阳坡、阴坡皆有分布，阳坡村落多于阴坡村落。沿水而建的村落占绝大部分，且主要为四级河流（河道宽度≤10米），流经形式大部分为绕村环绕和一侧相邻。

民居类型主要为堂横屋，还有一些单行排屋、堂厢式，以及少量的厝包屋、围龙屋、围屋数量则很少;村落布局主要为条带式、散点式，还有少量的集中式、团块式，村围式数量非常少（图4–20）。形成的村落大多数都为无巷道形式。村落规模以小型（≤2公顷）为主，大型（≥5

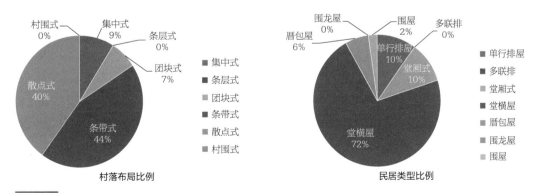

村落布局比例　　　　　　　　　　　　　　　　　　民居类型比例

图4-20

IV区村落布局及民居类型比例

（图片来源：自绘）

公顷）数量最少。大多数村落都有水塘，且以自由形水塘数量最多。

（4）代表村落

粟田村位于瑞金市武阳镇，地处瑞金市南部。其所在的武阳镇东连泽覃乡，南接拔英乡，西南与谢坊镇交界，西毗于都县西江镇，西北与云石山乡接壤，北邻沙洲坝镇。

该村是以袁氏形成的单姓村落，始祖是原明朝吉州刺史袁邯公，村落建立已有四百余年的历史了。袁氏祖先从江西的泰和迁至福建省上杭县境内居住，后来于明神宗万历年间（1573年），迁至粟田村定居。

村落四面环山，位于狭长的河谷盆地，北靠树木郁葱的后龙山，南面是较为开阔的农田，黄田河从东向西绕村而过，汇入绵江（图4-21）。

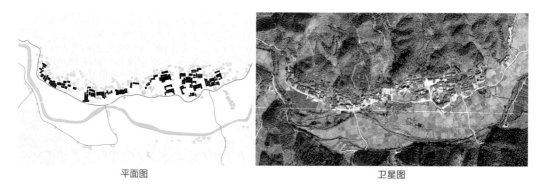

平面图　　　　　　　　　　　　　　　　　卫星图

图4-21
瑞金市粟田村
（图片来源：自绘；Google Earth）

村落民居类型主要为堂横屋，村落建筑紧靠山脚，沿着后龙山线性排开，前面留出较为平整、大块的土地作为农业耕作用地，整个村落呈条带式布局形式。由于村落建筑是顺应山脚等高线而建，每栋建筑的朝向与相应的等高线呈现一定的垂直关系。村落靠一条长的道路将所有建筑串联起来，道路位于建筑的前方，没有明显的巷道空间。

培德堂，为粟田村袁氏宗祠，属于堂横屋建筑，是该文化区中较为典型的代表。该建筑始建于明朝，占地面积1000多平方米，坐北朝南，歇山顶，中间单元两侧是封火山墙，结构形式为砖木、土木结构，装饰程度一般。其为二堂四横式堂横屋，以单元堂厢式单元居中，两侧各设有两列从厝，从厝与中间核心体单元的间隔廊道较宽（图4-22）。

龙堂祠堂，是该村的另一个袁氏宗祠，属于堂横屋类型，也是该文化区中较有代表性的建筑。该建筑始建于明朝，占地面积600多平方米，坐北朝南，歇山顶，结构形式为砖木、土木结构，装饰较为简单（图4-23）。

（5）成因分析

该文化区受到福建客家移民文化的强势作用，同时，还受到赣中北移民作用较大。中

卫星影像

航拍图

图4-22
瑞金市粟田村培德堂
（图片来源：Google Earth；《瑞金市武阳镇粟田村第五批传统村落申报材料》）

外观

厅堂

图4-23
瑞金市粟田村龙堂祠堂
（图片来源：《瑞金市武阳镇粟田村第五批传统村落申报材料》）

原汉人为躲避战乱，不断南迁，早期主要进入石城一带，在新迁徙地为了安全、生产的需求，采用堂横屋这种围绕祖堂而层层拓展式的大型聚居、宅祠合一的建筑形式。而在明清时期，福建客家移民大量返迁至该区域，同时，由于该区域土地资源的有限，使得新、老客矛盾突出，堂横屋这种大家族聚族而居的建筑形式比较合适。

境内峰峦叠翠，多为丘陵、山地，在主要河流两岸分布有一些平原，村落所处地形以山谷盆地为主，丘陵平原、丘陵盆地也占有一定比例。地形条件也决定了村落用地的局限性。大体量的堂横屋建筑沿山、水延伸方向呈线性布局，或紧靠山脚而建，或沿水而筑，留出平整、肥沃的土地用作耕地，条带式布局形式比较适合丘陵、山地地带居住、生产的条件。堂横屋建筑规模较大，村落建筑数量相应减少，通常一栋或几栋建筑便构成一个村落，地形较为复杂时，多栋建筑呈现零散、自由分布的散点式布局形式。形成的村落一般为无巷道形式，村落规模普遍偏小。

由于受邻近文化区 I 区、V 区的影响，在该区域西北部的边缘区域，即石城的北部、瑞金的北部以及与瑞金毗邻的宁都南部部分区域，出现了单行排屋、堂厢式，由此类民居构成的集中式布局也主要分布在这一区域；在该区域的南部边缘区域，即会昌县南部出现了围屋、围龙屋。

5. 赣州东南部条带式、散点式+堂横屋、围龙屋、围屋文化区

（1）基本概况

该区域位于赣州东南部的边陲，居江西、福建、广东三省交界处，东邻福建武平县、广东平远县，南接广东兴宁县、龙川县，西连安远县、定南县，北靠会昌县。具体范围包括寻乌县全境。其面积有2311平方公里，占赣州地区总面积的5.87%。南北长78公里，东西宽61公里。

境内以山地为主，其中山地占总面积的75.62%。山地主要分布在东部与西部，东、西部的群山形成了两个隆起带。山峦连绵起伏，中间多山间小盆地与狭窄谷地。项山甑主峰海拔1530米，为寻乌县最高点，最低点在龙廷乡斗晏村，海拔180米。

境内河流众多，主要有寻乌水、晨光河和罗塘河等。寻乌水自北向南贯穿全县，从龙廷乡进入广东，汇入东江，晨光河源于桂竹帽镇，在菖蒲乡出境，汇入东江。寻乌水、晨光河皆属于东江水系。罗塘河源于吉塘镇，自南向北流入会昌湘江，汇入贡水。

该区域山高路陡，对外运输主要靠水路。水路主要有寻乌水、罗塘河等，沿寻乌水可至广东龙川县等地，罗塘河是通往江西各地的航道。在陆路方面，有通往会昌县、安远县，广东平远县、兴宁县，福建武平县等地的商道。

（2）文化中心区与边缘区

该文化区的中心区位于寻乌县中南部，边缘区位于寻乌县的北部。

（3）文化景观特征

村落建村年代普遍较晚，多为明清时期，主要为闽粤客家返迁的居民所建。以单姓村落为主。村落所处地形山谷盆地最多，丘陵盆地也较多。多数村落所处坡度位于0°~5°之间，其次是5°~10°，少数位于10°~15°。阳坡、阴坡均有村落分布，阳坡村落稍多于阴坡村落。绝大多数村落沿水而建，以四级河流（河道宽度≤10米）为主，流经形式以绕村环绕、一侧相邻为主。

民居类型主要为堂横屋、围龙屋、围屋，还有少量的厝包屋，其他类型很少；村落布局以条带式、散点式为主，还有少量的团块式布局，集中式、村围式数量非常少（图4-24）。形成的村落大多数为无巷道形式。村落规模以中型（＞2公顷且＜5公顷）、小型（≤2公顷）为主，中型比小型稍多。大部分村落都有水塘，自由形水塘数量最多，半月形水塘数量也占有一定的比例。

（4）代表村落

桥头村位于寻乌县项山乡，地处寻乌县东部。其所在的项山乡东邻福建武平县民主乡、广东平远县差干镇，南连广东平远县仁居镇，西南、西边、北部均与吉潭镇接壤，有一脚踏三省之称。

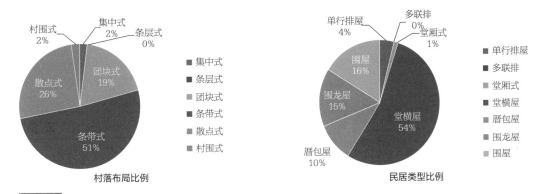

图4-24
Ⅴ区村落布局及民居类型比例
（图片来源：自绘）

　　该村建于明朝时期，是以潘氏形成的单姓村落，潘氏望出荥阳。项山潘氏始迁祖为兵部尚书潘任（肩宏公），其原籍为闽汀三洲。宋元鼎革之际，潘任率兵勤王，逐寇至项山，尽忠而卒。其子十三郎公在此立家，建村留坑，十三郎公定籍之后，向寻乌县申请荒田开垦，至五世海六、仲六两公后裔又分别在项山、社南建立基业。

　　村落群山环抱，位于寻乌县内最高山峰项山甑及其山系间狭长的盆地之中，有小溪从村落流过。该村南靠后龙山，南边是较为低矮的缓丘，其与地面高差30余米，北面有农田，桥头村背山面田，环境优美，天然形胜（图4-25）。

　　村落民居类型主要为围龙屋、堂横屋、厝包屋等，村落建筑依山就势，顺着山脚等高线依序排开，村落以潘氏彦高公祠（桥头村潘氏总祠堂）为中心，围绕总祠堂向两侧横向展开，整个村落呈条带式布局形式。村落大部分建筑的朝向与相应的等高线具有一定的垂直关系。村落基本无巷道而言。

　　潘氏彦高公祠属于围龙屋这一类型，是县级文物保护单位，是该文化区中围龙屋类型

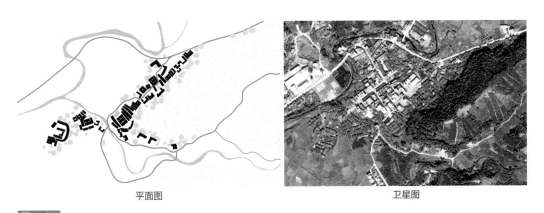

平面图　　　卫星图

图4-25
寻乌县桥头村
（图片来源：自绘；Google Earth）

卫星影像　　　　　　　　　　　　航拍图

牌坊　　　　　堂屋入口　　　　　厅堂

图4-26

寻乌县桥头村潘氏彦高公祠

（图片来源：Google Earth;《寻乌县项山乡桥头村第五批传统村落申报材料》）

的典型代表。其建于清光绪二十六年（1890年），占地面积约2600平方米，坐东南朝西北，三堂四横一围龙，以堂为中心，中轴对称，入口处有一牌坊，堂屋前面有禾坪，禾坪上立有两根石栀杆，全身雕龙，高9.9米。该建筑为悬山顶，立面为砖墙或土墙，内部结构为抬梁式。建筑规模较大，工艺较为简单（图4-26）。

（5）成因分析

该文化区地处赣闽粤三省交界处，受到明末清初时期闽粤客家返迁移民文化的强势影响。这一时期，大量闽粤客家返迁入该区域。

寻乌至广东东北部的多条水陆联运古道不仅为闽粤客家的返迁提供了先天条件，而且对两地的交流与沟通起到了显著的推动作用。受梅州文化的影响，与梅州接壤的寻乌出现了围龙屋，围龙屋的核心出现在靠近梅州的寻乌东南部，在寻乌北部，离梅州较远的区域，则围龙屋较少。

寻乌县是典型的山区县，山多田少，水资源丰富，地形条件决定了村落选址、用地的局限性。村落所处地形位于山谷盆地的为最多。由于土地资源的有限，新、老客矛盾的存在，比较适合堂横屋、围龙屋、围屋这种大型聚居建筑的生存，这些大体量的堂横屋、围龙屋、围屋建筑顺应山体等高线，依山而建，或者沿水系而筑，又或者少数几栋大型建筑零散、自由的分布，甚至一栋建筑便构成一个村落。形成的村落通常无巷道而言，一般规模也不大。

6. 赣州西北部条带式、散点式+单行排屋、堂横屋文化区

（1）基本概况

该区域位于赣州的西北部，地处赣州、吉安、湖南郴州三市交汇处，东邻南康区，南连大余县，西毗湖南郴州的汝城县、桂东县，北靠吉安遂川县。具体范围包括上犹县、崇义县。其面积有3741平方公里，占赣州地区总面积的9.50%。

区域内山脉纵横交错，群峰耸立，以山地为主。上犹县地势西南、西北、东北高，且多为高山，由西北向东南倾斜，东南部多为丘陵河谷盆地。崇义县地势由西南向东北倾斜，山地主要分布在西南、西北的边缘，东部、中部多丘陵。最高点是崇义县思顺乡的齐云山，海拔2061米，最低点在崇义县龙勾乡的兰坝，海拔135米。

区域内主要河流有上犹江、营前河、油石河、寺下河、紫阳河、麟潭河、横水河、朱坊河等。营前河源于齐云峰，在营前镇注入陡水水库。油石河源于油石乡，自西北流向东南，在东山镇汇入上犹江。寺下河源于上犹县双溪乡，在上犹县社溪镇与紫阳河汇合，注入南康区龙华江。紫阳河源于上犹县紫阳乡，在上犹县社溪镇与寺下河汇合，注入南康区龙华江。上犹江源于湖南汝城县，流经崇义县，与营前河注入陡水水库，经南河水库，从上犹县黄埠镇进入南康区，注入章水，在章贡区汇入赣江。麟潭河源于湖南汝城县，在崇义县丰州乡进入崇义，流经丰州乡、麟潭乡、过埠镇、杰坝乡，注入陡水水库。横水河源于崇义县聂都乡，流经关田镇、横水镇，注入陡水水库。朱坊河源于崇义县长龙镇，从崇义县龙勾乡进入南康区，汇入章水。

该区域交通运输不大方便。陆路多崎岖山路。水路方面，崇义县的水路不能通舟，水路只能靠竹木排筏，交通闭塞；上犹县的水路尚且便利，是运输主体，主要有上犹江，沿上犹江上至营前镇、水岩乡，下至唐江镇、章贡区。

（2）文化中心区与边缘区

该文化区的中心区位于上犹县大部分区域以及崇义县大部分区域，边缘区位于上犹县东部的社溪镇、黄埠镇一带，以及崇义县东部的龙勾乡、扬眉镇一带。

（3）文化景观特征

该文化区村落建村年代一般较晚，多在明清时期，较多由广东客家返迁居民所建。绝大部分为单姓村落。村落所处地形大多数为山谷盆地，位于丘陵盆地的数量很少。村落所处坡度在0°~5°与5°~10°的范围较多，10°~15°的也有一些，其余范围的只有极少数。村落在阳坡的分布数量比在阴坡的数量稍多些。沿水而建的村落占绝大多数，且多为四级河流

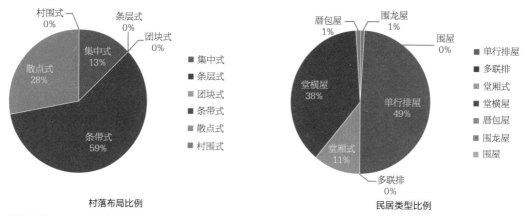

图4-27
Ⅵ区村落布局及民居类型比例
（图片来源：自绘）

（河道宽度≤10米），流经形式多为绕村环绕和一侧相邻。

民居类型以单行排屋、堂横屋为主，另外有少量的堂厢式，厝包屋、围龙屋的数量极少；村落布局主要为条带式、散点式布局，集中式布局较少（图4-27）。多数村落为无巷道的形式。绝大部分村落规模偏小，以小型村落（≤2公顷）为主。多数村落都有水塘，自由形水塘数量较多，半月形水塘数量也占有一定的比例。

（4）代表村落

下湾村位于上犹县营前镇，地处上犹县西部。其所在的营前镇东邻水岩乡，南连崇义杰坝乡，西接平富乡，北与五指峰乡交界。

该村建于清康熙年间，是以黄氏形成的单姓村落。据《黄氏族谱》载，清康熙年间黄虞雾从广东和平迁此。

村落群山环抱，位于河谷盆地之中，北面是较为开阔的平地，南面是低矮的缓丘，有营前河从村旁流过，有小溪穿村而过。可谓山环水抱，风景优美（图4-28）。

村落民居类型主要为堂横屋，多栋堂横屋建筑稀疏散落、自由灵活的分布在山脚下，呈散点式分布状态，形成了一个较大的堂横屋群落。堂横屋建筑之间相隔较远，没有形成巷道空间。

村落中的九井十八厅是该文化区中较为典型的堂横屋建筑，是县级文物保护单位。其为始迁祖虞雾公之孙志标公所建。乾隆三十六年（1771年）始建，于乾隆三十九年（1774年）完工，历时三年余建成。该建筑坐东朝西，三堂二横，有九个厅十八个天井，五十多间厢房，占地面积约1520平方米。其为砖木结构，悬山顶，两边前侧有封火山墙，整栋建筑规模宏大，工艺精湛（图4-29）。

（5）成因分析

该文化区受到明末清初时期广东客家移民的作用较大。大量广东客家在明末清初这一

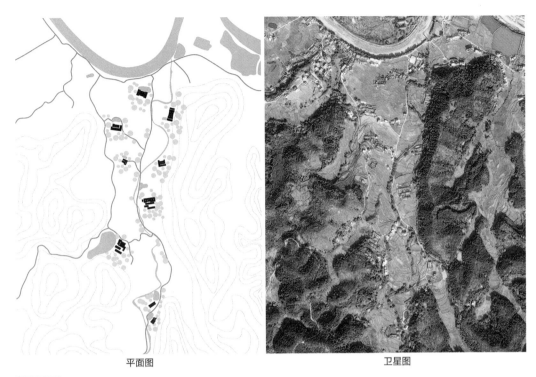

平面图　　　　　　　　　　　　　　　卫星图

图4-28
上犹县下湾村
（图片来源：自绘；Google Earth）

时期返迁入该区域。

　　境内群峰起伏连绵，是典型的山地、高丘区，地形条件限制了村落的选址与用地情况。首先，大多数村落所处地形为山谷盆地。其次，由于土地资源的珍贵，新、老客的矛盾不断，比较适合堂横屋这种围绕祖堂而层层拓展式的大型聚居、宅祠合一的建筑类型。再次，由于用地的局限性，使得村落更容易顺应山体、水系呈线性布置；同时，由于堂横屋属于大体量的聚居建筑，使得少数几栋零散、自由分布的建筑便组成了一个村落，有时一栋建筑便是一个村落。形成的村落一般无巷道而言，村落规模普遍比较小。

　　境内山地主要分布在北面、西面、南面，地势东面较低。向东流淌的上犹江流往南康区、章贡区，汇入章水、赣江，是该区域内文化由东向西传播、扩散、交流的主要通道，对两地文化的交流起到重要的推动作用。这使得该文化区更易受东边邻近文化区的影响，如在建筑平面形制的表现上，堂横屋有向组合堂厢分化的趋势。

　　由于相邻文化区之间文化的传播、扩散作用，在与邻近文化区Ⅰ区西部交界的区域，出现了一些堂厢式民居，由此类民居形成的集中式布局也主要位于这一区域。

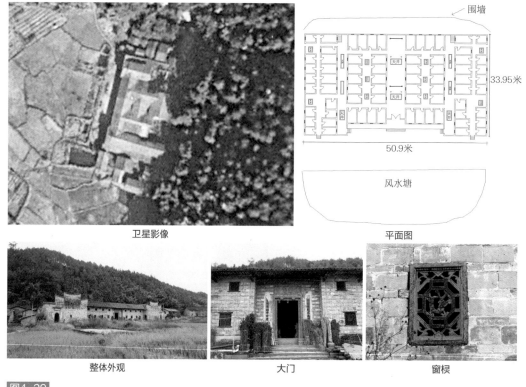

围墙

33.95米

50.9米

卫星影像

平面图

风水塘

整体外观

大门

窗棂

图4-29
上犹下湾村九井十八厅
（图片来源：Google Earth；调研资料；自摄）

小结

　　本章首先梳理、分析已有文化区研究中关于文化区的概念与类型，区划的原则与方法等内容，然后依据赣州客家传统村落及民居文化的自身特点，制定相应的区划原则、方法，确定针对赣州客家传统村落及民居文化区划分的方案。将村落布局、民居类型这两个因子作为主导因子，根据村落模式对文化区进行初步划分；结合村落规模、巷道形式等其他因子，依据文化的相似性、差异性对文化区进一步细分；再叠合地形、水系、行政区等边界对文化区的详细边界进行最终确定。文化区的名称，采取"地理区位+村落布局+民居类型"的方式，赣州客家传统村落及民居文化区的六个分区为：Ⅰ赣州中部集中式、条带式+单行排屋、堂横屋、堂厢式文化区，Ⅱ赣州西部条层式+单行排屋、多联排文化区，Ⅲ赣州南部散点式、条带式+围屋、堂横屋文化区，Ⅳ赣州东部条带式、散点式+堂横屋文化区，Ⅴ赣州东南部条带式、散点式+堂横屋、围龙屋、围屋文化区，Ⅵ赣州西北部条带式、散点式+单行排屋、堂横屋文化区。最后，对六个文化区的文化景观特征及其主要成因进行分析与总结（表4-2）。

04 赣州客家传统村落及民居文化区划　**177**

表4-2

各文化区的文化景观特征及其主要成因信息汇总表

项目		I区	II区	III区	IV区	V区	VI区
基本概况	面积（km²）	17636	2219	5715	7757	2311	3741
	占比（%）	44.78	5.64	14.51	19.70	5.87	9.50
	主要地形地貌	山地主要分布在各个县（市区）的边缘部分，丘陵广布，主要河流两岸是平原，是相对较为平坦的一个区域	以丘陵为主，桃江及其支流两岸是平原，是较平坦开阔的一个区域	以丘陵、山地为主	以丘陵、山地为主，主要河流两岸分布有一些平原	以山地为主	以山地、高丘为主
	主要河流分属水系	赣江水系	赣江水系	赣江水系 东江水系	赣江水系	东江水系 赣江水系	赣江水系
	交通	交通较为便利，运输主要靠水路	道路比较曲折陡峭，住北货运主要靠水路	陆路崎岖难行，运输主要靠水路	多崎岖小道，交通以水路为主	山高路陡，主要靠水路	陆路多崎岖山路。水路方面，崇义县的水路不能通舟，上犹县的水路尚且便利
文化景观特征	中心区	赣县区、章贡区、南康区、大余县、宁都北部、于都中北部和兴国西南部	大阿镇、正平镇、小河镇、大塘埠镇、嘉定镇一带	龙南市、全南县中南部大部分区域以及定南县西部	会昌县、瑞金市、石城县大部分区域，以及宁都南部固厚乡、长胜镇、固村镇一带	寻乌县中南部	上犹县大部分区域以及崇义县大部分区域
	地形	多为丘陵盆地，其次是山谷盆地，丘陵平原占有一定的比例	丘陵平原最多，其次是丘陵盆地，山谷盆地非常少	多位于山谷盆地，丘陵盆地也较多，极少数位于丘陵平原	以山谷盆地为最多，其次是丘陵平原，丘陵盆地	山谷盆地最多，丘陵盆地数量也较多	大多数为山谷盆地，丘陵盆地数量很少

项目		I区	II区	III区	IV区	V区	VI区
文化景观特征	坡度	多位于0°~5°，其次是5°~10°	大多数在0°~5°之间	多数位于0°~5°之间	在0°~5°之间最多，其次是5°~10°	多数位于0°~5°之间，其次是5°~10°	在0°~5°与5°~10°的范围较多
	坡向	阳坡村落远多于阴坡村落	阳坡村落比阴坡村落稍多些	阳坡村落多于阴坡村落	阳坡村落多于阴坡村落	阳坡村落稍多于阴坡村落	阳坡村落比阴坡村落稍多些
	河流等级	以四级河流为主	四级河流最多	以四级河流为主	主要为四级河流	以四级河流为主	多为四级河流
	河流流经形式	大都为绕村环绕、一侧相邻	主要为绕村环绕相邻	以绕村环绕、一侧为主	大部分为绕村环绕、一侧相邻	以绕村环绕、一侧相邻相邻	多为绕村环绕、一侧相邻
	村落布局	以集中式、条带式为主	以条层式布局为主	以散点式布局为最多，其次是条带式布局	主要为条带式、散点式	以条带式、散点式为主	主要以条带式、散点式布局
	民居类型	主要为单行排屋、堂横式、堂厢式	以单行排屋、多联排为主	以围屋为最多，其次是堂横屋	主要为堂横屋	主要为堂横屋、围龙屋、围屋	以单行排屋、堂横屋为主
	村落规模	大型村落最多，中型比大型稍少	以中型村落为主	以口型、小型村落为主，中型比小型稍多一些	以小型村落为主，大型村落最少	以中型、小型为主，中型稍微比小型多一些	以小型村落为主
	巷道形式	非规则网格状巷道最多，其次是无巷道形式	以线性巷道形式为主	大多数村落呈现无巷道的形式	大多数都为无巷道形式	大多数为无巷道形式	多数都为无巷道形式
	村落环境要素	大多数村落都有水塘，自由形水塘占比最多	大多数都有水塘，自由形水塘最多	多数村落都有水塘，自由形水塘最多，半月形水塘也有一些	大多数村落都有水塘，且以自由形水塘为最多	大部分都有水塘，自由形水塘最多，半月形水塘也占有一定比例	多数都有水塘，自由形水塘较多，半月形水塘也占有一定的比例

续表

项目 / 文化区		I区	II区	III区	IV区	V区	VI区
文化景观特征	建村年代	多在明清时期，还有较多是元末及以前	多在明清时期	多为明清时期	多在明清时期，还有较多是宋元末及以前	多为明清时期	多在明清时期
	迁徙源地	赣中北较多	赣中北较多，还有一些来自广东、福建	广东、福建较多	福建较多，其次是赣中北	广东、福建较多	广东较多
	姓氏结构	单姓为主	单姓为主	单姓为主	单姓为主	单姓为主	单姓为主
代表村落		赣县区白鹭村	信丰县正平村	龙南市关西村	瑞金市栗田村	寻乌县桥头村	上犹县下湾村
主要成因		①赣州开发较早的区域；②受赣中北移民作用较大；③受到江西北部乃至北方文化的影响较大；④贡江、梅川等水路对堂横屋文化的扩散、传播作用	①受赣中北移民作用较大；②较为平坦、开阔的地形；③乌迳古道对多联排民居文化的交流、促进作用	①受闽粤客家返迁移民文化作用较大，山地、丘陵为主的地形；②偏解的地理位置；③④社会动荡不安的动乱局面	①受福建客家返迁移民作用较大；②还受赣中北移民的较大作用；③多为丘陵、山地，主要河流两岸分布有一些平原	①受闽粤客家返迁移民文化作用较大；②以山地为主的地形；③寻乌至广东东北部的多条水陆联运古道对闽粤文化的交流、促进作用	①受广东客家返迁移民文化作用较大；②以山地、高丘为主的地形；③上犹江对两地民居文化的交流、促进作用

（资料来源：自绘）

05

赣州客家与闽、粤客家传统村落及民居文化景观对比研究

- 地理环境与文化特点比较
- 村落选址与形态特征比较
- 民居类型与形态特征比较
- 小结

客家先民长途跋涉，不断南迁，在赣闽粤三角地带形成了稳定的客家聚居区。南迁而来的客家人根源相近，社会文化背景大致相同，但在不同历史时期的迁徙诱因下逐步进入相邻的赣南[1]、闽西、粤东北三地。由于受人口迁徙、历史环境、区位条件等因素的影响，同是客家文化圈的三个地区又各自呈现出不同的村落及民居文化特征。

将赣、闽、粤客家传统村落及民居文化景观进行对比研究，以同一民系、跨省域的视角，深入剖析它们之间的异同，通过对比研究，从共性中寻找特性，以揭示同一客家文化圈层下三地村落、民居的内在关联性，挖掘在不同行政区域下差异性形成的影响因素。

5.1 地理环境与文化特点比较

1．特殊的地理环境

赣南、闽西、粤东北三地相互毗邻，都属于丘陵山地地区。区域内山峦叠嶂，连绵不绝，河流纵横，大小盆地密布，降雨量充沛。三地在未开发之前，都属于山深林密，猛兽横行，瘴气熏人的地方，景象十分荒僻，在自然地理方面具有一定的相似性。然而，三地之间被高大山脉所阻隔，使得三个地区属于不同的行政区域。三地各自境域内的地形、水系、交通等也各具特色，有着自己独特的地方。

赣南，指现在的赣州市。它南依南岭山脉、东抵武夷山脉、西靠罗霄山脉，这三条山系形成一个环形屏障，将赣州与广东、福建、湖南三省分割。赣州水系发达，境内的章江与贡江汇聚形成赣江，且全市顺赣江直下向北地势逐渐平坦，形成南高北低的格局。而源于赣州的赣江向北经江西中部，注入长江中下游的鄱阳湖，这样的地理环境使赣州自古以来都被视为中原腹地的外延，有着"南抚百越、北望中州"之地利而成为了"江湖枢键"和"岭峤咽喉"。

赣南地区土地相对贫瘠，自古有"八山半水一分田，半分道路和庄园"的说法。境内近八成为丘陵山地，海拔介于200~800米不等。赣南地区河网密布，东南部的寻乌与定南的少数河流汇集流入珠江流域之东江水系，其余河流均为赣江水系。赣南地区河网经赣江与长江相连，航运体系完备。

赣南是中原通往岭南的咽喉要道。唐中叶之前，通往岭南的交通线路共有三条：桂州路、郴州路、大庾岭路。其中大庾岭路又称作"梅关古道"，此道北上由赣南顺章水、赣江，入鄱阳湖、长江，至中原地区，南下越梅关，下浈水，入北江，可至广州。唐中叶之后，岭南政治、经济中心由西转移至东部，尤其随着广州成为了岭南中心后，江淮与广州的联系不断加强。基于此张九龄奉诏重凿大庾岭路，随着大庾岭路的兴起，其余二路重要

性逐步下降，而赣南的枢纽地位则不断加强。而随着赣南交通条件的改善，赣南由原先的偏远荒凉且人烟稀少之地逐步发展成为经济开发与文化建设的重要州郡。

闽西，主要包含如今龙岩市的大部分区域与三明市的西南部。闽西也是一个山多地少，以丘陵为主的地区，这一带自古就有"环郡皆山也[1]"的说法。在闽西的山系中，最为重要的就是其西北的武夷山山脉，其将闽西与赣南分开。闽西境内还有玳瑁山脉、彩眉山脉、博平岭山脉、松毛岭山脉、南岭支脉等山脉。闽西地势基本为东北高、西南低，山间盆地一般比赣南小。

闽西境内河流众多，汀江是闽西的最大河流，也是福建省四大河流之一，其发源于赣、闽交界的武夷山。此外，福建省闽江、九龙江，以及粤东北的梅江等均发源于闽西。汀江在永定区峰市镇进入粤东北，在粤东北梅州的大埔县三河镇与梅江、梅潭河汇合为韩江，汇入大海。

闽西位置更加荒僻，交通条件不利。古时中原南下的几条交通要道均不经过闽西境内，加上闽西本身就受到崇山峻岭的阻隔，所以古时过于闭塞，发展有限。

粤东北，主要包括如今的梅州市、河源市和韶关市部分等。粤东北与闽西、赣南接壤，山川连绵，地势北高南低，境内的地形基本与赣南、闽西类似，均以山地丘陵为主。境内有项山山脉、阴那山脉、凤凰山脉、释迦山脉等山脉。境内河网密布，河谷纵横，形成了众多大小盆地。而交通方面，粤东北远离岭南的中心广州，加之自身又不处于中原与岭南往来的要线上，显得比闽西还更加偏远。

总的来说，赣南、闽西、粤东北毗邻区，多山地丘陵，土地资源有限。有学者对这一带土地面积进行统计得出，山地面积约占一半以上，而可耕作面积却不足十分之一[2]。这种土地贫瘠情况使得土地资源不足，开垦成本极高；而且山多地少又造成交通极不便利，形成了一个封闭落后的偏僻地区，与周边的闽南、珠江流域和赣江中下游地区形成了鲜明的对比。

2. 人口迁徙与客家文化圈

客家是个典型的移民社会。由于战乱、饥荒等因素，北方汉民陆续南迁，经历数次大规模迁徙，进入赣闽粤三角区域，与当地土著相互融合，形成了独特、稳定的客家民系。赣南、闽西、粤东北为客家民系成形区，是客家人核心聚居地。由于三个地区开发时间不同，赣南秦汉时已设治，闽西西晋时始设县治，粤东北开发最迟，此外，还有地理区位、交通等因素的影响，人口迁入三地的时间不一样，开发高潮有先有后，在整个客家民系形

1　（宋）胡太初修；赵与沐纂；长汀县地方志编纂委员会整理. 临汀志[M]. 福州：福建人民出版社，1990。
2　邹春生. 文化传播与族群整合 宋明时期赣闽粤边区的儒学实践与客家族群的形成[M]. 北京：中国社会科学出版社，2015。

成的过程中，三个地区都有着自己独特的地位，形成了各具特色的客居格局。

（1）赣州客家摇篮与新老客家形成

赣州有"客家摇篮"之称，秦时已有北方汉民进入赣南，当前有据可查的赣南最古老姓氏可上溯至晋代。唐末五代，北方战火不断，大量中原汉民南迁，成批进入赣南、闽西，甚至粤东北地区，但是迁入赣南的较多。由于北宋的灭亡和南宋的建立，大批量的北方汉民继续南迁，使得赣州人口快速增加。随后至明清时期，由于闽粤地区人口的大量增长，以及外来寇匪袭扰，加之清初颁布了"迁海令"，又促使闽粤客家返迁入赣南地区。这些人口的迁徙，使得赣南地区的客家先民具有浓厚的时代印记与地域特征，并逐步形成了唐宋以来"老客家"与明清时期"新客家"之分。如，古代宁都自北向南分为六乡，北部上三乡"老客家"居多，南部下三乡多为"新客家"，而且上三乡、下三乡的语言、习俗等都有些不同。据康熙年间文学家魏礼所说："阳都（今宁都）属乡六，上三乡皆土著，故永无变动。下三乡佃耕者悉属闽人，大都福建汀州之人十七八，上杭、连城居其二三，皆近在百余里山僻之产[1]。"这里的土著即指"老客家"，佃耕者指闽西返迁的"新客家"。

（2）南宋闽西客家与石壁客家祖地

闽西地区也是客家先民较早的聚居区。唐末、北宋后期、两宋之交是大量移民进入闽西的时期，闽西人口出现大幅增长。谢重光先生对有关史志资料的整理，研究得出，从唐元和时期至北宋初，汀州、漳州户数增幅分别高达817%和1688%；从北宋太宗时期到神宗元丰时期，汀州、漳州户数增幅分别达239%和318%；从北宋末至南宋中叶时期，汀州户数增幅达168%[2]。闽西人口大量的增加与北来汉民大规模的南迁息息相关。而南宋是闽西客家聚居的重要时期。北宋末年，宋室南迁，中原、江淮一带汉族居民大批南迁，徙至赣闽粤交界处，还有些之前定居在江西中部、南部的居民也徙入闽西，甚至粤东，闽西接受了大量的外来移民。在闽西客家聚居地当中，宁化石壁则是其中的关键核心，有"客家祖地"之称，其起着不可替代的关键作用，是客家南迁的中转站，是客家人士修谱溯源的关键之地，具有族群认同符号。

（3）宋元粤东北客家与梅州世界客都

粤东北开发较赣南、闽西迟。宋元交替之际是粤东北接纳外来移民最多的时期。南宋末至元初，北方汉人以及赣州、汀州移民大量迁往粤东北。吴松弟先生对广东客家移民的研究指出："今客家人的祖先主要是在宋元之际和元代这八九十年中迁入广东，正是这些氏族对广东客家的形成和发展产生重大作用[3]。"宋末、元代，移民主要迁入地以梅县区、

---

1 赣州地区志编撰委员会编. 宁都直隶州志（重印本）[M]. 赣州：赣州印刷厂，1987。

2 谢重光. 福建客家[M]. 桂林：广西师范大学出版社，2005。

3 吴松弟. 中国移民史 第4卷 辽宋金元时期[M]. 福州：福建人民出版社，1997。

兴宁市、大埔县、五华县、平远县、蕉岭县等最为集中，即今梅州的绝大部分区域。到明清时期，粤东北梅州已成为客家主要聚居地和最后的集散地。客家文化最终在梅州成熟，梅州是客家民系的最终形成地，在客家大本营中，占据十分重要的历史地位，被誉为"世界客都"。

5.2　村落选址与形态特征比较

1．选址注重与自然环境相协调，土地使用紧凑

一方面，三地客家人对村落的选址与营建都十分讲究，注重人、村落、自然的和谐统一。如《老子》所云："人法地，地法天，天法道，道法自然。"

三地多山地丘陵，生存环境恶劣，选择一个合适的地方落脚并安定下来非常重要。村落选址前，综合考察当地的地形、水文、土壤、日照、风向、气候等各个方面的因素，因地制宜，注重与周围大自然相协调，以创造出良好的居住空间。"负阴抱阳、背山面水"被认为是理想的村落选址，这样的环境藏风纳气，冬暖夏凉，舒适宜人。

另一方面，三地多山地丘陵的地形地貌，使得土地资源相对较少，耕地成为稀缺资源。如《光绪顺丰县志》卷七载："邑虽山陬，而溪滨岩谷间，土壤可以种植的，泉源可以灌溉，无不垦辟为田。"这种情况三地较为类似。村落在营建过程中，为了节约耕地，留出更多平整、开阔的土地作为耕地来使用，以不侵占农田为原则，村落多靠山而建，顺应山体延伸布局，村落用地较为紧凑。此外，三地河流众多，纵横交错，而且取水灌溉是农耕的重要环节，三地村落较多沿水而居。

如，位于龙岩连城县的培田村（图5-1），村落选址适应自然地形，与周边环境相得益彰，有机协调。该村始建于南宋年间，已有八百余年的历史。全村基本上是同宗同姓的吴氏家族。村落西面倚靠卧虎山，左右有护砂，村前是一片平坦、开阔的农田，有河源溪从西北绕村而过，村落东面不远处有案山，远处有笔架山为朝山，很好的体现了"背山面水"的选址格局，创造了村落与山水形势融为一体，自然和谐的居住环境。

由于土地资源的限制，培田村的选址不拘泥于坐北朝南，围绕盆地周边的山麓建设，培田村根据实际的地形情况，坐西朝东，而且村落所倚靠的山体没有影响村落的采光，是客家地区村落选址智慧的充分体现。

培田村选址于山麓地带，依山而立，以尽量不侵占农田为首要原则，村落建筑紧靠山脚等高线而建，部分向山体方向延伸，逐层向上发展，留出最为开阔、平展的土地作为耕地，整个村落顺山势方向线性延展，呈现出条带式的布局形式。同时这一带地势较高，利于防洪避险。

又如，位于梅州梅县的侨乡村（图5-2），村落选址因地制宜，适应自然，注重人地和谐，与周围山水形势协调统一。该村始建于明嘉靖年间，已有五百余年的历史。全村主要

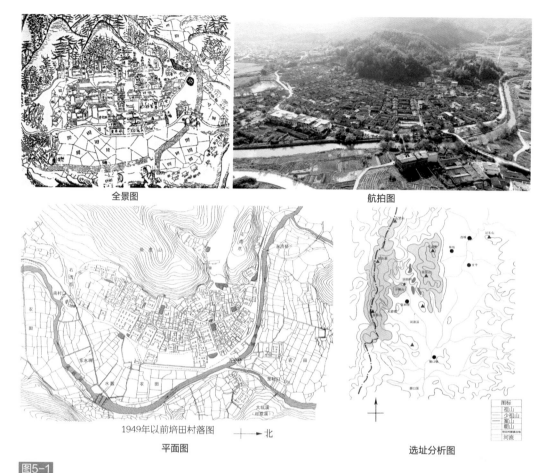

全景图　　　　　　　　　　　　　　　　　航拍图

1949年以前培田村落图　　←┼→ 北

平面图　　　　　　　　　　　　　　　　　选址分析图

图5-1

龙岩市培田村选址与布局

（图片来源：《培田村传统村落申报材料》；自摄；李秋香. 闽西客家古村落 培田村[M]. 北京：清华大学出版社，2008 ）

都是潘姓。村落背靠三丫寨山，村后的山从三面护卫着村落，村落前面是大片农田，三星河蜿蜒于农田形成正反对弯，形似太极，被称为"太极水"，水的前面有案山围龙岗，朝山在远处，整个村落的选址很好地体现了"背山面水"的格局。

由于地形条件、耕地等的限制，村落选址时不局限于坐北朝南，侨乡村根据实际情况，适应自然地形，沿着盆地周边的山麓建设，坐西南朝东北，村落倚靠的山体并没有对村落的采光造成影响，较好地体现了客家村落选址的智慧与内涵。

侨乡村选址于山麓地带，依山而建，以不占耕地为原则，村落建筑沿着山麓，顺应山势依次排开，界面绵长、延续，整体呈现出条带式的空间布局形态。村落规模需要扩大发展时，仍以不占耕地为原则，由于施工难度，不会在坡度过大的区域建设，而是通过微地形的处理，向山体方向发展，逐坡向上。整个村落地势相对较高，可以避免洪灾。

鸟瞰图

平面图

选址分析图

图5-2

梅州市侨乡村选址与布局

（图片来源：自摄；《梅州市侨乡村历史文化村落保护规划》）

2. 宗族社会组织，单姓结构为主

三地客家人都具有强烈的宗族观念。客家是个移民社会，中原汉人举族南迁，跋山涉水，历经千辛万苦才定居在赣闽粤三角地带。面对陌生、艰苦的环境，要在这块贫瘠的土地上生存与发展，他们必须团结一致、相互扶持，形成了紧密相连的血缘群体。以宗族为纽带的积极协作和团结进取精神是客家先民能够克服迁徙及定居过程中的各种艰难险阻的根本保证和决定性因素。为了适应当地的自然、社会环境，聚族而居成为客家地区基本的社会形态。

客家先民居住劳作的地域基本为山多地少的丘陵地区，地势崎岖，地形复杂，自然资源非常贫瘠，还容易出现干旱、洪涝、虫灾等灾害，对三地客家人的生产、生活造成严重的影响，使得生活极其困苦。此外，随着移民的迁入，各宗族之间、土客之间为争夺生存空间，爆发了各种冲突与动乱，而且，还要面对土匪等的频繁侵扰。自然条件的恶劣及当地社会的动乱使客家先民必须抛弃单打独斗的个人作风，紧紧团结在一起，集中居住，相互支持，通力合作，这同时也巩固和加强了宗族观念和宗族制度。

在客家先民迁移到目的地后，同一宗族聚居在一起形成血缘聚落，在后续的同甘共苦中又使得这种血缘为主的群体关系更加牢固。至明中叶以后，客家宗族组织和宗族制度发展成熟，并在清初之后发展至鼎盛时期。宗族成为村落生产与生活的基本自治组织与单位，聚族而居成为客家地区村落的基本形态。这种组织形式不但在平时劳作中能保持高效率，而且在遇到各种自然灾害和社会动荡时能够共进退、同患难，最终化险为夷。

客家地区这种同宗族聚族而居，子孙繁衍仍紧密地围绕在祖屋附近形成以祖居为中心的村落结构遍布客家人的主要聚集地。这种地缘与血缘高度一致的宗族村落不但是客家地区的鲜明写照，也是客家文化传承的基石。宗族和村落具有高度的重合性，不仅在赣南客家村落中单姓村落占绝大多数，在闽西、粤东北也是如此，正如莫里斯·弗里德曼说道："在福建和广东两省，宗族和村落明显地重叠在一起，以致许多村落只有单个宗族[1]。"在这三个客家地区，通常一个姓氏居住在一栋大屋里，往往一姓一村，有的村落就是以姓氏命名，如"刘屋村""张屋村""毛屋村"等，还有的常见一个乡乃至几个乡，都为同一个姓氏。

3. 粤基本无巷道，赣闽形式多样

赣州客家传统村落的巷道形式在第四、五章已有详细论述。村落以无巷道形式为主，还有不少网格状巷道形式的村落，以及少数线状巷道形式的村落。无巷道形式主要分布在赣州的边界山区，村落多由堂横屋、围屋、围龙屋等大型聚居建筑而组成，这些建筑规模往往较大，整个村落建筑数量则会较少，表现为村落由一栋或若干栋建筑所构成，建筑内部联系密切，建筑与建筑之间的联系较为疏远，往往由一条道路将大部分建筑串联起来，没有形成网格状的巷道。而网格状巷道形式的村落主要分布在赣州的北部，这些村落多由堂厢式、单行排屋所构成，这些建筑规模通常不大，村落以祠堂为结构中心，其他建筑围绕祠堂布局，形成内聚性的空间格局，建筑之间距离往往较小，通常由网格状的巷道骨架连接起整个村落。

闽西客家民居主要类型为堂横屋、堂厢式、土楼、五凤楼、单行排屋等，其中，堂横屋、堂厢式、单行排屋数量较多，且在闽西客家分布广泛，而土楼、五凤楼总体数量不多，主要分布在闽西永定区一带。土楼为多家庭密集型的大型聚居建筑，单体建筑规模较大，向心性较强，内部结构紧凑，内部之间的联系较为紧密，土楼之间的距离较大，往往表现为一个或多个大团块的空间格局，以土楼为主的民居构成的村落，往往不形成网格状的巷道形式，多呈现为无巷道的形式。而由堂横屋、堂厢式、五凤楼、单行排屋等组成的村落，容易形成网格状的巷道形式。

1　（英）莫里斯·弗里德曼（著）；刘晓春（译）. 中国东南的宗族组织[M]. 上海：上海人民出版社，2000。

如，龙岩市连城县芷溪村为闽西客家具有代表性的网格状巷道形式的村落（图5-3）该村历史悠久，起源于北宋以前，村落规模较大，是万人古村，古时村边溪流两岸芷草较多，村名由此而来。村落东靠桃源山，村前有芷溪河蜿蜒而过，可谓山环水抱，风光秀丽，是风水绝佳之地。村落建筑类型主要为堂横屋，建筑数量非常之多，现保存较好的古宗祠有40余栋，古民居60余栋，建筑种类丰富，有民居、祠堂、庙宇、书院、戏台、古店铺等，而且建筑工艺精湛，艺术水平较高。村落建筑密度大，建筑之间距离较小，形成的巷道空间较窄，巷道两边密集地分布着建筑，组成了复杂的巷道网络系统，呈现非规则网格状的巷道形式。

龙岩市永定区实佳村为闽西客家无巷道村落较为典型的案例（图5-4）。该村建于清朝，位于两山脉之间狭长的山谷地带，南溪河自南向北穿村而过。村落建筑类型主要为土楼，土楼形态各异，有方形、圆形、半月形等形状。村落建筑在南溪河两岸均有分布，依山傍水，溪流环村，充分利用山间狭长的河谷小盆地。这些大型建筑土楼自由散落地分布在山脚下，呈散点式的分布形式，没有成型的巷道空间，为无巷道形式。

粤东北客家民居主要类型为堂横屋、围龙屋、杠屋、围屋等，这些民居规模较大，为大型聚居建筑，一个村落的建筑数量通常会较少，村落形态多表现为一个或几个大团块的格局，建筑之间的距离较大，联系较为疏远，由一条交通性的道路串联起大部分的建筑，一般不形成网格状的巷道，大多呈现为无巷道的形式。

例如，梅州市梅县区的茶山村为粤东北客家典型的无巷道村落案例（图5-5）。该村始

图5-3
龙岩市芷溪村
（图片来源：Google Earth）

图5-4
龙岩市实佳村
（图片来源：Google Earth）

建于明朝，据《黄氏族谱》载，黄氏于
明初来此发展。村落位于狭长的盆地之
中，一条小溪自北向南穿村而过，流入
梅江。村落有三十多栋传统建筑，建筑
类型主要为堂横屋、杠屋等。村落建筑
紧靠山脚而建，沿着山脉依次排开，平
谷地带用于农业耕作，尽量不占用耕地，
整体呈现条带式的布局形式。村落建筑
朝向不一致，多与山脉等高线相平行。
村落靠一条主要道路将主要建筑串接起
来，没有形成巷道空间，呈现无巷道的
形式。

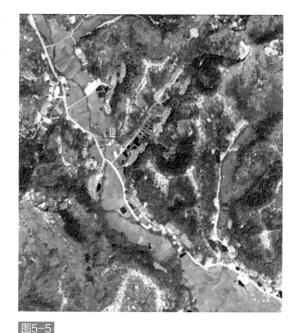

图5-5
梅州市茶山村
（图片来源：Google Earth）

5.3　民居类型与形态特征比较

1. 三地客家民居的共性分析

三地客家民居都有大量的大型聚居建筑，皆是以堂为中心、以线性单元围合的聚居式
建筑。

客家民居在中国传统民居中占有重要的一部分，其类型多样，尤以赣南围屋、粤东
北围龙屋和闽西客家土楼为典型，它们是在一定的自然环境和历史条件中发展起来的，
同属客家民系，有着同样的文化根源。潘安先生在其论著[1]中以"客家聚居建筑"统称
客家民系各种典型民居类型，其聚居模式是客家民系区别于其他地区的一个重要文化特
征，并极大影响到其居住建筑的物质形态，使得这种聚居建筑集中显示出客家典型民居
的特征。

在许多论著中都会提及客家民居的"向心性"，而"向心性"是通过"围"的存在
来实现的。因此，"围"是客家民居中的基本要件。"围"，裹也[2]，主要的意义在于某个主
体或某个区域的周边的包围，因此，"主体"是客家民居中的另一基本要件。在客家民居
中，主体就是各种民居中的"堂屋"，潘安先生将祖堂作为客家聚居建筑中的"点"状
要素，对应"向心性"概念中的"心"。而"围"即指"主体"之外的"围合性单元"，
指堂横屋中的横屋、后包、倒座，围楼和围屋的楼体本身，围龙屋的两侧横屋和后侧围
龙等。这些围合单元相对于主体属于附属性质，并通过方向上的朝向主体而形成对主体

1　潘安. 客家民系与客家聚居建筑[M]. 北京：中国建筑工业出版社。
2　（魏）张揖（撰），（隋）曹宪音（释）. 广雅[M]. 北京：中华书局。

的包围。

通过对古代建筑类型的比对可知，"围"的性质更类似于早期"堂庑式"建筑中的"庑"，从主体外侧对主体形成包围，而区别于堂厢式中夹在两个堂屋之间的"厢"。在后来的发展中，堂厢式可能比堂庑式更为实用方便和集约而得到发展[1]，但在需要大家族扩建的聚居为主的民系中，建设附属性质的横屋显然更容易适应家族人口扩展的需求。因此，客家民居在以堂厢式为主体的基础上，又将"堂庑式"中的"庑"应用到了主体外围。居祀合一的要求使得居住单元和祭祀（礼制）空间有了明确的分离；聚居要求又使得居住空间需求远远超出礼制空间（房/厅的比例增大）。用线性围合的方式布置居住空间，既可以满足与礼制空间的等级分明及其向心指向，又更为经济实用。总之，这种"围"与"主体"的并存即是客家各种典型民居的共性特征。

在赣南、闽西和粤东北的各种客家民居类型中，堂横屋、杠屋、围龙屋、厝包屋、五凤楼、围屋、土楼等都属于这一共性特征下的不同形态，其中以堂横屋最为广泛（图5-6）。

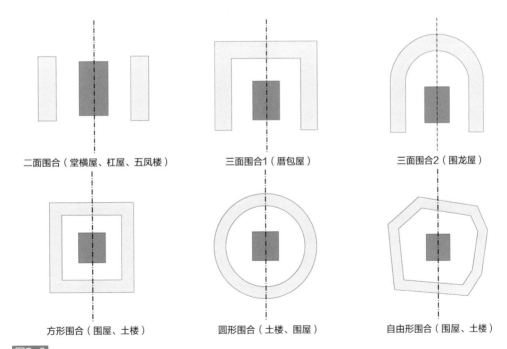

二面围合（堂横屋、杠屋、五凤楼）　　三面围合1（厝包屋）　　三面围合2（围龙屋）

方形围合（围屋、土楼）　　圆形围合（土楼、围屋）　　自由形围合（围屋、土楼）

图5-6
各类客家民居"主体"与"围"示意图
（图片来源：自绘）

1　肖旻. "从厝式"民居现象探析[J]. 华中建筑，2003，21（01）：85-93。

2．主流类型堂横屋的普遍分布和差异比较

（1）主流民居类型——堂横屋在三地的分布

本课题组在过往的调查过程中发现，堂横屋是整个客家地区分布最为广泛和普遍的民居类型，除了赣南、闽西、粤东北这一客家核心区外，也分布在客家民系蛙跳式迁入地的广西、四川等地，以及赣西北、湘东的罗霄山脉一带客家、湘赣民系混居区。

在赣南，堂横屋是客家民居的主流，在前文第五章已有论述。其分布范围广泛，覆盖赣州市域范围的大部分区域，集聚核心主要在赣州市的东部，呈现往西北、西南逐渐减弱的分布状况。

在闽西客家地区，堂横屋普遍分布在福建客家祖地即闽西北客家地区（包括三明和龙岩市的北部县）。此前的调查表明[1]，存在从厝式（堂横屋）民居的村落占整个龙岩市调查村落的70%，相比而言，独具特色的土楼民居主要集中在新罗区中南部和永定区，只占了整个龙岩市的20%。

在广东客家地区，堂横屋的分布比例仍然最高，分布范围也最广泛，河源市的堂横屋分布以东江流域为主（32%的村落存在堂横屋）[2]，梅州市内堂横屋的分布范围更为普遍[3]。

如前所述，由于客家民系共同的移民来源带来的家族聚居传统文化，使其盛行具有古代中原民居特色的厅屋组合式民居，并在此基础上为了适应家族聚居而产生了堂与围的关系，而堂横屋即是满足堂围关系的最基础的民居类型。

（2）三地堂横屋的比较

在同样由堂屋和堂屋两侧的线性横屋组成的形态共性下，由于不同地区气候和周边其他文化的影响，赣南、闽西和粤东北三地客家地区的堂横屋亦呈现出一定的差异。

从气候适应上看，赣南地区夏季多雨，冬季又较为寒冷，堂横屋以两层为主，檐口深开口小，天井深而狭，以防雨为主；而粤东北和闽西的堂横屋多为单层，粤东北的堂横屋天井尺度适中，介于院子和天井之间，到闽西地区，天井已经接近院子，房间面阔大，整体体量较为开阔，适应当地潮湿气候的通风需求（图5-7~图5-9）。

从地形适应上看，在丘陵和山区的堂横屋依山麓或山腰上的等高线而建，进深有限，因此以二进堂（甚至只有单堂）为主，通过两侧加建更多列横屋来拓展居住空间，整体呈面阔大进深小的扁长形态；而平原地区的堂横屋可发展为更多进多开间，规模大而形态较为方整。

在外形上，赣南地区的堂横屋受北部湘赣和徽派建筑文化影响较深，封火墙多突出于屋面，呈垛子型，屋面屋檐曲线较为平直质朴；粤东北的堂横屋山墙以人字形为主，有的还会采用五行山墙；而闽西堂横屋的山墙形式更为多样，既有垛子形、人字形，也有类

1 刘骏遥. 龙岩地区传统村落与民居文化地理学研究[D]. 广州：华南理工大学，2016。
2 解锰. 基于文化地理学的河源客家传统村落及民居研究[D]. 广州：华南理工大学，2014。
3 汤晔. 基于文化地理学的梅州地区传统民居研究[D]. 广州：华南理工大学，2014。

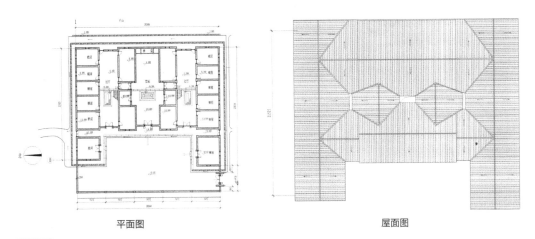

图5-7
赣州市官田村陈有斌民居
（图片来源：万幼楠. 赣南传统建筑与文化[M]. 南昌：江西人民出版社，2013）

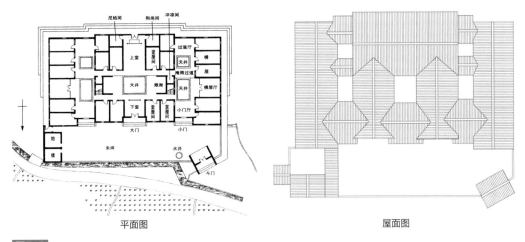

图5-8
梅州市侨乡村绳贻楼
（图片来源：陈志华，李秋香. 梅县三村[M]. 北京：清华大学出版社，2007；自绘）

似闽南民系的五行山墙，屋脊起翘，造型更为生动，更趋向于沿海地区的生动华丽（图5-10~图5-12）。

3. 三地典型民居类型的比较和联系

（1）闽西土楼和粤东北围龙屋

赣南、闽西和粤东北三地客家地区各有其独具特色的客家典型民居。赣南的围屋在前文中已有详细描述，此处不再赘述。闽西客家以土楼为其特色，而粤东北则以兴梅平原的围龙屋为典型。

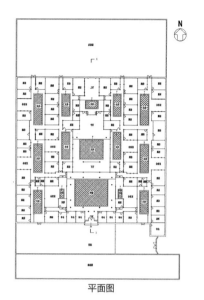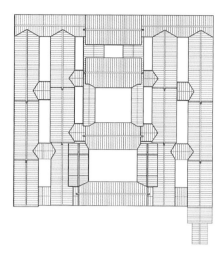

平面图　　　　　　　　　　　　　　　屋面图

图5-9
龙岩市芷溪村怡庆堂
（图片来源：《芷溪古村落保护与发展规划》）

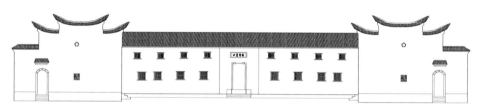

图5-10
赣州市下湾村九井十八厅立面图
（图片来源：调研资料）

图5-11
梅州市茶山村大夫第立面图
（图片来源：《梅县水车镇茶山村保护规划》）

图5-12
龙岩市芷溪村隐轩公祠立面图
（图片来源：《芷溪古村落保护与发展规划》）

1）闽西客家土楼

闽西客家土楼主要分布在永定区东部及南靖县与永定区交界地带，其南部与闽南土楼的分布交界相融，是与闽南民系相互影响共生的一种民居类型。客家土楼有方形、圆形及其他不规则型，其平面布局特征是以多楼层的居住空间沿外围线性均匀布置，可有单圈或多圈相套，形成封闭围合空间，中心建祖堂，供奉祖先牌位和地方神祇。楼层以夯土墙承重，墙身厚1米多，并由下而上逐层收分。楼层内部设公共楼梯联系上下，每层均匀分布为多个大小均等的单间，由靠内侧的通廊联系。在功能分布上，通常以底层为厨房，二层用作谷仓，二层以上为卧房（图5-13）。

土楼是闽西客家和闽南民系共有的一种民居形态，有学者推测，这一形态来源于沿海地区早期的军事堡垒设施，但由于已无实物遗存，目前对土楼的起源地尚无定论，只能说这是共同生活在同一地理环境条件下的人民大众在经年累月下逐渐形成的共同的营建智慧。尤其是圆形土楼有相当的空间和建造优势，如空间分布均等，构造易于控制统一，风阻小、抗震强，既满足大家族聚居的空间需求，又适应当地的气候地形环境。

2）粤东北围龙屋

围龙屋多集中分布在梅州市，其形态实际上是由前部分的堂横屋加上后部分的弧线形围龙组合而成，整体呈马蹄形的独特形态。半圆形的围屋两侧与前部分的横屋相连，从横

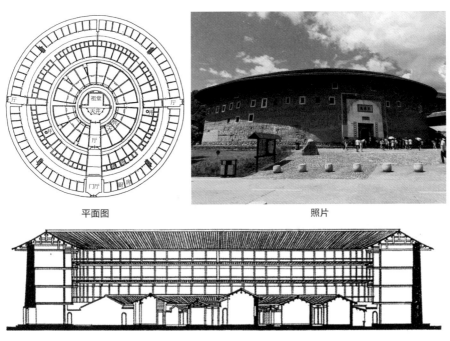

平面图　　　　　　　　　　　　　　照片

剖面图

图5-13

龙岩高北村承启楼

（图片来源：戴志坚. 福建民居[M]. 北京：中国建筑工业出版社，2009；自摄）

屋后端开始向围龙中央逐渐升高,围龙与堂屋后侧的地坪也成前低后高的地形,称为"化胎",而围龙中央的房屋称为"龙厅",是围龙的最高点。屋前有半圆形的水塘,与后侧的化胎和围龙正好对应,形成完整的形态,是一种发展较为成熟的形制(图5-14)。

围龙屋的"化胎"、化胎上的鹅卵石地面、堂屋后侧的五行石等,具有浓厚的生殖崇拜意识,表征着客家民系在兴梅平原上发展繁荣时期对于家族壮大的美好意愿。同时,由于围龙屋多依靠小丘陵或山麓而建,其后侧的完整弧形更利于分水防风,规避山洪野兽等灾害。

(2)三地典型民居的比较

从上文描述来看,赣南围屋和闽西土楼、粤东北围龙屋均具有客家民居中向心围合、中轴对称的特征。但三者已有较为明显的差异性。

1)防御性

首先,赣南围屋相对其他两者来说有更为显著的防御性能,其次是闽西土楼,而围龙屋在防御性能上体现不多。

赣南围屋和闽西土楼兼有几种防御构造,主要包括:

①高耸、厚实、封闭的外围墙

赣南围屋一般为二至四层,土楼亦多为三至五层,同时,围屋和土楼的围墙厚实封闭,

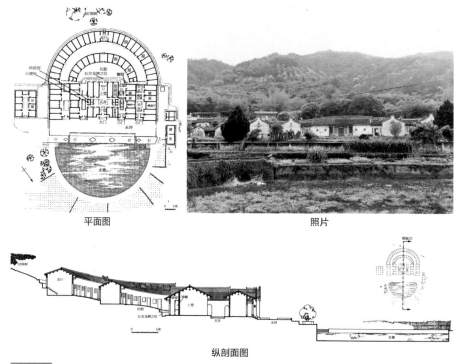

平面图   照片

纵剖面图

图5-14

梅州市侨乡村德馨堂

(图片来源:陈志华,李秋香. 梅县三村[M]. 北京:清华大学出版社,2007;自摄)

底层墙厚达一米以上，仅在高层部分开小窗口，相比而言，围龙屋以一到两层为主，平面铺展，在外围上并没有多少防御性（图5-15~图5-17）。

赣州鱼仔潭围　　　　　　　龙岩振阳楼　　　　　　　梅州秋官第

图5-15
三地典型民居外围墙
（图片来源：自摄）

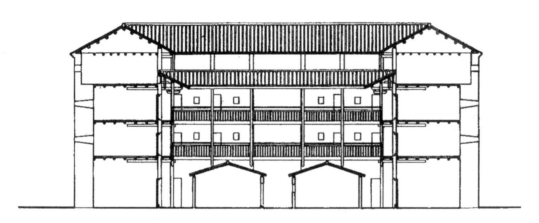

图5-16
赣州市燕翼围横剖面图
（图片来源：万幼楠. 赣南围屋研究[M]. 哈尔滨：黑龙江人民出版社，2006）

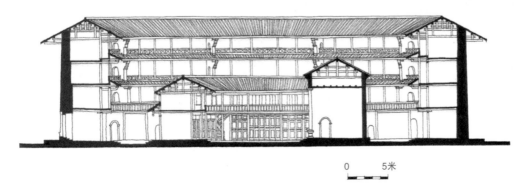

0　　5米

图5-17
龙岩振成楼剖面图
（图片来源：黄汉民，陈立慕. 福建土楼建筑[M]. 福州：福建科学技术出版社，2012）

②重重防备的大门

围屋和土楼的大门均设有各种防御构件，例如防止火攻的通水沟（亦可用于浇热油以阻挡攻门的敌人），围屋的大门甚至多达三层；此外，相比而言，围屋不论规模大小一般仅设一个出入口，而规模较大的土楼有时会设三到四个对称分布的门以便交通。而围龙屋一般不具有如此重重防备的大门（图5-18）。

③专设的备战空间

围屋常在外围最高层通过围墙的收分设隐藏式通廊（外走马），少数土楼也在外墙内侧房间外侧设置走马廊，便于战时整个建筑内部的联系和通报，甚至在围屋的最高层会专门留空，战时作为专用的战斗空间（图5-19）。

④炮楼、枪眼等防御构件

用于瞭望和射击炮楼是围屋中普遍存在的防御构造，包括高层四角突出设置的悬挑式炮楼和通高的落地式炮楼，部分土楼也会设置不通高的凸出炮楼，但不普遍。此外，围屋

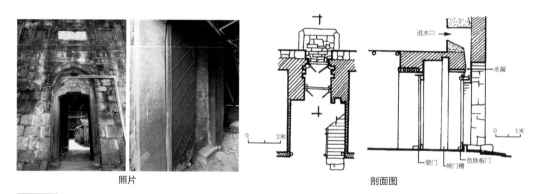

照片　　　　　　　　　　　　　　剖面图

图5-18
赣州市燕翼围大门
（图片来源：自摄；万幼楠. 赣南围屋研究[M]. 哈尔滨：黑龙江人民出版社，2006）

燕翼围　　　　　雅溪石围　　　　　东生围1　　　　　东生围2

图5-19
外走马廊
（图片来源：自摄）

| 悬挑式炮楼
（雅溪石围） | 落地式炮楼
（鱼仔潭围） | 枪眼1
（燕翼围） | 枪眼2
（雅溪石围） |

图5-20

各防御构件

（图片来源：自摄）

和土楼外墙都普遍分布有外窄内宽的各式枪眼，用以隐蔽式射击。这些构件在围龙屋上都甚少存在（图5-20）。

2）秩序性

从空间秩序性来看，虽然围屋、土楼和围龙屋三者都遵循中轴对称的原则，但由于围屋和土楼的全围合形态，使其方位性弱于围龙屋。尤其是圆形土楼，其内部空间均等分布，除了位于中心的祖堂外，其他房间等级较为均等，但其空间利用率高，容量大，也使其更具备强大的聚居功能，较大规模的土楼可容纳几百人的居住。相比而言，围龙屋中轴上有上下（中）厅之分，房又有上下房、厢房两侧横屋以及后侧围龙中的附属用房，等级多层而森严，体现了浓厚的儒家文化渊源。而围屋介于两者之间，其中的口字围因仅有外围线性单元，其空间秩序类似土楼，而国字型围屋则更以中轴的多进堂屋为秩序之重。

3）文化性

从客家民系的迁移和文化发展历程来看，客家文化起源于赣南，发展于闽西，成熟于粤东北，因此，粤东北的围龙屋中带有更多的文化繁盛期的意味。例如，以化胎、龙厅、五行石等种种意想表征客家文化中对于家族发展的愿景，以较为华丽的装饰体现繁荣和平时期的客家耕读文化等。相比而言，处于乱世族群冲突之中，以避战自保为要的赣南围屋和闽西土楼则相对更为质朴。

（3）闽粤客家民居与赣南民居的联系和影响

赣南、闽西和粤东北虽有各自独特的典型民居，但这些民居类型的分布并非严格以行政范围为分界，其文化在三地人民长期的交流中，不断地融合变化，呈现出过渡、渗透、交叉等建筑景观特征。

1）粤东北围龙屋文化向赣南的辐射

从前文赣州民居类型分布中可见，寻乌南部地区有较多围龙屋，这是梅州围龙屋沿东江向赣南辐射的直接反映。这种辐射甚至到达龙南地区，在龙南地区的围屋中也存在围龙屋的痕迹，例如杨村镇的盘石围和武当镇的田心围（图5-21），在形态上均体现出后部呈弧形围合的特征，并且在后部弧形围屋和前部分堂屋中间的地坪同样有升起的现象。经调查，这两处围屋的建造背景均与广东有所渊源，或由于祖先迁自广东，或由于直接从广东请来匠师建造。

2）粤东北四角楼和赣南围屋的联系

在与赣南相邻的广东和平、龙川等地，集中分布着"四角楼"式民居（图5-22）。从形态上看，四角楼与赣南围屋有很大的相似性，两者均为多层方形围合式民居，并以中间堂屋为主轴，并且普遍存在角楼，有显著的防御特征。只是四角楼的总体规模小于围屋，更

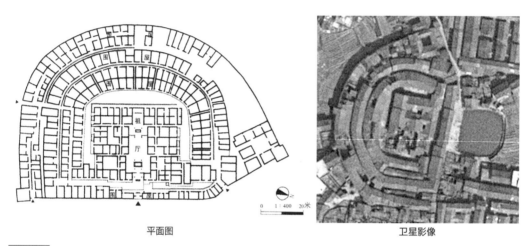

平面图   卫星影像

图5-21
赣州市大坝村田心围
（图片来源：黄浩. 江西民居[M]. 北京：中国建筑工业出版社，2008；Google Earth）

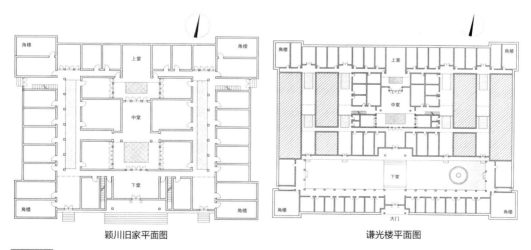

颖川旧家平面图   谦光楼平面图

图5-22
河源市兴井村四角楼
（图片来源：张斌，杨北帆. 客家民居记录 围城大观[M]. 天津：天津大学出版社，2010）

为紧缩集约。从建造年代上看,四角楼略晚于赣南围屋,应是后者对前者的扩散影响。

　　3)闽西土楼与赣南围屋的联系

　　前文已述围屋和土楼中共有的一些防御性特征,从两者可查的建造时间来看,土楼的产生应早于赣南围屋,因此,土楼中的一些建造智慧,通过明清闽粤客家向赣南的返迁而传播,并在当时特定的社会环境中对赣南防御式围屋的建造提供了借鉴和参考,例如内通廊和外走马廊的设置等。

小结

　　赣南、闽西、粤东北毗邻地带是客家大本营,三地在地域上是相连的,但是相互之间有高山大岭阻隔,且属于不同的行政区划。三地之间有着极为密切的联系,在地理环境,文化特点,村落、民居形态等方面,具有很高的相似性,但是也表现出诸多差异。

　　首先,三地的自然环境很相似,皆属于丘陵山地区,且耕地资源不足。由于地理位置、历史背景等的不同,三地交通状况有所不同。随着梅关古道的开通,赣南的交通得到极大的改善,闽西位置更偏僻一些,交通条件与赣州相差甚远,而粤东北比闽西更荒僻,交通状况不大便利。

　　三地都属于客家核心文化圈层,但由于地区开发、地理区位、交通等的因素,在客家民系形成的过程中,形成了各具特色的客居格局。赣南是南迁汉民第一站,是客家摇篮,形成了唐宋以来的"老客"与明清时期"新客"的客居格局;南宋是闽西客家聚居形成的重要时期,闽西石壁是客家祖地;宋元之际是粤东北接受移民最多的时期,粤东北梅州是世界客都。

　　其次,三地在村落选址与营建方面很相似,都遵循自然,因地制宜,追求人、村落、自然的和谐统一;村落以不侵占农田为原则,多倚山而建,依山就势,顺应山体延伸布局,村落前面较为平整的土地用作耕地,村落用地较为紧凑。

　　三地客家先民辗转迁徙,长途跋涉,饱受艰难困苦,定居在丘陵山地区,都形成了强烈的宗族观念。宗族成为基本的社会组织,聚族而居成为基本的社会形态,宗族和村落具有高度的重合性,单姓客家村落占绝大多数。

　　在巷道形式方面,三地情况不一样。由于民居类型的不同,以及民居类型之间的组合不同,粤东北村落多表现为无巷道的形式,而赣南、闽西有巷道、无巷道形式都存在。

　　再次,三地客家民居都有大量的大型聚居建筑,皆以堂为中心,是以线性单元围合的聚居式建筑。在各种客家民居类型中,三地皆以堂横屋分布最为广泛和普遍。但由于气候和周边文化的影响,三地堂横屋亦呈现出一定的差异性。

　　赣南围屋、闽西土楼、粤东北围龙屋为三地客家地区各自独具特色的客家典型民居。三种典型民居都具有客家民居中向心围合、中轴对称的特征,但是差异性也很显著,表现在防御性、秩序性、文化性等方面。

结语

主要研究结论

本书从文化地理学的视角进行研究，对赣州客家传统村落及民居开展全面普查，进行细致的识别与筛选，最终选定1093个客家传统村落作为数据库的研究样本。在大量样本精确定位的基础上，对每个村落进行数据录入与整理，借助ArcGIS平台，建立赣州客家传统村落及民居文化地理数据库。系统分析赣州客家传统村落及民居类型在空间上的分布特征与规律，科学划分出赣州客家传统村落及民居文化区划，深入探索赣州客家传统村落及民居类型形成与发展的内在机制与影响因素，对比分析赣、闽、粤客家传统村落及民居文化景观的异同。

（1）赣州客家传统村落及民居文化地理数据库的建立

对赣州客家传统村落及民居开展全面普查，结合国家或地方认定的已评级村落数据，综合实地调研、访谈推荐、文献资料搜集、卫星影像数据等方式，对全域村落进行全面而细致地识别与筛选，首次建立了1093个客家传统村落作为研究样本的文化地理基础信息数据库。

传统村落、传统民居所包含的文化要素非常丰富，不同文化要素对文化景观造成的影响程度不一样。引入"文化因子"的概念，从影响赣州客家传统村落及民居文化特征的关键文化因子入手，提取出最具代表性的3大类、10小类文化因子，作为考量赣州客家传统村落及民居文化特征的文化要素。3大类分别为村落地理环境属性因子、村落物质形态属性因子、村落历史人文属性因子。村落地理环境属性因子包括村落所处地貌特征、村落与河流关系共2小类因子，村落物质形态属性因子包括村落布局、民居类型、村落规模、巷道形式和环境要素共5小类因子；村落历史人文属性包括建村年代、迁徙源地和姓氏组成共3小类因子。借助"类型学"的方法对文化因子进行科学、合理分类，建立文化因子的类型系统，并分类阐述各项文化因子特征。

数据库较为完整的涵盖了研究对象的基本属性、地理环境属性、物质形态属性、历史人文属性共四大项子系统数据。其中，村落基本属性数据包括村落地址、地理坐标、村落级别和传统属性。

借助GPS定位仪（HOLUX m-241）和Google Earth对样本进行精确地理坐标定位，系统性录入上述各项相关基础信息，利用地理信息系统（ArcGIS10.2）工具，构建出系统、完整的文化地理基础信息数据库，实现数据分析的可视化表达，为后续研究提供科学、客观、准确的数据支撑与技术支持。

（2）赣州客家传统村落及民居各文化因子的地理分布规律与内在影响因素的揭示

在赣州客家传统村落及民居文化地理数据库构建的基础上，运用ArcGIS软件，对赣州客家传统村落及民居进行矢量化分析，以地图的方式精确、直观表达出村落、民居的空间位置，定量分析赣州客家传统村落空间分布情况，以及3大类，10小类文化因子的时空分布格局与历史演化特征。

利用SPSS软件，对各文化因子进行双变量相关分析，选取出两者之间相关性较强的文化因子进行关联性分析。分析结果显示，村落布局与民居类型、村落布局与巷道形式、民居类型与巷道形式、河流等级与河流流经形式之间紧密相关，村落布局与村落规模、民居类型与村落规模、民居类型与建村年代、村落规模与巷道形式之间有较强的相关性，村落布局与建村年代、民居类型与坡度、民居类型与河流等级、民居类型与水塘、民居类型与迁徙源地、村落规模与建村年代、巷道形式与建村年代之间有一定的关联性，并对这15组相关度较高的文化因子组做深入探讨与剖析。

在此基础上，从历史演变过程中村落、民居文化的规律与特征中探寻促使村落、民居文化生成的影响因子，以此为脉络主线，抓住影响村落、民居在历史长河中文化地理特征形成的关键因素，深入挖掘、揭示村落、民居文化规律特征背后的内在机制与文化内涵。总体而言，影响赣州客家传统村落及民居类型文化地理特征的因素可归纳为：中原汉人的数次大规模迁徙和中原文化是客家村落及民居文化的根源；赣州特殊的自然环境以及当时的农耕生产条件是基本所在；文化的传播以及文化的创新因素导致区域差异性的出现；宗族文化是村落及民居形态特征形成的内在因素。

（3）赣州客家传统村落及民居文化区的划分与内在成因的剖析

依据已有研究中的关于文化区、文化区划理论，制定针对赣州客家传统村落及民居文化自身特点的文化区划分方案。先确定了相应的区划原则与方法，以发生统一性、相对一致性、区域共轭性、综合性与文化主导性、行政区、层次性等为区划原则，以主导因子法、多因子综合法、叠合法、历史地理法等为区划方法。然后，将村落布局、民居类型这两个因子作为主导因子，根据村落模式对文化区进行初步划分；结合村落规模、巷道形式等其他因子，根据文化的相似性、差异性对文化区进一步细分；再叠合地形、水系、行政区等边界对文化区的详细边界进行最终确定。文化区的名称，采取"地理区位+村落布局+民居类型"的方式，文化区划分结果为：Ⅰ赣州中部集中式、条带式+单行排屋、堂横屋、堂厢式文化区，Ⅱ赣州西部条层式+单行排屋、多联排文化区，Ⅲ赣州南部散点式、条带式+围屋、堂横屋文化区，Ⅳ赣州东部条带式、散点式+堂横屋文化区，Ⅴ赣州东南部条带式、散点式+堂横屋、围龙屋、围屋文化区，Ⅵ赣州西北部条带式、散点式+单行排屋、堂横屋文化区。

六大文化区是并列关系，对各个文化区的基本概况以及文化景观特征进行详细介绍，并甄别出各个文化区的中心区和边缘区，文化区内中心区、边缘区呈主次关系。在此基础上，揭示各个文化区的形成原因，对其形成机制进行探索。

（4）赣州客家传统村落及民居文化景观与闽粤客家的对比

赣南、闽西、粤东北三地相互毗邻，同属于客家核心文化圈层，但三地有高山大岭相隔，是三个互不统属的区域。在地理环境、文化特点、村落形态、民居形态等方面，具有十分相似的一些特性，但是也呈现出很多差异性。

三地有着类似的自然环境，多山地丘陵，耕地资源少。由于地理位置、历史背景等的不同，三地交通状况并不一样，随着梅关古道的开通，赣南的交通得到极大的提高，闽西与赣州相差甚远，而粤东北比闽西更显荒僻。虽然同属于客家大本营，但是三地在客家民系形成的过程中，有着自己特别的位置，并形成了各自地区独特的客居格局。赣南是接纳北来汉民南迁第一站，形成了唐宋以来的"老客"与明清时期"新客"的客居格局；南宋时期是闽西客家聚居的重要时期，闽西石壁是客家祖地；宋元之际是粤东北接受移民最多的时期，粤东北梅州是世界客都。

在村落层面，三地传统村落在与自然环境的处理上很相似，选址注重人、村落、自然的和谐统一；村落用地都比较紧凑，以不占农田为原则，多依山而建，村落顺应山体延伸布局。客家是个移民社会，三地村落都形成了强烈的宗族观念，宗族成为基本的社会组织，聚族而居成为基本的社会形态，宗族和村落具有高度的重合性，单姓客家村落占绝大多数。但是在巷道形式方面，粤东北多表现为无巷道的形式，而赣南、闽西有巷道、无巷道形式都存在。

在民居层面，三地客家民居都有大量的大型聚居建筑，皆以堂为中心，是以线性单元围合的聚居式建筑，并以堂横屋分布最为广泛和普遍。但由于气候和周边文化的影响，三地堂横屋呈现出一定的差异性。而赣南围屋、闽西土楼、粤东北围龙屋为三地客家地区各自独具特色的典型民居。三种典型民居都具有客家民居中向心围合、中轴对称的特征，但是差异性更加显著，表现在防御性、秩序性、文化性等方面。

参考文献

志史文献

[1]　赣州地区志编撰委员会编. 赣南概况［M］. 北京：人民出版社，1989

[2]　（唐）魏征. 群书治要全鉴 典藏版［M］. 北京：中国纺织出版社，2016

[3]　（清）徐旭曾. 丰湖杂记［A］. 谭元亨. 客家经典读本［C］. 广州：华南理工大学出版社，2010：49-52

[4]　江西省赣州地区志编撰委员会编. 赣州地区志［M］. 北京：新华出版社，1994

[5]　江西省自然地理志编纂委员会编. 江西省自然地理志［M］. 北京：方志出版社，2003

[6]　赣州地区志编撰委员会编. 赣州府志（重印本）上［M］. 赣州：赣州印刷厂，1986

[7]　大余县志编撰委员会编. 大余县志［M］. 海口：三环出版社，1990

[8]　于都县地方志办公室编. 于都县志1986-2000［M］. 北京：方志出版社，2005

[9]　赣县志编撰委员会编. 赣县志［M］. 北京：新华出版社，1991

[10]　赣州市政协文史资料委员会编. 赣州文史资料选辑 第7辑 工商经济史料［M］. 赣州：赣州市政协文史资料委员会，1991

[11]　南雄县交通志编纂领导小组编. 南雄交通志［M］. 南雄：南雄县人民印刷厂，1990

[12]　赣州地区交通志编撰委员会编. 赣南交通志［M］. 赣州：赣州地区地方志办公室，1992

[13]　赣州地区志编撰委员会编. 南安府志 南安府志补正（重印本）［M］. 赣州：赣州印刷厂，1987

[14]　江西省交通厅公路管理局编. 江西公路史 第1册 古代道路、近代公路［M］. 北京：人民交通出版社，1989

[15]　沈兴敬. 江西内河航运史 古、近代部分［M］. 北京：人民交通出版社，1991

[16]　江西省统计局等编. 江西城市年鉴 1992-2003［M］. 北京：中国统计出版社，2003

[17]　（西汉）刘安. 淮南子［M］. 长沙：岳麓出版社，2015

[18]　南康县志编纂委员会编. 南康县志［M］. 北京：新华出版社，1993

[19]　（汉）班固. 白虎通德伦［M］. 上海：上海古籍出版社，1990

[20]　赣州地区志编撰委员会编. 宁都直隶州志（重印本）［M］. 赣州：赣州印刷厂，1987

[21]　（清）魏瀛（修），鲁琪光，钟音鸿等（纂）. 赣州府志·旧序［M］同治十二年刻本

[22]　（宋）王安石. 虔州学记［A］. 黄林南. 赣南历代诗文选［C］. 南昌：江西人民出版社，2013：72-73

［23］ 宁都县志编辑委员会编. 宁都县志［M］. 宁都：宁都县志编辑委员会，1986

［24］ 兴国县志编辑委员会编. 兴国县志［M］. 兴国：兴国县志编辑委员会，1988

［25］ 南康县志编辑委员会编. 南康县志［M］. 北京：新华出版社，1993

［26］ 赵宗乙. 淮南子译注 上［M］. 哈尔滨：黑龙江人民出版社，2003

［27］ 赣州地区志编撰委员会编. 宁都直隶州志（重印本）［M］. 赣州：赣州印刷厂，1987

［28］ （元）脱脱等. 二十五史全书 第七册 宋史［M］. 呼和浩特：内蒙古人民出版社，1998

［29］ 赣县政协文史资料研究委员会编. 赣县文史资料 第三辑［M］. 赣县：赣县政协文史资料研究
委员会，1993

［30］ 赣州地区志编撰委员会编. 宁都直隶州志（重印本）［M］. 赣州：赣州印刷厂，1987

［31］ （东汉）许慎撰. 说文解字：附检字［M］. 南京：江苏古籍出版社，2001

［32］ （商）姬昌著，宋祚胤注译. 周易［M］. 长沙：岳麓书社，2000

［33］ 瑞金县志编撰委员会编. 瑞金县志［M］. 北京：中央文献出版社，1993

［34］ 江西省赣州地区志编撰委员会. 赣州地区志［M］. 北京：新华出版社，1994

［35］ 丁守和，陈有进，张跃铭，等. 中国历代奏议大典 3［M］. 哈尔滨：哈尔滨出版社，1994

［36］ 吴宗慈，辛际周. 江西省古今政治地理沿革总略 八十三县沿革考略 甲集之一［M］. 江西省文
献委员会，1947

［37］ （清）沈镕经（修），刘德姚（纂）. 长宁县志（光绪）［M］. 台北：成文出版社，1976

［38］ （明）王廷耀（修），郑乔（纂）. 崇义县志（嘉靖）［M］. 崇义：江西省崇义县办公室，1987

［39］ 赣州地区志编撰委员会编. 南安府志 南安府志补正（重印本）［M］. 赣州：赣州印刷厂，1987

［40］ 江西省赣州地区志编撰委员会. 赣州地区志［M］. 北京：新华出版社，1994

［41］ 南康县志编纂委员会编. 南康县志［M］. 北京：新华出版社，1993

［42］ 赣县志编撰委员会编. 赣县志［M］. 北京：新华出版社，1991

［43］ 崇义县编史修志委员会编. 崇义县志［M］. 海口：海南人民出版社，1989

［44］ （宋）范成大. 骖鸾录［M］. 北京：中华书局，1985

［45］ （清）徐松（辑）. 宋会要辑稿 1-7［M］. 北京：中华书局，1957

［46］ （宋）王安石. 临川先生文集［M］. 北京：中华书局，1959

［47］ （宋）孔文仲等（著），孙永选（校点）. 清江三孔集［M］. 济南：齐鲁书社，2002

［48］ 黄林南. 赣南历代诗文选［M］. 南昌：江西人民出版社，2013

［49］ （明）余文龙等（修），谢诏（纂）. 赣州府志·土产［M］. 天启元年刻本

［50］ （清）魏瀛（修），鲁琪光，钟音鸿等（纂）. 赣州府志·风俗［M］. 同治十二年刻本

［51］ （清）郑祖琛，刘丙，梁栖鸾（修），杨锡龄等（纂）. 宁都直隶州志·土产［M］. 道光四年刻本

［52］ （清）蒋方增（修），廖驹龙等（纂）. 瑞金县志·艺文志［M］. 道光二年刻本

［53］ （清）梅雨田，崔国榜（修），金益谦，蓝拔奇（纂）. 兴国县志·土产［M］. 同治十一年刻本

［54］ （清）余光璧（修）. 大庾县志·物产［M］. 乾隆十三年刻本

[55]（清）李祐之（修），易学实等（纂）. 雩都县志·物产［M］. 康熙元年刻本

[56]（清）申毓来（修），宋玉朗（纂）. 南康县志·土产［M］. 康熙四十九年刻本

[57]（清）蒋有道，朱文佩（修），史珥（纂）. 南安府志·卷二一［M］. 乾隆三十三年刻本

[58]（清）郑祖琛，刘丙，梁栖鸾（修），杨锡龄等（纂）. 宁都直隶州志·土产［M］. 道光四年刻本

[59]（清）郭灿（修），黄天策，杨于位（纂）. 瑞金县志·物产［M］. 乾隆十八年刻本

[60]（清）王所举，石家绍（修），徐思谏（纂）. 龙南县志·物产［M］. 道光六年刻本

[61]（清）窦忻（修），林有席（纂）. 赣州府志·物产［M］. 乾隆四十七年刻本

[62]（清）董正（修），刘定京（纂）. 安远县志·物产［M］. 乾隆十六年刻本

[63]（清）王士倧（修），刘飞熊等（纂）. 石城县志·风俗［M］. 乾隆十年刻本

[64] 赣州地区志编撰委员会编. 赣州府志（重印本）下［M］. 赣州：赣州印刷厂，1986

[65] 龙南县志编修工作委员会. 龙南县志［M］. 北京：中共中央党校出版社，1994

[66] 寻乌县志编纂委员会编. 寻乌县志［M］. 北京：新华出版社，1996

[67]（清）李象鹃. 棣怀堂随笔·卷五［M］. 同治十三年刻本

[68] 龙南《桃川赖氏八修族谱·福之公传》

[69] 安远《颍川堂陈氏族谱·建造东生围详记》

[70]（清）窦忻（修），林有席（纂）. 赣州府志·风土［M］. 乾隆四十七年刻本

[71] 广东省地方史志办公室辑. 广东历代方志集成·南雄府部（一）·（嘉靖）南雄府志［M］.
广州：岭南美术出版社，2007

[72]（宋）胡太初（修），赵与沐（纂）；长汀县地方志编纂委员会整理. 临汀志［M］. 福州：福建
人民出版社，1990

[73] 赣州地区志编撰委员会编. 宁都直隶州志（重印本）［M］. 赣州：赣州印刷厂，1987

[74]（魏）张揖（撰），（隋）曹宪音（释）. 广雅［M］. 北京：中华书局，1985

学术著作

[1]（英）维克托·迈尔–舍恩伯格（Viktor Mayer–Schönberger），肯尼思·库克耶（Kenneth Cukier）
（著）；盛杨燕，周涛（译）. 大数据时代 生活、工作与思维的大变革［M］. 杭州：浙江人民
出版社，2013

[2]（美）伯纳德·鲁道夫斯基（Bernard Rudofsky）（编著）；高军（译）. 没有建筑师的建筑 简明
非正统建筑导论［M］. 天津：天津大学出版社，2011

[3]（美）阿摩斯·拉普卜特（Amos Rapoport）（著）；常青等（译）. 宅形与文化［M］. 北京：中
国建筑工业出版社，2007

[4]（美）阿摩斯·拉普卜特（Amos Rapoport）（著）；黄兰谷等（译）. 建成环境的意义 非言语表
达方法［M］. 北京：中国建筑工业出版社，2003

［5］ （美）阿摩斯·拉普卜特（Amos Rapoport）（著）；常青等（译）．文化特性与建筑设计［M］．北京：中国建筑工业出版社，2004

［6］ （法）白吕纳（Brunhes Jean）（著）；任美锷，李旭旦（译）．人地学原理［M］．南京：钟山书局，1935

［7］ （法）阿·德芒戎（A.Demangeon）（著）；葛以德（译）．人文地理学问题［M］．北京：商务印书馆，1993

［8］ （日）原广司（著）；于天祎等（译）．世界聚落的教示100［M］．北京：中国建筑工业出版社，2003

［9］ （美）克拉克·威斯勒（Clark Wissler）（著）；钱岗南，傅志强（译）．人与文化［M］．北京：商务印书馆．2004

［10］ （英）莫里斯·弗里德曼（著）；刘晓春（译）．中国东南的宗族组织［M］．上海：上海人民出版社，2000

［11］ 周建新等．江西客家［M］．桂林：广西师范大学出版社，2007

［12］ 赣州市第三次全国文物普查领导小组办公室《赣州市第三次全国文物普查新发现精粹》

［13］ 黄浩．江西民居［M］．北京：中国建筑工业出版社，2008

［14］ 罗香林．客家研究导论［M］．兴宁：希山书藏，1933

［15］ 胡希张等．客家风华［M］．广州：广东人民出版社，2009

［16］ 邱菊贤．梅州客家研究大观［M］．香港：香港天马图书公司，2000

［17］ 周尚意，孔翔，朱竑．文化地理学［M］．北京：高等教育出版社，2004

［18］ 刘敦桢．中国住宅概说［M］．北京：建筑工程出版社，1957

［19］ 彭一刚．传统村镇聚落景观分析［M］．北京：中国建筑工业出版社，1992

［20］ 陈志华．楠溪江中游古村落［M］．北京：生活·读书·新知三联书店，1999

［21］ 陈志华，楼庆西、李秋香．新叶村［M］．重庆：重庆出版社，1999

［22］ 陈志华，楼庆西、李秋香．诸葛村［M］．重庆：重庆出版社，1999

［23］ 刘沛林．家园的景观与基因——传统聚落景观基因图谱的深层解读［M］．北京：商务印书馆，2014

［24］ 李芗．中国东南传统聚落生态历史经验研究［M］．广州：华南理工大学，2004

［25］ 王景新，廖星成．溪口古村落经济社会变迁研究［M］．北京：中国社会科学出版社，2010

［26］ 唐孝祥．建筑美学十五讲［M］．北京：中国建筑工业出版社，2017

［27］ 王昀．传统聚落结构中的空间概念［M］．北京：中国建筑工业出版社，2009

［28］ 浦欣成．传统乡村子聚落平面形态的量化方法研究［M］．南京：东南大学出版社，2013

［29］ 吴良镛．广义建筑学［M］．北京：清华大学出版社，1989：31

［30］ 李旭旦．人文地理学概说［M］．北京：科学出版社，1985

［31］ 王恩涌．文化地理学导论（人·地·文化）［M］．北京：高等教育出版社，1989

［32］　陈正祥. 中国文化地理［M］. 北京：生活·读书·新知三联书店，1983

［33］　赵世瑜，周尚意. 中国文化地理概说［M］. 太原：山西教育出版社，1991

［34］　卢云. 汉晋文化地理［M］. 西安：陕西人民教育出版社，1991

［35］　王会昌. 中国文化地理［M］. 武汉：华中师范大学出版社，1992

［36］　张步天. 中国历史文化地理［M］. 长沙：湖南教育出版社，1993

［37］　司徒尚纪. 广东文化地理［M］. 广州：广东人民出版社，1993

［38］　张伟然. 湖南历史文化地理研究［M］. 上海：复旦大学出版社，1995

［39］　金其铭. 中国农村聚落地理［M］. 南京：江苏科学技术出版社，1989

［40］　刘沛林著. 古村落：和谐的人聚空间［M］. 上海：上海三联书店，1997

［41］　刘纶鑫. 客赣方言比较研究［M］. 北京：中国社会科学出版社，1999

［42］　刘晓春. 仪式与象征的秩序：一个客家村落的历史、权力与记忆［M］. 北京：商务印书馆，
　　　　2003

［43］　潘安. 客家民系与客家聚居建筑［M］. 北京：中国建筑工业出版社，1998

［44］　谭其骧. 中国历史地图集［M］. 北京：中国地图出版社，1982

［45］　黄志繁. "贼""民"之间 12-18世纪赣南地域社会［M］. 北京：生活·书·新知三联书店.
　　　　2006

［46］　周红兵. 赣南经济地理［M］. 北京：中国社会出版社.1993

［47］　毛泽东. 毛泽东农村调查文集［M］. 北京：人民出版社，1982

［48］　温涌泉. 客家民系的发祥地——石城［M］. 北京：作家出版社. 2006

［49］　王志艳. 交通［M］. 呼和浩特：内蒙古人民出版社，2007

［50］　丘桓兴. 客家人与客家文化［M］. 北京：中国国际广播出版社，2011

［51］　罗勇，邹春生. 河洛文化与客家文化述论［M］. 郑州：河南人民出版社，2014

［52］　罗勇，龚文瑞. 客家故园［M］. 南昌：江西人民出版社，2007

［53］　陈支平. 客家源流新论［M］. 南宁：广西教育出版社，1997

［54］　罗勇. 客家赣州［M］. 南昌：江西人民出版社，2004

［55］　罗勇. 赣南客家姓氏渊源研究［M］. 赣南师范学院学报，2003

［56］　周红兵等. 客家姓氏渊源［M］. 北京：中国文史出版社，2005

［57］　赖启华. 早期客家摇篮——宁都［M］. 香港：中华国际出版社，2000

［58］　冯尔康等. 中国宗族社会［M］. 杭州：浙江人民出版社，1994

［59］　江树华. 龙南围屋［M］. 上海：上海科学技术文献出版社，2014

［60］　李国强，傅伯言. 赣文化通志［M］. 南昌：江西教育出版社，2004

［61］　万幼楠. 赣南围屋研究［M］. 哈尔滨：黑龙江人民出版社，2006

［62］　罗香林. 客家源流考［M］. 北京：中国华侨出版社，1989

［63］　周红兵. 客家风情［M］. 南昌：江西人民出版社，1995

［64］ 金鹰达. 中国客家人文化［M］. 哈尔滨：北方文艺出版社，2006

［65］ 刘劲峰. 赣南宗族社会与道教文化研究［M］. 哈尔滨：国际客家学会，2000

［66］ 林晓平. 客家祠堂与文化研究［M］. 哈尔滨：黑龙江人民出版社，2006

［67］ 汪丽君. 建筑类型学［M］. 天津：天津大学出版社，2005

［68］ 杨丽霞. 地理信息系统实验教程［M］. 杭州：浙江工商大学出版社，2014

［69］ 赖日文. 3S技术实践教程［M］. 杭州：浙江大学出版社，2014

［70］ 万幼楠. 赣南传统建筑与文化［M］. 南昌：江西人民出版社，2013

［71］ 陆元鼎. 中国民居建筑 中卷［M］. 广州：华南理工大学工业出版社，2003

［72］ 中华人民共和国住房和城乡建设部编. 中国传统民居类型全集 中［M］. 北京：中国建筑工业出版社，2014

［73］ 郑克强. 赣文化通典 宋明经济卷［M］. 南昌：江西人民出版社，2013

［74］ 孙静娟. 统计学［M］. 北京：清华大学出版社，2015

［75］ 丘桓兴. 客家人与客家文化［M］. 北京：中国国际广播出版社，2011

［76］ 罗勇，龚文瑞. 客家故园［M］. 南昌：江西人民出版社，2007

［77］ 唐晓峰. 文化地理学释义——大学讲课录［M］. 北京：学苑出版社，2012

［78］ 徐扬杰. 中国家族制度史［M］. 武汉：武汉大学出版社，2012

［79］ 孙大章. 中国民居研究［M］. 北京：中国建筑工业出版社，2004

［80］ 周振鹤. 中国历史文化区域研究［M］. 上海：复旦大学出版社，1997

［81］ 胡兆量，阿尔斯朗，琼达，等. 中国文化地理概述［M］. 北京：北京大学出版社，2001

［82］ 李孝聪. 中国区域历史地理［M］. 北京：北京大学出版社，2004

［83］ 苏秉琦. 中国文明起源新探［M］. 北京：三联书店，1999

［84］ 李学勤. 走出疑古时代［M］. 沈阳：辽宁大学出版社，1994

［85］ 翟礼生. 中国省域村镇建筑综合自然区划与建筑体系研究：江苏、贵州和河北三省的理论与实践［M］. 北京：地质出版社，2008

［86］ 余英. 中国东南系建筑区系类型研究［M］. 北京：中国建筑工业出版社，2001

［87］ 戴志坚. 福建民居［M］. 北京：中国建筑工业出版社，2009

［88］ 张晓虹. 文化区域的分异与整合——陕西历史文化地理研究［M］. 上海：上海书店出版社，2004

［89］ 张贤忠. 关西围［M］. 关西：龙南县关西镇人民政府，2004

［90］ 邹春生. 文化传播与族群整合 宋明时期赣闽粤边区的儒学实践与客家族群的形成［M］. 北京：中国社会科学出版社，2015

［91］ 潘安，郭惠华，魏建平，等. 客家民居［M］. 广州：华南理工大学出版社，2013

［92］ 谢重光. 福建客家［M］. 桂林：广西师范大学出版社，2005

［93］ 吴松弟. 中国移民史 第4卷 辽宋金元时期［M］. 福州：福建人民出版社，1997

［94］　李秋香. 闽西客家古村落 培田村［M］. 北京：清华大学出版社，2008

［95］　陈志华，李秋香. 梅县三村［M］. 北京：清华大学出版社，2007

［96］　黄汉民，陈立慕. 福建土楼建筑［M］. 福州：福建科学技术出版社，2012

［97］　张斌，杨北帆. 客家民居记录 围城大观［M］. 天津：天津大学出版社，2010

期刊论文

［1］　冯骥才. 传统村落的困境与出路——兼谈传统村落是另一类文化遗产［J］. 民间文化论坛，2013（01）：7-12

［2］　刘沛林. 古村落亟待研究的乡土文化课题［J］. 衡阳师专学报（社会科学），1997（02）：72-76

［3］　林徽因，梁思成. 晋汾古建筑预查纪略［J］. 中国营造学社汇刊，1935，5（03）：12-67

［4］　龙非了. 穴居杂考［J］. 中国营造学社汇刊，1934，5（01）：55-76

［5］　刘致平. 云南一颗印［J］. 中国营造学社汇刊，1944，7（01）：63-94

［6］　王挺，宣建华. 宗祠影响下的浙江传统村落肌理形态初探［J］. 华中建筑，2011，29（02）：164-167

［7］　尹璐，罗德胤. 试论农业因素在传统村落形成中的作用［J］. 南方建筑，2010（06）：28-31

［8］　陶金，张莎玮. 水资源对沙漠绿洲聚落分布的影响研究——以新疆喀什为例［J］. 建筑学报，2014（S1）：126-129

［9］　李静，刘加平. 高原地域因素对藏族民居室内空间影响探究［J］. 华中建筑，2009，27（10）：159-162

［10］　赵玉蕙. 明代以来丰州滩地区乡村聚落的时空分布［J］. 历史地理，2012（00）：364-370

［11］　周文磊，王秋兵，边振兴，等. 基于RS和GIS技术的乡村聚落空间分布研究——以新宾县为例［J］. 广东农业科学，2011，38（22）：155-157

［12］　文参，徐增让. 基于高分影像的牧区聚落演变及其影响因子——以西藏当曲流域为例［J］. 经济地理，2017，37（06）：215-223

［13］　张宸铭，高建华，李国梁. 基于空间句法的河南省传统民居分析及其地域文化解读［J］. 经济地理，2016，36（07）：190-195

［14］　苏勤，林炳耀. 基于文化地理学对历史文化名城保护的理论思考［J］. 城市规划汇刊，2003（04）：38-42+95

［15］　李凡. GIS在历史、文化地理学研究中的应用及展望［J］. 地理与地理信息科学，2008（01）：21-26+48

［16］　郑春燕. “3S”技术在历史、文化地理学研究中的应用分析［J］. 嘉应学院学报，2009，27（06）：84-87

［17］　王文卿，周立军. 中国传统民居构筑形态的自然区划［J］. 建筑学报，1992（04）：12-16

［18］　王文卿，陈烨. 中国传统民居的人文背景区划探讨［J］. 建筑学报，1994（07）：42-47

［19］　翟辅东. 论民居文化的区域性因素——民居文化地理研究之一［J］. 湖南师范大学社会科学学报，1994（04）：108-113

［20］　沙润. 中国传统民居建筑文化的自然地理背景［J］. 地理科学，1998（01）：63-69

［21］　陆泓，王筱春，王建萍. 中国传统建筑文化地理特征、模式及地理要素关系研究［J］. 云南师范大学学报（哲学社会科学版），2005（05）：9-13

［22］　刘大平，李晓霁. 中国建筑史与文化地理学研究［J］. 建筑学报，2005（06）：68-70

［23］　刘沛林. 古村落文化景观的基因表达与景观识别［J］. 衡阳师范学院学报（社会科学），2003（04）：1-8

［24］　刘沛林，刘春腊，邓运员，等. 中国传统聚落景观区划及景观基因识别要素研究［J］. 地理学报，2010，65（12）：1496-1506

［25］　佟玉权. 基于GIS的中国传统村落空间分异研究［J］. 人文地理，2014，29（04）：44-51

［26］　熊梅. 中国传统村落的空间分布及其影响因素［J］. 北京理工大学学报（社会科学版），2014，16（05）：153-158

［27］　陆林，焦华富. 徽派建筑的文化含量［J］. 南京大学学报（哲学社会科学版），1995（02）：163-171

［28］　申秀英，刘沛林，邓运员，等. 中国南方传统聚落景观区划及其利用价值［J］. 地理研究，2006（03）：485-494

［29］　林琳，任炳勋. 广东地域建筑的类型及其区划初探［J］. 南方建筑，2005（01）：10-13

［30］　曾艳，陶金，贺大东，等. 开展传统民居文化地理研究［J］. 南方建筑，2013（01）：83-87

［31］　万幼楠. 于都土塔［J］. 江西历史文物，1986（S1）：125-128

［32］　薛翘，刘劲峰. 孙中山先生家世源流续考［J］. 江西社会科学，1987（04）：118-121

［33］　万芳珍，刘纶鑫. 客家人赣考［J］.南昌大学学报（社会科学版），1994（01）：118-127

［34］　万芳珍，刘伦鑫. 江西客家入迁原由与分布［J］. 南昌大学学报（社会科学版），1995（02）：53-67

［35］　罗勇，（法）劳格文（John Lagerwey）. 赣南地区的庙会与宗族［J］. 国际客家学会，1997

［36］　罗勇，林晓平. 赣南庙会与民俗［J］. 国际客家学会，1998

［37］　许五军. 赣州客家传统村落保护与发展策略［J］. 规划师，2017，33（04）：65-69

［38］　高信波，李芳. 浅析赣州市赣县夏府村客家传统村落空间形态特征［J］. 民营科技，2018（12）：261

［39］　刘昭瑞，李铭建. 乡村社会的一个边缘群体:三僚村的地理师［J］. 文化遗产，2013（03）：115-120+158

［40］　罗勇. 三僚与风水文化［J］. 赣南师范学院学报，2007（04）：8-23

［41］ 张嗣介. 赣县白鹭村聚落调查［J］. 南方文物，1998（01）：79–91+127

［42］ 林晓平. 客家传统村落的保护与利用探论——以赣县白鹭村为例［J］. 赣南师范大学学报，2018，9（01）：26–31

［43］ 张爱明，陈永林，陈衍伟. 基于社会转型的客家乡村聚落形态演化研究——以赣县白鹭村为例［J］. 赣南师范大学学报，2017，38（03）：92–97

［44］ 张丽. 赣县白鹭古村的空间类型及其深层结构［J］. 广西民族大学学报（哲学社会科学版），2017，39（03）：73–82

［45］ 徐燕，彭琼，吴颖婕. 风水环境学派理论对古村落空间格局影响的实证研究——以江西省东龙古村落为例［J］. 东华理工大学学报（社会科学版），2012，31（04）：315–320

［46］ 徐小明. 赣南古村落客家风水营造中的现代规划理念研究——以瑞金密溪村为例［D］. 兰州交通大学，2013

［47］ 吴庆洲. 仿生象物的营造意匠与客家建筑（上）［J］. 南方建筑，2008（02）：40–49

［48］ 吴庆洲. 仿生象物的营造意匠与客家建筑（下）［J］. 南方建筑，2008（03）：45–51

［49］ 邹春生. 儒家孝悌文化在客家地区的传播和影响——以明清时期赣闽粤边区"五世同堂"现象为例［J］. 赣南师范学院学报，2011，32（05）：13–18

［50］ 周建新. 赣州客家聚居区的闽南人由来探究［J］. 广西民族大学学报（哲学社会科学版），2012，34（03）：5–41

［51］ 熊华希，宋璟，王琨. 赣南围屋——江西龙南县客家围屋建筑特征研究［J］. 福建建筑，2013（10）：36–38

［52］ 万幼楠. 燕翼围及赣南围屋源流考［J］. 南方文物，2001（03）：83–91

［53］ 万幼楠. 赣南围屋及其成因［J］. 华中建筑，1996（04）：85–90

［54］ 万幼楠. 赣南客家民居"盘石围"实测调研——兼谈赣南其它圆弧型"围屋"民居［J］. 华中建筑，2004（04）：126–131

［55］ 万幼楠. 对客家围楼民居研究若干问题的思考［J］. 嘉应大学学报，1999（01）：113–116

［56］ 万幼楠. 围屋民居与围屋历史［J］. 南方文物，1998（02）：72–85

［57］ 万幼楠. 赣南客家围屋之发生、发展与消失［J］. 南方文物，2001（04）：29–40

［58］ 韩振飞. 赣南客家围屋源流考——兼谈闽西土楼和粤东围龙屋［J］. 南方文物，1993（02）：106–116+72

［59］ 陈思文，程建军. 赣闽粤三地围楼防御性对比［J］. 城市建筑，2017（23）：17–18

［60］ 陆元鼎. 中国民居研究的回顾与展望［J］. 华南理工大学学报（自然科学版），1997（01）：133–139

［61］ 谢燕涛，程建军，王平. 赣闽粤客家围楼与开平碉楼的建筑特色比较［J］. 建筑学报，2015（S1）：113–117

［62］ 潘莹. 江西传统民居的平面模式解读［J］. 农业考古，2009（03）：197–199

［63］ 潘莹，施瑛. 简析明清时期江西传统民居形成的原因［J］. 农业考古，2006（03）：179–181

［64］ 罗勇. "客家先民"之先民——赣南远古土著居民析［J］. 赣南师范学院学报，2004（05）：38–40

［65］ 林晓平. 赣南客家宗族制度的形成与特色［J］. 赣南师范学院学报，2003（01）：82–85

［66］ 林忠礼，罗勇. 客家与风水术［J］. 赣南师范学院学报，1997（04）：56–62

［67］ 邱国锋. 梅州市客家民居建筑的初步研究［J］. 南方建筑，1995（03）：17–19

［68］ 佟玉权. 基于GIS的中国传统村落空间分异研究［J］. 人文地理，2014，29（04）：44–51

［69］ 饶伟新. 明代赣南的移民运动及其分布特征［J］. 中国社会经济史研究，2000（03）：36–45

［70］ 曹树基. 明清时期的流民和赣南山区的开发［J］. 中国农史，1985（04）：19–40

［71］ 苏秉琦，殷玮璋. 关于考古学文化的区系类型问题［J］. 文物，1981（05）：10–17

［72］ 李伯谦. 中国青铜文化的发展阶段与分区系统［J］. 华夏考古，1990（02）：82–91

［73］ 王文卿，周立军. 中国传统民居构筑形态的自然区划［J］. 建筑学报，1992（04）：12–16

［74］ 王文卿，陈烨. 中国传统民居的人文背景区划探讨［J］. 建筑学报，1994（07）：42–47

［75］ 肖旻. "从厝式"民居现象探析［J］. 华中建筑，2003（01）：85–93

［76］ 杨少波. 闽西客家民居基本形制［J］. 南方建筑，2011（06）：47–50

［77］ 陆元鼎. 梅州客家民居的特征及其传承与发展［J］. 南方建筑，2008（02）：33–39

［78］ 刘敦桢. 西南古建筑调查概况［A］. 刘叙杰. 刘敦桢建筑史论著选集——1927–1997［C］. 北京：中国建筑工业出版社，1997：111–130

［79］ 谢凝高，武弘麟，等. 楠溪江流域古村落与耕读文化［A］. 北京大学地理系：楠溪江流域风景名胜区规划［R］，1988：1–100

［80］ 谭其骧. 浙江省历代行政区域——兼论浙江各地区的开发过程［A］. 谭其骧. 长水集 上［C］. 北京：人民出版社，1987：404

［81］ 谭其骧. 晋永嘉丧乱后民族迁徙［A］. 谭其骧. 长水集 上［C］. 北京：人民出版社，1987：219–220

［82］ 黄浩，邵永杰，李廷荣. 江西"三南"围子［A］. 李长杰. 中国传统民居与文化 3［C］. 北京：中国建筑工业出版社，1995：105–112

［83］ 冯秀珍. 赣县在客家族群中的特殊地位［A］. 赣县政协文史资料编纂委员会编. 赣县与客家摇篮［C］. 合肥：黄山书社，2006：13–24

［84］ 刘劲峰. 从若干历史资料看赣县在客民系形成史上的作用［A］. 赣县政协文史资料编纂委员会编. 赣县与客家摇篮［C］. 合肥：黄山书社，2006：40–45

［85］ 朱光亚. 中国古代建筑区划与谱系研究初探［A］. 陆元鼎，潘安. 中国传统民居营造与技术［C］. 广州：华南理工大学出版社，2002：5–9

［86］ 卢云. 文化区：中国历史发展的空间透视［A］. 中国地理学会历史地理专业委员会. 历史地理 第九辑［C］. 上海：上海人民出版社，1990：81–92

学位论文

[1]　郑丽. 浦东新区聚落的时空演变 [D]. 上海：复旦大学，2008

[2]　王崇宇. 数字技术在古村落保护中的应用研究 [D]. 河北农业大学，2015

[3]　陈瑶. 空间句法视角下湘西古村落空间格局研究 [D]. 湖南大学，2016

[4]　蔡凌. 侗族聚居区的传统村落与建筑研究 [D]. 广州：华南理工大学，2004

[5]　熊伟. 广西传统乡土建筑文化研究 [D]. 广州：华南理工大学，2012

[6]　黄志繁. 12–18世纪赣南的地方动乱与社会变迁 [D]. 广州：中山大学，2001

[7]　饶伟新. 生态、族群与阶级——赣南土地革命的历史背景分析 [D]. 厦门：厦门大学，2002

[8]　刘骏房. 赣南围屋聚落形态及其保护性策略研究 [D]. 广州：华南理工大学，2016

[9]　施艳艳. 基于功能更新的乡土建筑遗产多维保护与利用方式研究——以赣南围屋建筑遗产为例 [D]. 南昌：南昌大学，2015

[10]　范晓君. 风水的竞争—三僚的历史人类学研究 [D]. 上海：上海师范大学，2016

[11]　温春香. 风水与村落宗族社会——赣南三僚村个案研究 [D]. 福州：福建师范大学，2006

[12]　曾过生. 从卫所到乡村：明清江西赣南羊角水堡之个案研究 [D]. 赣州：赣南师范学院，2014

[13]　邹春生. 王化和儒化：9–18世纪赣闽粤边区的社会变迁和客家族群文化的形成 [D]. 福州：福建师范大学，2010

[14]　燕凌. 赣南、闽西、粤东北客家建筑比较研究 [D]. 赣南师范学院，2011

[15]　黄浩. 赣闽粤客家围屋的比较研究 [D]. 长沙：湖南大学，2013

[16]　潘莹. 江西传统聚落建筑文化研究 [D]. 广州：华南理工大学，2004

[17]　吴海. 传承与嬗变：明至民国时期赣闽粤边区商路、货流与区域社会变迁 [D]. 南昌：江西师范大学，2015：36

[18]　吴海. 传承与嬗变：明至民国时期赣闽粤边区商路、货流与区域社会变迁 [D]. 南昌：江西师范大学，2015：36

[19]　刘骏遥. 龙岩地区传统村落与民居文化地理学研究 [D]. 广州：华南理工大学，2016

[20]　解锰. 基于文化地理学的河源客家传统村落及民居研究 [D]. 广州：华南理工大学，2014

[21]　汤晔. 基于文化地理学的梅州地区传统民居研究 [D]. 广州：华南理工大学，2014

[22]　侯军俊. 赣文化时空演替和区划研究 [D]. 南昌：江西师范大学，2009

英文论著

[1]　Michael B. Rual Settlement in an Uran World [M]. Oxford：Billing and Sons Limited，1982

[2]　Jackson P. Maps of Meaning：An Introduction to Cultural Geography [M]. London：Unwin Hyman，

1989

［3］　Aldo Rossi. The Architecture of the City ［M］. MIT Press，1994

［4］　Oliver P. Built Meet Needs：Cultural Issues in Vernacular Architecture ［M］. Burlington：
Architectural Press，2006

［5］　Buchli V. An anthropology of Architecture ［M］. New York，NY：Bloomsbury，2013

［6］　Carl O. Sauer. The Morphology of Landscape ［J］. University of California Publicationgs in
Geography，1925（02）：19–54

［7］　Cosgrove D，Jackson P. New Directions in Cultural Geography ［J］. Area，1987，19（02）：95–
101

［8］　Fuentes J. M.. Methodological bases for documenting and reusing vernacular farm architecture ［J］.
Journal of Cultural Heritage，2010，11（2）：119–129

［9］　Brendan McGovern，John W. Frazier. Evolving Ethnic Settlements in Queens：Historical and Current
Forces Reshaping ［J］. Human Geography，2015，58（1）：11–26

［10］　Peter Kraftl. Geographies of Architecture：The Multiple Lives of Buildings ［J］. Geography
Compass，2010，4（5）：402–415

［11］　Chen B，Nakama Y. A Study on Village Forest Landscape in Small Island Topography in Okinawa，
Japan ［J］. Urban Forestry & Urban Greening，2010，9（2）：139—148

［12］　Yu Y. Landscape Transiti on of Historic Villages in Southwest China ［J］. Frontiers of Architectural
Research，2013，2（2）：234—242

［13］　Kniffen F. Folk Housing：Key to Diffusion ［J］. Annals of the Association of American Geographers.
1965，55（4）：549–577

［14］　Ennals P，Holdsworth D. Vernacular Architecture and the Cultural Landscape of the Maritime
Provinces—Reconnaisance ［J］. Acadiensis. 1981，10（2）：86–106

［15］　Marschalek I. The Concept of Participatory Local Sustainability Projects in Seven Chinese Villages ［J］.
Journal of Environmental Management，2008，87（2）：226–235

［16］　Gao J，Wu B. Revitalizing traditional villages through rural tourism：A case study of Yuanjia Village，
Shaanxi Province，China ［J］. Tourism Management，2017，63（04）：223–233

［17］　Colin Lorne. Spatial Agency and Practising Architecture Beyond buildings ［J］. Social & Cultural
Geography，2017，18（2）：268–287

［18］　Imrie R.，Street E.. Autonomy and the Socialisation of Architects ［J］. The Journal of Architecture，
2014，19：723–739

［19］　Oktay D. Design with the Climate in Housing Environments: an Analysis in Northern Cyprus ［J］.
Building and Environment. 2002，37（10）：1003–1012

［20］　Dilia A S，Naseerb M A，Varghesea T Z. Passive Environment Control System of Kerala Vernacular

Residential Architecture for a Comfortable Indoor Environment：A Qualitative and Quantitative Analyses［J］. Energy and Buildings. 2010，6（42）：917-927

［21］ Ara D.R., Rashid M.. Between the Built and the Unbuilt in Vernacular Studies：the Architecture of the Mru of the Chittagong Hills［J］. The Journal of Architecture，2016，21（1）：1-23

电子文献

［1］ 龙南荣获"中国围屋之乡"称号［EB/OL］. http://jxgz.jxnews.com.cn/system/2013/09/13/012644650.shtml，2013.9.13

［2］ 百度百科 赣州［EB/OL］. http://baike.baidu.com/item/赣州/142839，2017.6.16

［3］ 行政区划［EB/OL］. http://www.ganzhou.gov.cn/c100146/2018-07/11/content_c60d03cb3d2f4059b900c4f4e35b2c79.shtml，2018.7.11

［4］ 住房城乡建设部 文化部 国家文物局 财政部关于开展传统村落调查的通知［EB/OL］. http://www.gov.cn/zwgk/2012-04/24/content_2121340.htm，2012.4.24

［5］ 赣州市少数民族及民族工作概况［EB/OL］. http://www.gzsmzj.gov.cn/n618/n633/c54464/content.html，2017.5.2

附录一

村落调研记录表　　编号_____时间_____

_____市_____县_____镇_____村

一、周边环境

1. 地形：A丘陵平原　　　　B丘陵盆地　　　　C山谷盆地　　　　D其他_____
2. 河流与村落布局的关系：
   A四周环河　　B河流贯穿　　C一侧相邻　D两侧相邻　E无　F其他_____
3. 河流等级：
   A500米以上　B101-500米　C11-100米　D10米及以下　E无　F其他_____
4. 农田、果园在村落的什么方位：_____农田如何引水：_____

二、村落

1. 村落形成年代：A宋以前 B北宋 C南宋 D元 E明 F清 G民国 H其他_____
2. 村落形成原因：_____ 3. 迁徙地：_____ 4. 村落朝向：_____
5. 主要民族：____ 6. 主要姓氏：_____ 姓氏结构：A单姓 B双姓 C多姓
7. 非物质文化遗产：_____级别：A国家级 B省级
8. 村落人口规模：A100以下　B100-300　C300-500　D大于500　E其他_____
9. 村落组团关系：A散点式 B团块式 C串珠式 D其他_____
10. 村落布局：A集中式 B散点式 C条层式 D条带式 E团块式 F村围式 G其他___
11. 主要建筑类型：A单行排屋 B多联排 C单元堂厢 D组合堂厢 E堂横屋 F厝包屋
    G围龙屋 H围屋 I其他_____
12. 街巷形式：A非规则网格状 B较规则网格状 C规则网格状 D线状 E无 F其他___
13. 公共建筑类型：A祠堂 B庙宇 C书舍 D门楼 E碉楼 F文塔 G其他_____
14. 村落环境要素：A旗杆夹 B古井 C古树 D古桥 E水塘 F其他_____

主要山脊线形状	河流与村落布局的关系

三、主要建筑形式

民居形式一：

1. 建筑名称：＿＿＿＿　2. 层数：＿＿＿开间：＿＿＿进数：＿＿＿朝向：＿＿＿

3. 建造年代：A宋以前 B北宋 C南宋 D元 E明 F清 G民国 H其他＿＿＿＿

4. 建筑形式：A单行排屋 B多联排 C单元堂厢 D组合堂厢 E堂横屋 G厝包屋
G围龙屋 H围屋 I其他＿＿＿＿（附平面）

5. 建筑功能：A居住 B祭祀 C文教 D军事 E其他＿＿＿＿

6. 外墙材料：A条石 B鹅卵石 C青砖 D泥砖 E夯土 F土坯 G其他＿＿＿＿

7. 建筑结构：A木构架、砖土外围护墙的框架结构（木结构承重体系）B墙体承重的
砖木结构（砖木混合承重体系）C墙体承重的土木结构（土木混合承重体系）

8. 屋顶形式：A硬山 B悬山 C其他＿＿＿＿

9. 屋脊形式：A平脊　B龙舟脊 C博古脊 D燕尾脊 E卷草脊 F其他＿＿＿＿

10. 墙体造型：A人字墙 B鱼背墙 C一字墙 D垛子墙 E其他＿＿＿＿

11. 大门造型：A普通型 B门罩型 C门楼型　D门斗型 E门廊型 F门屋型 G其他＿＿＿

民居形式二：

1. 建筑名称：＿＿＿＿　2. 层数：＿＿＿开间：＿＿＿进数：＿＿＿朝向：＿＿＿

3. 建造年代：A宋以前 B北宋 C南宋 D元 E明 F清 G民国 H其他＿＿＿＿＿

4. 建筑形式：A单行排屋 B多联排 C单元堂厢 D组合堂厢 E堂横屋 F厝包屋
G围龙屋 H围屋 I其他＿＿＿＿（附平面）

5. 建筑功能：A居住 B祭祀 C文教 D军事 E其他＿＿＿＿

6. 外墙材料：A条石 B鹅卵石 C青砖 D泥砖 E夯土 F土坯 G其他＿＿＿＿＿

7. 建筑结构：A木构架、砖土外围护墙的框架结构（木结构承重体系）B墙体承重的

砖木结构（砖木混合承重体系）C墙体承重的土木结构（土木混合承重体系）

8. 屋顶形式：A硬山　B悬山　C其他＿＿＿＿

9. 屋脊形式：A平脊　B龙舟脊　C博古脊　D燕尾脊　E卷草脊　F其他＿＿＿＿

10. 墙体造型：A人字墙　B鱼背墙　C一字墙　D垛子墙　E其他＿＿＿＿

11. 大门造型：A普通型　B门罩型　C门楼型　D门斗型　E门廊型　F门屋型　G其他＿＿＿＿

民居形式三：

1. 建筑名称：＿＿＿＿2. 层数：＿＿＿开间：＿＿＿进数：＿＿＿朝向：＿＿＿

3. 建造年代：A宋以前　B北宋　C南宋　D元　E明　F清　G民国　H其他＿＿＿＿＿

4. 建筑形式：A单行排屋　B多联排　C单元堂厢　D组合堂厢　E堂横屋　F厝包屋
　　G围龙屋　H围屋　I其他＿＿＿＿（附平面）

5. 建筑功能：A居住　B祭祀　C文教　D军事　E其他＿＿＿＿

6. 外墙材料：A条石　B鹅卵石　C青砖　D泥砖　E夯土　F土坯　G其他＿＿＿＿

7. 建筑结构：A木构架、砖土外围护墙的框架结构（木结构承重体系）B墙体承重的
　　砖木结构（砖木混合承重体系）C墙体承重的土木结构（土木混合承重体系）

8. 屋顶形式：A硬山　B悬山　C其他＿＿＿＿

9. 屋脊形式：A平脊　B龙舟脊　C博古脊　D燕尾脊　E卷草脊　G其他＿＿＿＿

10. 墙体造型：A人字墙　B鱼背墙　C一字墙　D垛子墙　E其他＿＿＿＿

11. 大门造型：A普通型　B门罩型　C门楼型　D门斗型　E门廊型　F门屋型　G其他＿＿＿＿

祠堂形式一：

1. 建筑名称：＿＿＿＿2. 层数：＿＿＿开间：＿＿＿进数：＿＿＿朝向：＿＿＿

3. 建造年代：A宋以前　B北宋　C南宋　D元　E明　F清　G民国　H其他＿＿＿＿＿

4. 建筑形式：A单行排屋　B多联排　C单元堂厢　D组合堂厢　E堂横屋　F厝包屋
　　G围龙屋　H围屋　I其他＿＿＿＿（附平面）

5. 建筑功能：A居住　B祭祀　C文教　D军事　E其他＿＿＿＿

6. 外墙材料：A条石　B鹅卵石　C青砖　D泥砖　E夯土　F土坯　G其他＿＿＿＿

7. 建筑结构：A木构架、砖土外围护墙的框架结构（木结构承重体系）B墙体承重的
　　砖木结构（砖木混合承重体系）C墙体承重的土木结构（土木混合承重体系）

8. 屋顶形式：A硬山　B悬山　C其他＿＿＿＿

9. 屋脊形式：A平脊　B龙舟脊　C博古脊　D燕尾脊　E卷草脊　F其他＿＿＿＿

10. 墙体造型：A人字墙　B鱼背墙　C一字墙　D垛子墙　E其他＿＿＿＿

11. 大门造型：A普通型　B门罩型　C门楼型　D门斗型　E门廊型　F门屋型　G其他＿＿＿＿

祠堂形式二：

1. 建筑名称：＿＿＿＿2. 层数：＿＿＿开间：＿＿＿进数：＿＿＿朝向：＿＿＿

3. 建造年代：A宋以前　B北宋　C南宋　D元　E明　F清　G民国　H其他＿＿＿＿＿

4. 建筑形式：A单行排屋 B多联排 C单元堂厢 D组合堂厢 E堂横屋 F厝包屋
G围龙屋 H围屋 I其他____（附平面）

5. 建筑功能：A居住 B祭祀 C文教 D军事 E其他____

6. 外墙材料：A条石 B鹅卵石 C青砖 D泥砖 E夯土 F土坯 G其他____

7. 建筑结构：A木构架、砖土外围护墙的框架结构（木结构承重体系）B墙体承重的
砖木结构（砖木混合承重体系）C墙体承重的土木结构（土木混合承重体系）

8. 屋顶形式：A硬山 B悬山 C其他____

9. 屋脊形式：A平脊 B龙舟脊 C博古脊 D燕尾脊 E卷草脊 F其他____

10. 墙体造型：A人字墙 B鱼背墙 C一字墙 D垛子墙 E其他____

11. 大门造型：A普通型 B门罩型 C门楼型 D门斗型 E门廊型 F门屋型 G其他____

四、建筑装饰

类型	构件	内容	贴金	彩色	装饰程度
木雕					
木刻					
竹拼					
砖雕					
石雕					
灰塑					
彩画					
墨绘					
匾联					

选项说明：

构件：A梁架 B柱础 C壁面 D天花 E门窗隔扇 F门楼 G屋脊 H额枋

内容：A动物类 B植物类 C器物神人类 D图案类 E风景类

贴金、彩色：有/无

装饰程度：A十分精美 B较精美 C一般 D较少 E无装饰

其他1：_____

_____

其他2：_____

_____

五、构筑物

旗杆石:＿＿＿＿＿＿＿＿＿＿＿＿＿＿＿＿＿＿＿＿＿＿＿＿＿
＿＿＿＿＿＿＿＿＿＿＿＿＿＿＿＿＿＿＿＿＿＿＿＿＿＿＿＿＿

其他:＿＿＿＿＿＿＿＿＿＿＿＿＿＿＿＿＿＿＿＿＿＿＿＿＿＿＿
＿＿＿＿＿＿＿＿＿＿＿＿＿＿＿＿＿＿＿＿＿＿＿＿＿＿＿＿＿

赣州客家传统村落及民居数据库（节选）

村名	村落级别	传统建筑比例	建村年代	主要姓氏	姓氏结构	迁徙源地	地形地貌	河道宽度	村落与河流的关系	街巷形式	村落布局	村落规模（ha）	水塘	排屋	多联排	单元堂厢	组合堂厢	堂横屋	眉包屋	围龙屋	口字围	国字围	回字围	围龙式围屋	自由式围屋	圆围	经度	纬度
龙头村	无	2	明	易	单姓	吉安泰和	丘陵盆地	三级	环绕	无	条带式	3.82	无	1	0	0	1	1	0	0	0	0	0	0	0	0	115.1188403	26.24417151
林头村	无	2	元	龚、钟	多姓	龚氏赣县宝华山	丘陵盆地	三级	一侧相邻	非规则网格状	集中式	5.82	自由形	1	0	1	0	0	0	0	0	0	0	0	0	0	115.1606309	26.22601745
盈源村	无	2	元	钟	单姓	赣县大湖江	丘陵盆地	四级	环绕	较规则网格状	集中式	1.82	自由形	1	0	0	1	0	0	0	0	0	0	0	0	0	115.1607838	26.21200695
上塘村	无	2	元	谢	单姓	赣县南塘大都	丘陵盆地	四级	一侧相邻	较规则网格状	条带式	6.12	自由形	1	0	0	1	0	0	0	0	0	0	0	0	0	115.1894648	26.19556534
吉塘村	无	2	北宋	陈	单姓	虔州	丘陵盆地	四级	一侧相邻	非规则网格状	集中式	7.78	自由形	1	0	1	0	0	0	0	0	0	0	0	0	0	115.1756490	26.21771596

续表

村名	村落级别	传统建筑比例	建村年代	主要姓氏	姓氏结构	迁徙源地	地形地貌	河道宽度	村落与河流的关系	街巷形式	村落布局	村落规模（ha）	水塘	排屋	多联排	单元堂厢	组合堂厢	堂横屋	眉包屋	围龙屋	口字围	国字围	回字围	围龙式围屋	自由式围屋	圆围	经度	纬度
白鹭村	中国历史文化名村（第四批）、江西省历史文化名村（第二批）、中国传统村落（首批）	2	宋	钟	单姓	兴国竹坝	丘陵盆地	二级	环绕	非规则网格状	集中式	25	自由形	1	0	1	1	0	0	0	0	0	0	0	0	0	115.1481121	26.24505912
官村	无	1	明	朱	单姓	兴国竹坝	丘陵盆地	三级	环绕	非规则网格状	散点式	11.2	自由形	1	0	1	1	0	0	0	0	0	0	0	0	0	115.1592879	26.24570583

村名	村落级别	传统建筑比例	建村年代	主要姓氏	姓氏结构	迁徙源地	地形地貌	河道宽度	村落与河流的关系	街巷形式	村落布局	村落规模（ha）	水塘	排屋	多联排	单元堂厢	组合堂厢	堂横屋	眉包屋	围龙屋	口字围	国字围	回字围	围龙式围屋	自由式围屋	圆围	经度	纬度
建新村	无	2	唐	龚、戚、刘等	多姓	四川	丘陵盆地	四级	贯穿	非规则网格状	集中式	51.6	自由形	1	0	1	1	1	0	0	0	0	0	0	0	0	115.1447562	26.17079260
湖塘村	无	2	明	谢	单姓	赣县田村	丘陵盆地	四级	环绕	非规则网格状	集中式	8.61	自由形	1	0	1	1	0	0	0	0	0	0	0	0	0	115.1598642	26.17142223
杨梅村	无	2	宋	曾	单姓	赣州曾家巷	丘陵盆地	无	无	非规则网格状	集中式	11.7	自由形	1	0	1	0	1	0	0	0	0	0	0	0	0	115.1615510	26.18447721
芳溪村	无	2	元	肖	单姓	吉安泰和	丘陵盆地	四级	一侧相邻	非规则网格状	集中式	5.68	自由形	1	0	1	1	0	0	0	0	0	0	0	0	0	115.2221991	26.20392370
坪坑村	无	2	南宋	胡、李、谢	多姓	胡氏兴国竹坝	丘陵盆地	无	无	非规则网格状	集中式	6.48	自由形	1	0	1	1	0	0	0	0	0	0	0	0	0	115.2554504	26.18139183
兰芬村	无	1	北宋	丁、谢	多姓	丁氏河南开封	丘陵盆地	无	无	非规则网格状	集中式	2.92	自由形	1	0	1	1	1	0	0	0	0	0	0	0	0	115.1921026	26.17384951

续表

村名	村落级别	传统建筑比例	建村年代	主要姓氏	姓氏结构	迁徙源地	地形地貌	河道宽度	村落与河流的关系	街巷形式	村落布局	村落规模（ha）	水塘	水排屋	多联排	单元堂厢	组合堂厢	堂横屋	盾包屋	围龙屋	口字围	国字围	回字围	围龙式围屋	自由式围屋	圆围	经度	纬度
五陂村	无	2	清	朱	单姓	广东	丘陵盆地	三级	环绕	无	条带式	2.33	自由形	1	0	0	0	1	0	0	0	0	0	0	0	0	115.0728956	26.21978468
社大村	无	2	元	谢	单姓	兴国都田	丘陵盆地	无	无	非规则网格状	集中式	10.1	自由形	1	0	0	1	0	0	0	0	0	0	0	0	0	115.2052616	26.15337551
上齐村	无	2	元	刘	单姓	吉安吉水	丘陵盆地	无	无	非规则网格状	集中式	8.46	自由形	1	0	1	0	0	0	0	0	0	0	0	0	0	115.1757600	26.13610707
中齐村	无	2	元	刘	单姓	赣县上齐	丘陵盆地	无	无	较规则网格状	条带式	9.41	自由形	1	0	1	0	0	0	0	0	0	0	0	0	0	115.1875204	26.13524214
岭村	无	2	宋	肖	单姓	赣县田村	丘陵盆地	四级	环绕	非规则网格状	集中式	11.2	自由形	1	0	1	0	0	0	0	0	0	0	0	0	0	115.1456448	26.15501418
下横村	无	2	元	黄、刘	多姓	黄氏赣县枫树湾	丘陵盆地	四级	一侧相邻	较规则网格状	集中式	2.59	自由形	1	0	1	1	0	0	0	0	0	0	0	0	0	115.1458302	26.12763012

续表

村名	村落级别	传统建筑比例	建村年代	主要姓氏	姓氏结构	迁徙地源地	地形地貌	河道宽度	村落与河流的关系	街巷形式	村落布局	村落规模（ha）	水塘	排屋	多联排	单元堂厢	组合堂厢	堂横屋	盾包屋	围龙屋	口字围	国字围	回字围	围龙式围屋	自由式围屋	圆围	经度	纬度
清溪村	中国传统村落（第五批）、江西省传统村落（首批）	2	南宋	吴、丁、罗	多姓	吴氏福建汀州上河县	丘陵盆地	三级	环绕	非规则网格状	集中式	36.8	自由形	1	0	1	1	1	0	0	0	0	0	0	0	0	115.1776267	26.08723543
劳田村	无	2	无	刘	单姓	赣州四路口	丘陵盆地	三级	一侧相邻	非规则网格状	集中式	10.6	自由形	1	0	1	1	0	0	0	0	0	0	0	0	0	115.1913485	26.08110743
黄屋村	无	2	无	黄	单姓	兴国上埠	丘陵盆地	四级	环绕	非规则网格状	条带式	9.07	自由形	1	0	1	0	0	0	0	0	0	0	0	0	0	115.2000292	26.09551289

续表

村名	村落级别	传统建筑比例	建村年代	主要姓氏	姓氏结构	迁徙源地	地形地貌	河道宽度	村落与河流的关系	街巷形式	村落布局	村落规模(ha)	水塘	排屋	多联排	单元堂厢	组合堂厢	堂横屋	盾包屋	围龙屋	口字围	国字围	回字围	围龙式围屋	自由式围屋	圆围	经度	纬度
大都村	中国传统村落（第五批）、江西省传统村落（首批）	2	北宋	谢、郭、刘	多姓	谢氏兴国石塘	丘陵盆地	三级	一侧相邻	非规则网格状	条带式	7.23	自由形	1	0	1	0	0	0	0	0	0	0	0	0	0	115.2437823	26.13800916
小溪村	无	2	元	刘、黄、罗	多姓	刘氏赣州东门	丘陵盆地	三级	三面环绕	较规则网格状	条带式	7.48	自由形	1	0	0	0	0	0	0	0	0	0	0	0	0	115.1781258	26.1081867
田南村	无	2	元	王	单姓	赣县状头园	丘陵盆地	一级	一侧相邻	非规则网格状	集中式	4.01	自由形	1	0	1	0	1	0	0	0	0	0	0	0	0	115.2495516	26.07700519
石圳村	无	2	明	罗	单姓	赣县杨屋背	丘陵盆地	四级	环绕	非规则网格状	集中式	1.16	自由形	1	0	1	0	0	0	0	0	0	0	0	0	0	115.2864473	26.0583138

续表

村名	村落级别	传统建筑比例	建村年代	主要姓氏	姓氏结构	迁徙源地	地形地貌	河道宽度	村落与河流的关系	街巷形式	村落布局	村落规模（ha）	水塘	排屋	多联排	单元堂厢	组合堂厢	堂横屋	眉包屋	围龙屋	口字围	国字围	回字围	围龙式围屋	自由式围屋	圆围	经度	纬度
澄藉村	无	2	明	刘	单姓	吉安吉水	丘陵盆地	四级	环绕	非规则网格状	条带式	3.07	自由形	1	0	1	1	0	0	0	0	0	0	0	0	0	115.2447080	26.05792852
南塘村	无	2	南宋	钟	单姓	兴国竹坝	丘陵盆地	一级	一侧相邻	非规则网格状	集中式	6.76	自由形	1	0	1	1	1	0	0	0	0	0	0	0	0	115.2511507	26.09876371
道潭村	无	2	明	钟	单姓	赣县石院	丘陵盆地	一级	一侧相邻	较规则网格状	集中式	0.94	自由形	1	0	0	0	0	0	0	0	0	0	0	0	0	115.2808798	26.12424085
若内村	无	2	明	谢	单姓	抚州乐安县	山谷盆地	无	无	非规则网格状	条带式	7.61	自由形	1	0	0	0	0	0	0	0	0	0	0	0	0	115.2916710	26.01922976
大溪村	无	2	无	钟	单姓	兴国竹坝	丘陵盆地	四级	环绕	非规则网格状	集中式	6.76	自由形	1	0	0	1	1	0	0	0	0	0	0	0	0	115.2015777	26.01039759
宝林村	无	2	明	刘	单姓	赣县南塘劳田	山谷盆地	四级	一侧相邻	无	条带式	3.09	自由形	1	0	0	0	1	0	0	0	0	0	0	0	0	115.3042202	26.00210668

续表

村名	村落级别	传统建筑比例	建村年代	主要姓氏	姓氏结构	迁徙源地	地形地貌	河道宽度	村落与河流的关系	街巷形式	村落布局	村落规模（ha）	水塘	排屋	多联排	单元堂厢	组合堂厢	堂横屋	盾包屋	围龙屋	口字围	国字围	回字围	围龙式围屋	自由式围屋	圆围	经度	纬度
合龙村	无	1	明	罗	单姓	赣县南塘朱罗村	丘陵盆地	无	无	非规则网格状	条带式	6.55	半月形、自由形	1	0	0	0	1	0	0	0	0	0	0	0	0	115.2388533	26.0250 8628
建节村	无	2	元	谢、吴	多姓	谢氏元赣县合龙	丘陵盆地	四级	一侧相邻	非规则网格状	条带式	10.6	自由形	1	0	0	1	1	0	0	0	0	0	0	0	0	115.2262503	25.99842311
上堡村	无	2	宋	徐、胡、黄、王	多姓	徐氏江苏淮安府	丘陵盆地	四级	环绕	无	条带式	3.39	自由形	1	0	0	1	0	0	0	0	0	0	0	0	0	115.1500577	26.06019128
石含村	无	2	明	龙	单姓	赣县社前	山谷盆地	四级	一侧相邻	非规则网格状	集中式	6.25	自由形	1	0	0	0	1	0	0	0	0	0	0	0	0	115.2939370	25.99416548
瑶村	无	2	明	罗	单姓	赣县南塘朱罗村	丘陵盆地	无	无	非规则网格状	集中式	5.92	无	1	0	1	0	1	0	0	0	0	0	0	0	0	115.2227550	26.0525324
下浓村	无	2	元	蔡	单姓	福建九峰	丘陵盆地	三级	三环绕	非规则网格状	集中式	3.57	自由形	1	0	1	1	0	0	0	0	0	0	0	0	0	115.3053015	26.11644447

续表

村名	村落级别	传统建筑比例	建村年代	主要姓氏	姓氏结构	迁徙源地	地形地貌	河道宽度	村落与河流的关系	街巷的形式	村落布局	村落规模（ha）	水塘	排屋	多联排	单元堂厢	组合堂厢	堂横屋	眉包屋	围龙屋	口字围	国字围	回字围	围龙式围屋	自由式围屋	圆围	经度	纬度
三溪村	无	2	南宋	曾	单姓	吉安泰和县上模	丘陵盆地	四级	一侧相邻	非规则网格状	集中式	7.24	无	1	0	1	0	0	0	0	0	0	0	0	0	0	115.3021858	26.10099874
广福村	无	2	清	邱	单姓	福建上杭	丘陵盆地	四级	贯穿	无	条带式	1.39	自由形	1	0	0	0	1	0	0	0	0	0	0	0	0	115.0874134	26.00509390
山背村	无	2	清	卓	单姓	广东兴宁	山谷盆地	无	无	无	散点式	0.48	半月形	1	0	0	0	1	0	0	0	0	0	0	0	0	115.0591764	26.03074301
石芫村	无	2	南宋	徐	单姓	吉安澄江	丘陵盆地	四级	一侧相邻	非规则网格状	集中式	14.6	自由形	1	0	1	0	1	0	0	0	0	0	0	0	0	115.1130057	26.02653266
山田村	无	2	清	马	单姓	广东兴宁西洋坪捺油坑	丘陵盆地	一级	环绕	较规则网格状	集中式	7.38	自由形	1	0	0	0	1	0	0	0	0	0	0	0	0	115.1459441	25.98653772
安平村	无	2	明	赖	单姓	福建汀州	丘陵盆地	一级	环绕	较规则网格状	条带式	3.63	自由形	1	0	0	1	1	0	0	0	0	0	0	0	0	115.1531312	25.97259539

续表

村名	村落级别	传统建筑比例	建村年代	主要姓氏	姓氏结构	迁徙源地	地形地貌	河道宽度	村落与河流的关系	街巷形式	村落布局	村落规模（ha）	水塘	排屋	多联排	单元堂厢	组合堂厢	堂横屋	眉包屋	围龙屋	口字围	国字围	回字围	围龙式围屋	自由式围屋	圆围	经度	纬度
河埠村	无	2	清	叶	单姓	福建漳州	丘陵盆地	一级	环绕	非规则网格状	条带式	5.25	自由形	1	0	1	0	1	0	0	0	0	0	0	0	0	115.1555749	26.00092327
小均村	无	2	清	曾	单姓	福建漳州	丘陵盆地	四级	一侧相邻	无	条带式	2.18	自由形	1	0	0	0	1	0	0	0	0	0	0	0	0	115.1652418	25.94954971
芏州村	无	2	明	罗、王、林	多姓	罗氏明安远板石	丘陵盆地	一级	一侧相邻	非规则网格状	条带式	3.97	无	1	0	0	0	1	0	0	0	0	0	0	0	0	115.1666278	25.91511018
三团村	无	2	明	田	单姓	赣县湖边和乐桥	丘陵盆地	一级	环绕	非规则网格状	条带式	6.43	自由形	1	0	0	0	1	0	0	0	0	0	0	0	0	115.1418126	25.9387815
旱塘村	无	2	明	彭	单姓	赣县蕉林	丘陵盆地	一级	环绕	非规则网格状	条带式	5.71	自由形	1	0	0	1	0	0	0	0	0	0	0	0	0	115.1385748	25.95842539
立濑村	无	2	清	刘	单姓	赣县坝里	丘陵盆地	一级	一侧相邻	较规则网格状	集中式	2.19	自由形	1	0	1	0	0	0	0	0	0	0	0	0	0	115.0196344	25.52916231

续表

村名	村落级别	传统建筑比例	建村年代	主要姓氏	姓氏结构	迁徙源地	地形地貌	河道宽度	村落与河流的关系	街巷形式	村落布局	村落规模（ha）	水塘	排屋	多联排	单元堂厢	组合堂厢	堂横屋	盾包屋	围龙屋	口字围	国字围	回字围	围龙式围屋	自由式围屋	圆围	经度	纬度
枧溪村	无	2	明	刘	单姓	赣县老下	丘陵盆地	一级	环绕	非规则网格状	集中式	7.98	自由形	1	0	0	1	0	0	0	0	0	0	0	0	0	115.0129826	25.53413971
朱坑村	无	2	明	张	单姓	广东	丘陵盆地	一级	一侧相邻	非规则网格状	集中式	3.14	自由形	1	0	1	0	0	0	0	0	0	0	0	0	0	115.0265284	25.54364830
浓口村	无	2	明	谭	单姓	赣县坝下	丘陵盆地	三级	环绕	非规则网格状	集中式	4.49	自由形	1	0	0	1	0	0	0	0	0	0	0	0	0	115.0329436	25.56432191
横溪村	无	2	明	刘	单姓	赣县上龙江	丘陵盆地	一级	一侧相邻	非规则网格状	条带式	6.11	自由形	1	1	1	0	0	0	0	0	0	0	0	0	0	115.0132665	25.58419136
上排村	无	2	明	李	单姓	广东	丘陵盆地	四级	环绕	较规则网格状	条带式	5.21	自由形	1	0	1	1	0	0	0	0	0	0	0	0	0	114.9815751	25.57871646
下邦村	无	2	明	李	单姓	吉安吉水	丘陵盆地	一级	一侧相邻	非规则网格状	条带式	2.79	自由形	1	0	1	1	0	0	0	0	0	0	0	0	0	115.0112065	25.62765117